梦山

梦山书系

儿童学习数学的奥秘

（精选本）

邱学华◎著

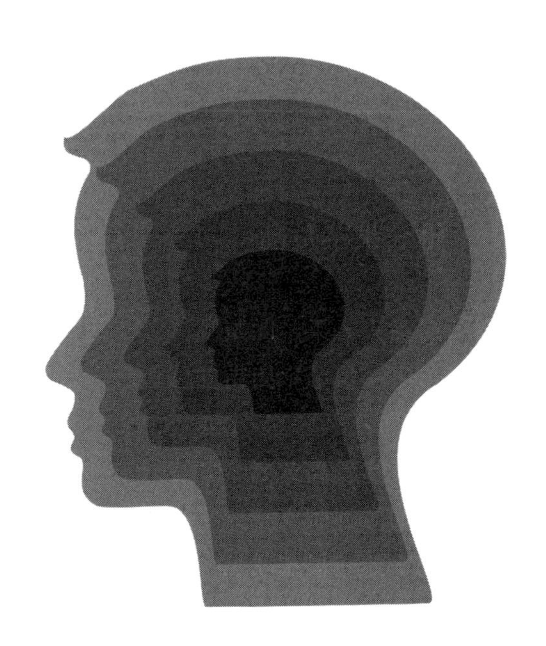

海峡出版发行集团
THE STRAITS PUBLISHING & DISTRIBUTING GROUP
福建教育出版社

积六十年教学之经验，

携儿童探究数学之奥秘。

树简明易懂实在之学风，

倡当代我国教坛之教风。

顾汝佐

2012年4月

时年九十岁

顾汝佐 | 原上海市教研室小学数学教研员、特级教师、教育部中小学教材审定委员会委员

序　言

邱学华老师邀我为其新作《儿童学习数学的奥秘》写序。他研究“儿童学习数学”60春秋尚有余，鼎新日月大气成，是这个领域从未歇步的领跑者。我充其量是个观跑的，岂能大作之序言？我只能写一篇话叙邱学华老师的文章，即便是“话叙”，亦是布鼓雷门，难成声响。可谓，安知事理难承嘱，犹入忐忑不安境。

邱学华老师，教育家、江苏省中小学荣誉教授、江苏省特级教师、国务院授予“享受政府特殊津贴”专家、“有突出贡献的中青年专家”、“尝试教学理论”研究会理事长、多所中小学的名誉校长、多所大学或研究机构兼职教授，等等。

“名利”虽是“身外之物”，但一个人何以有如此多的桂冠、称号或头衔？不稀罕！这些“身外之物”可以复制、可以批发，有人获得的比他还多。

邱学华老师，不可复制的是他的经历以及持续至今的不断探索的精神。他经历不凡！16岁就在农村小学当教师，1956年考入上海华东师范大学，毕业后留校当大学教师，而后又担任中学教师，再之后，当了师范学校教师，并自此走上了研究、创造、推广、发展之路。

行外人可能会问：他凭什么获得了这么多的“名”？他幸运？他追逐名利？时下，这是些极平常的疑问，人们似乎比以往更“难以置信”。令人欣慰的是，拥有这么多“名”的他，未曾遇过这样的疑问，在教育领域，因同行们对他的这些“身外之物”的共识是名副其实，故反而并不关注这类事。甚至，在他退休很多年之后的2007年，江苏省授予他中小学荣誉教授之名。照理，对任何获此殊荣的人，这都是喜事，但事隔不久再见到他时，连我也未能想起应该就此向他道贺。为什么？称号、桂冠、誉美之辞并不自己发光，这些“身外之物”与其在“儿童学习数学”领域的学术研究和实践所做的贡献相比，是被人们忽略不计的。人们关注的是他的“尝试教学理论”，是他精彩的演讲，是他70多岁高龄还亲自为小学生上课，是他在教育领域60余年的所作所为，而不是罩在他身上的各种光环。

2010年，我曾就他从教60周年致信祝贺，现抄录如下：

邱学华从教60周年了！这意味着什么呢？我们都知道，他可不是平静如水般地走过60年的，他是在中国教育领域中顶风冒雨走了60年；他可不仅是在一个教室的讲台前站了60年的，我想不出在咱们中国（包括台湾、香港、澳门）哪儿的讲台上没有过他矗立的身影；他可不是手持着出版社出版的课本，教了一辈子书的那种老师，他是创造者，他创造了正在走向世界的尝试教学理论；他不仅是创造者，他还是践行者、示范者、传播者，是老师们的老师。这些"不是"和"是"聚集于他一身，这使得任何誉美之辞都是多余的。在我心中，在最近的30年中，在中国，邱学华老师是小学数学教师的排头兵，是第一兵。

看他的书，犹如听他的课，这可是"第一兵"的课，不能错过！

家家有孩童，校校有学生，人人学数学，日日皆辛苦。小学6年，12册数学课本，从来是学生、家长、教师解不开的心结。学好数学是共同的追求，但学好数学怎么这么难？学生中有学得顺、学得好的，也有不会学、学不好的；有愿学的，还有不愿学的；有开始学不好，后来学好了的；更有那开头学得好，后来却不愿学的。现象多，情况多，原因多。人们看法各异、想法万千，多有解释或解决之道，但真正深入进去，踏实研究这些现象背后的原因的人，少之又少。"儿童学习数学"充满了奥秘，对教师、家长以及孩子都是挑战。邱学华老师积60余年之功，从八个方面揭示其中的奥秘，值得我们跟进研究探索，以求得真正的解决之道。

方运加

2012年5月5日

方运加，原中国教育学会数学教育研究发展中心主任，现中国教育学会青少年创新教育研究中心副会长、《中小学数学》杂志社副社长兼主编。

目　录

第一编　探索儿童学习数学规律的奥秘

第二编　培养儿童学习数学兴趣的奥秘

第三编　促进儿童掌握数学概念的奥秘

第四编　提高儿童计算能力的奥秘

第一编

探索儿童学习数学规律的奥秘

教儿童学习数学很复杂，也很难，问题在于能否掌握儿童学习数学的规律，按科学规律办事就不难。60多年来，我一直从事小学数学的教学与研究工作，不断探索儿童学习数学规律的奥秘。

我在从教60周年之际，写了一篇总结性的文章《探索儿童学习数学的奥秘》，刊登在《人民教育》(2010年第22期)上。此文全面论述了我60多年来对小学数学教育的感悟，作为本书的开篇。

一、探索儿童学习数学的奥秘

新中国成立之初，我到农村当小学教师，一直忙忙碌碌，蓦然回首已过了 60 多个春秋。这 60 多年风风雨雨，道路坎坷，工作几经变动，但有幸的是始终没有离开过我所眷恋的小学数学教育。

当小学教师时，我最喜欢教算术，创造了小学口算表；进华东师范大学教育系深造，几乎把图书馆中有关小学算术的书看遍了，还组织同学一起编写师范大学使用的《小学算术教学法讲义》；毕业后留校任教，教的又是小学算术教学法；“文化大革命”期间，我到江苏溧阳农村中学教中学数学，竟偷偷地到附近小学搞“三算结合教学”实验；“文化大革命”后，我回到家乡常州，办起了全国第一个“小学数学教学研究班”，培训教研员和骨干教师；我担任常州师范学校校长时，仍坚持上课，此时开始的尝试教学实验也是从小学数学做起；退休后我仍活跃在小学数学教育界，做讲座、上示范课、写书，2006 年在宁波万里国际学校我建立了国内第一个“小学数学教育博物馆”。

新中国成立后的 8 次课改我都亲自经历过，我 3 次参与小学数学实验课本的编写，编著和主编了 200 多本教师进修用书和学生数学课外读物，跑遍了全国各地，为教师做了近 700 场讲座。回首往事，感到自己没有虚度时光，做自己喜爱的事，越干越高兴。静下心来思考，60 多年来我都在探索儿童学习数学的奥秘，有什么心得写出来与大家共享呢，想来想去，下面六条是主要的。

（一）要使学生学好数学，首先要使学生喜欢学数学

我在长期的数学教学实践中悟出了一个道理：“要使学生学好数学，首先要使学生喜欢学数学。”许多青年教师经常问我：“数学教师怎样才算成功呢?”我的回答是：“如果全班学生都喜欢上你的课，你就成功了；如果学生都讨厌上数学课，甚至见了你就头疼，你就失败了。”记得有一位外国著名数

学教育家说过："数学教师最大的失败，就在于把学生都教得讨厌数学。"这句话讲得非常深刻。数学教师最大的失败为什么不是把学生教得都考"零"分呢？因为考"零"分还会有挽回的可能，换一位老师可能会有所改变；如果"讨厌数学"了，他看到数学书就头疼，见到数学符号就害怕，还怎么继续学习中学数学和高等数学呢！这就害了孩子的一生，这种心理上的阴影是很难消除的。

中央电视台《实话实说》栏目著名主持人崔永元，学生时代数学成绩差，所受的伤痛至今记忆犹新。他在《不过如此》中有这样一段发人深省的话："对我来说，数学是伤疤；数学是泪痕；数学是老寒腿；数学是类风湿；数学是心肌缺血……当数学是灾难时，它什么都是，就不是数学。"我们从许多学生的文章中看到他们的呐喊："数学——令我难忘的敌人""数学——我的老大难""恼心的数学""数学难，难于上青天""数学让我失掉了自信""数学，食之无味，弃之可惜"……看了实在使人寒心。

其实，心理学家早就做过"学习兴趣与学习成绩相关性"的实验研究，结果是兴趣最高的那门学科成绩最好，最讨厌的那门学科成绩最差，以后不管何人在何地重做这项实验，所得的结论都是基本相同的，成为国际上公认的经典实验。因为在心情愉快、精神放松的状态下学习，能有效地提高学习效率，人的潜能能得到充分开发。许多大学问家的名言也证明了这一点。伟大的物理学家爱因斯坦说："热爱是最好的老师。"中国教育学会会长顾明远教授说："没有爱就没有教育，没有兴趣就没有学习。"

为什么把"学习兴趣"看得这么重要？主要原因有两个：

一是从哲学的观点来看，教师的教是外因，学生的学才是内因，外因是通过内因而起作用的。所以，如果学生不愿学，教师讲得再好，作用也是不大的。这个道理直到现在很多教师和家长还不清楚，孩子却知道。有一次，一位家长想请教师吃饭，为了让教师多关心和辅导自己的孩子，孩子知道后一本正经地对妈妈说："如果我不愿学，请谁吃饭都没用，倒不如请我吃饭！"

二是从心理学的角度来看，小学生年龄小，他们好奇爱动，注意力集中的时间短，而数学又具有抽象、严密的特点，比较单调枯燥。如果不重视培养学生的兴趣，是很难奏效的。

怎样培养学生学习数学的兴趣？可从外在和内在两方面进行：

外在方面，主要凭借教师采用一定的教学方法和教学手段进行。如在课堂教学设计中恰当地采用愉快教学法、情境教学法、游戏教学法以及多媒体辅助教学等。特别重要的是多采用赞赏、激励的办法，使学生树立学习的信心。你的一声激励的话、一个赞赏的眼光，都能温暖孩子的心，使他的心灵产生涟漪，甚至终生难忘。可是现在有些评课专家把这些做法贬为“廉价的表扬”“助长孩子骄傲自满”，殊不知他自己也是爱听表扬的，领导表扬他一次，他可三天睡不着觉呢。

内在方面，主要是依靠数学本身的魅力吸引学生，使学生从中产生兴趣。在练习设计中，配合课本尽可能采用趣味题、游戏题、智力题和思考题，使学生在“练中生趣”。由内在方面发生的兴趣，使学习数学成为学生自身的需要，能够持久下去。

我曾搞过“一日一题”活动，每天布置一道趣味题让学生回家思考，把正确答案交给教师的前10名学生会获得一张小书签（我自己做的），积满10张小书签可换一份小礼物。趣味题如：“大杯可以盛9升水，小杯可以盛4升水，杯上没有刻度，怎样可以倒出6升水?”这种活动把学生的积极性都调动起来了，回家都积极思考，有的连家长也参与进来了，乐此不疲，其乐无穷。

为了激发孩子学习数学的兴趣，丰富他们的课余生活，我编写了大量的儿童数学课外读物，有《解应用题的钥匙》《数学信箱》《小学数学课外阅读》《数学大世界》《数学大王》《数学小博士》等。其中《解应用题的钥匙》连印15次，发行达200多万册。以前，我曾收到一封从上海教育出版社转来的美国来信，写信的是一位从广东番禺随家庭移民到美国的中学生。她在国内读小学时，读了我写的《数学信箱》，从此爱上了数学，因而到美国读中学时数学成绩总是名列前茅，参加“加州中学生数学竞赛”荣获第一名，她特地写信来感谢我这个没有见过面的作者。这个女孩的信写得特别好，她说：“我要感谢祖国，使我在小学受到良好的数学教育，也要感谢您写的书，使我对数学有了兴趣。”她的信使我非常激动，更激起我为孩子写好书的热情。

强调激发学生的兴趣，使学生愉快地学习，同时又要重视培养学生刻苦勤奋的学习精神。学习是一种复杂的脑力劳动，不可能事事都愉快，严格训练往往是单调、枯燥的。我们既要给学生愉快的教与学，又要培养学生刻苦勤奋的学习精神，必须把两者有机结合起来，打造新的中国式的教学风格，就是让学生愉快地接受严格训练，为全面提高学生的素质服务。

对学生严格要求、严格训练，培养刻苦勤奋的学习精神，这是中国教育的优良传统。正是由于这种教育的影响，在历史的长河中，刻苦勤奋的学习精神逐渐成为中华民族的优良品质之一。为什么中国留学生大都成绩优秀，就是因为他们比外国人刻苦勤奋。中国人缺乏创新精神这是事实，但绝不是刻苦勤奋学习而造成的。当今科技发展已达到很高的水平，再要前进一步有所创新绝非易事，必须脚踏实地、刻苦钻研去攀登，需要的正是刻苦勤奋的精神。现在学校里蔓延着一种不良风气，学习怕苦怕累，做事拈轻怕重，浮躁虚夸，急于求成，缺少的正是中国人引以为荣的刻苦勤奋的精神，这不值得我们深思吗！

（二）打好基础永远是最重要的

60 多年来我历经各次教学改革，经受了正反两方面的经验教训，有一句话深深印在我的心里："打好基础永远是最重要的。"

小学生处于长身体、长知识和养成良好行为习惯的关键阶段，是一个人成长的奠基时期，他们学习数学的主要任务是认真掌握人类长期积累又经过不断提炼的最基本的数学知识。所以对小学生来说，打好基础永远是最重要的，这是现在讨论"双基"教学问题的出发点。

1958 年开始的"教育大革命"，片面强调教育同生产劳动相结合，忽视系统的数学基础知识的学习；1966 年开始的"文化大革命"，强调"政治挂帅""开门办学"，小学数学主要学习打算盘和记账知识，忽视"双基"以至不要"双基"，致使教学混乱，质量大幅度下降，大家对此都有切肤之痛，教学工作再也不能这样瞎折腾了。

我们再看一看美国的数学教育改革情况。美国在 20 世纪 60 年代搞"新数学运动"，以布鲁纳的"发现教学"理论为理论基础，强调发现，强调创新，却忽视基础，不仅给师生教与学带来了困难，而且导致数学教学质量下降。于是，70 年代提出要回到"基础"；80 年代又提出"问题解决"的口号，重提创新发展；可是到 2008 年的口号还是回到"为了成功，打好基础"。这被华东师大张奠宙教授称为"美国的翻烧饼式的折腾"。历史的教训应牢记，千万不要重蹈覆辙了。

现在有人不赞成提“加强‘双基’”，担心会阻碍学生思维能力和创新能力的发展，这种担心是没有根据的。一个人的思维能力从哪里来？不能凭空而来，不是教师嘴巴上讲出来的，而是从学生学习基础知识和解题过程中获得的，练的过程才会促使学生思考，不练无从想起。打个比方来说，思维能力好比维生素C，苹果中蕴含维生素C，而这个苹果就是数学“双基”，不吃苹果怎能得到维生素C呢？

其实，早在30年前，改革开放以后，中国数学教育界已经着手研究和解决“加强‘双基’”和“发展思维”的关系问题。由20世纪80年代提出、90年代逐步得到完善的一个提法“在加强‘双基’的同时，培养能力和发展智力”，言简意赅，特别是“同时”这两个字用得好，把“双基”教学和能力、智力的关系以及解决的办法说得一清二楚。正由于在这种思想指导下，当时的数学教育质量和数学教学研究都达到了相当高的水平。这是用中国人的智慧解决了国际数学教育界难以解决的问题。可惜，新世纪开始的数学新课改，没有在此基础上继续前进，而是重砌炉灶，另搞一套了。张奠宙教授提出：“在良好的数学基础上谋求学生的数学发展。”[①] 以此来概括中国数学教育的特色，我是十分赞同的。这句话同“在加强‘双基’的同时，培养能力和发展智力”是一脉相承的，而且更贴近数学教育，更为简练，把“基础”与“发展”辩证地统一起来了。这也显示了中国人的智慧，应该引起中国数学教育界的高度重视。

有人认为数学“双基”教学不是中国数学教育的优良传统，重视“双基”是从苏联学来的，因为苏联的《数学教学大纲》中有“基础知识和技能技巧”的提法，而当时中国的数学教学大纲是参照苏联的。

这里必须区分两个概念：一个是数学“双基”本身，一个是数学“双基”教学。数学“双基”本身是指数学基本知识和数学基本技能，它属于知识概念，这样的提法不仅苏联有，世界许多国家的数学课程标准中都有。而数学“双基”教学是一个特定的教育概念，它不但包含着“双基”的各自教学问题，更重要的在于如何处理“双基”教学的关系问题，如何达到“双基”之

---

① 张奠宙. 关于中国数学教育的特色［J］. 人民教育，2010（2）：40-42.

间互相促进和互相提高，如何通过加强“双基”促进人的全面发展。这里面既有教学方法的问题，也有教育思想的问题。这是中国教师的创造，凝聚了千千万万数学教师（包括数学教育理论工作者）的劳动和智慧，怎么能说是从苏联来的呢！明明是土生土长的中国货，怎么一下子变成外国货了呢？

新中国成立后数学“双基”教学形成和发展的过程，我是亲自经历并参与的。20 世纪 50 年代主要强调加强基础知识教学，注意讲清概念，注意直观教学，注意复习巩固等。当时提出的口号是：“为使儿童获得牢固的、深刻的算术科学知识而努力。”

通过 20 世纪 50 年代的教学实践我们发现，单单加强基础知识教学、强调讲清概念还是不够的，还必须加强基本能力的训练，才能巩固和熟练掌握知识。1960 年“教育大革命”期间，总结推广“黑山经验”，对当时学校教育影响很大。辽宁省黑山县北关小学对小学算术和教法进行全面改革，提出了“精讲多练”的教学方法。上海等地首先提出了“加强‘双基’教学”，并认为基本知识教学和基本技能训练是相互联系、相辅相成的。基本技能训练应以掌握基础知识为前提，基本技能训练又能促使基础知识的加深和巩固。

我在 1962 年写成的论文《试谈算术教学中的基本技能训练的问题》先在上海教育学会学术年会上宣讲，后发表在《上海教育》（1962 年第 5 期）上。我在这篇论文中提出了五个方面的基本技能训练：计算技能的训练；运用计算工具技能的训练；计量、测量和绘图技能的训练；逻辑思维能力的训练；良好作业习惯和学习方法的训练。

“文革”结束后，教育上拨乱反正，面临建设“四个现代化”，对人才提出了更高的要求。中国的数学教学改革没有步美国新数学运动的后尘，而是对以前的几次改革进行深刻的反思。“文革”期间忽视系统知识的学习，片面强调政治挂帅、联系实际、开门办学，这从反面使我们认识到 20 世纪 60 年代提出“加强‘双基’”是正确的，必须坚持。同时，根据科学技术高度发展的需求，又提出发展智力的要求。以后逐步完善，完整地提出“在加强‘双基’的同时，培养能力和发展智力”。

“文革”后，大纲虽几经修改（1978 年、1986 年、1992 年），但加强“双基”教学这个教学思想没有大的变动，基本稳定了 20 多年。这段时期，由于大纲、教材相对稳定，出现了十多种风格迥异的教材同时开展实验、各种具有中国特色的新教法竞相发展的繁荣景象，数学教学质量得到稳步提高。暂且不说在国际上数学奥林匹克竞赛（IMO）连连夺冠，就以美国教育考试服务中心（ETS）在1990～1991年的测试（IAP2）而言，中国大陆参加13岁组测试，成绩遥遥领先，位居第一。① 这次测试，严格按照一定的原则随机抽样选取17个省和3个直辖市的1650名学生（有城市，有农村）参与，应该可以代表中国大陆数学教学的整体水平。中国有13亿人口，班级数额大，当时教学设备也差，成绩能够达到世界第一，实属不易，应该大书特书，引以自豪。可是，有些人认为这并不稀奇，因为是应试教育搞出来的。现在对学校教育指责太多，这个不是，那个也不对，中国人连自己都看不起，怎能叫外国人尊重你呢！

现在全国都在议论，为什么我们培养不出尖端人才，即所谓的"钱学森之问"。有些人又把板子打在基础教育上，说中小学生基础没有打好，教学方法太落后。我不同意这种观点，我认为我国中小学的教学水平是世界一流的，毛病出在大学阶段。现在"小学生负担重，大学生负担轻；小学搞研究性学习，大学搞满堂灌"，这本身就是不正常现象！

对数学"双基"教学之争，是中国数学教育界的热点问题，也是核心问题。有争论是件好事，真理越辩越明。提倡学术民主，在争论中要摆事实讲道理，不能用口号式的大道理压人。张奠宙教授用十多年时间，组织了几十位数学教育理论工作者和一线教师集体研讨，共同编写了《中国数学双基教学》（上海教育出版社，2006），在把"双基"教学问题科学化、系统化、理论化的道路上迈出了一大步，令人振奋。张奠宙教授晚年心脏不好，许多重要文章都是抱病写成的，其奉献精神令人感动，他是我们学习的榜样。

（三）数学与生活联系应抓住生活问题数学化

学习系统的数学知识和密切联系实际这两者的关系，60多年来一直有争论，一个时期强调前者，一个时期又强调后者，左右摇摆不定。

---

① 范良火，等. 华人如何学习数学（中文版）[M]. 南京：江苏教育出版社，2005：12-13.

我们应该理直气壮地坚持：小学生的主要任务，是系统学习最基本的数学知识。当然，数学来源于生活，来源于实际问题，应该把学习数学知识同生活实际联系起来。我认为，对小学生来说，主要应该从完成系统学习数学基础知识的角度看问题，联系实际是为了更好地理解和掌握数学知识，不能破坏数学知识的系统性，不能削弱对数学知识的学习。

现在有两种提法：数学问题生活化和生活问题数学化。这两种提法粗看差不多，事实上是两种不同的教育理念。数学问题生活化，是把数学问题落实到生活中，认为生活中有的就学，生活中没有就不该学，这样认识问题是片面化、庸俗化的；生活问题数学化，是指将生活问题通过数学建模上升为数学问题。我主张提“生活问题数学化”，因为它落实到数学化，抓住了数学教学的本质。正如国际著名数学教育家弗赖登塔尔所说：“没有数学化就没有数学。”①

数学来源于生活，但不等于生活问题就是数学问题，也不等于数学问题都是生活问题。例如有一道非常简单的应用题：“黄花有 8 朵，红花比黄花多 2 朵，红花有几朵？”这样的问题在生活中是不存在的，因为先要知道红花有几朵，才能知道红花比黄花多 2 朵。在“文革”中曾批判这类题目严重脱离实际。但是，它可以作为数学问题存在，上升到数学模型就是“求比一个数多几的逆命题”。又如姜昆在春节联欢晚会上说过一段相声，讽刺数学书上的一道题：“有一个水池，打开进水管注满水池要 3 小时，打开出水管放完整池水要 2 小时。现在同时打开进水管和出水管，要多长时间才能把一池水放完？”在日常生活中，同时打开出水管和进水管真是吃饱了撑着没事干，引得哄堂大笑。这样的问题在实际生活中不可能有，但可以把这种现象上升到数学问题，建立一种数学模型，就成为一种“动态平衡”的数学问题，而且有着广泛的应用。例如在牧场，牛在一边吃草，要考虑到另一边的草正在生长；人的新陈代谢，一边在消耗能量，一边又在制造新的能量。过去应用题教学中有自编应用题、看图编题、根据情境编题、根据实物演示编题等，都是要求学生把生活问题上升到数学问题的一种训练。

---

① 费赖登塔尔．作为教育任务的数学［M］．上海：上海教育出版社，1995：123．

(四)四则运算能力是小学数学教学中的重要能力

我对小学数学教学的研究是从口算教学开始的。20 世纪 50 年代我当农村小学教师的时候，遇到一个头痛的问题：学生经常算错，考试成绩很差。我一再告诫学生不要粗心，不能做错，可是学生还是经常算错，我冥思苦想也想不出什么原因。

有一次，我买到一本苏联普乔柯的《算术教学法》，真是欣喜若狂。书中说，口算教学有着非常重要的意义，加强口算练习可减少学生计算错误。书中介绍了一种口算练习条，使用后我发现不方便，不过由此受到启发，开始设计口算表。边使用，边改进，后来在《江苏教育》1956 年第 23 期上发表了。我考入华东师大教育系后，继续研究，完成了全套《小学数学口算表》，直到 1979 年才由上海教育出版社正式出版，这本只有几十页的小册子，却花费了我近 30 年的时间。

华东师大毕业后，我在附小搞教学实验研究，发现许多教师总认为小学生主要用笔算，多练笔算就行了。由此，我决定搞“基本口算与笔算相关问题的研究”，主要采用调查测试和个别观察分析的方法。调查测试的结果表明：基本口算速度快，笔算速度也快，正确率也高；反之，基本口算速度慢，笔算速度也慢，正确率也低，有非常显著的正相关现象（相关系数是 0.760～0.763）。对学生的笔算错误加以分析，发现笔算中绝大部分的错误是由于基本口算不熟练而造成的。这次调查实验研究探索到两条儿童学习数学的规律：“口算是笔算的基础”“计算要过关，必须抓口算”。①

20 世纪 80 年代，有些学校受“文革”期间三算结合教学的影响，对口算速度提出高指标，认为越快越好，导致加重学生的负担。学生的口算能力高低应该有一个尺度来衡量，也就是要制定出标准。有了一个标准，学生就有了奋斗的目标，教师也能做到心中有数。学生的口算能力没有达到标准，应该加强练习；已经熟练了，训练的时间可以减少，把剩下的时间用于其他方面的训练。

---

① 邱学华. 邱学华怎样教小学数学 [M]. 北京：中国林业出版社，2007：58-63.

制定口算表的标准，既要照顾到培养学生良好计算能力的要求，又不能脱离学生的实际情况，这是一项极其复杂艰巨的系统工程。

在调查研究的基础上制定出 11 张口算表，并在教学实际中使用，再根据使用的情况，不断修改调整，每张量表有及格标准和优秀标准。这项口算量表的研究成果①，在《人民教育》上发表后，引起了全国小学数学教育界很大的反响。

我从几十年对小学生计算能力的研究中得到启示，要探索小学生学习数学的奥秘，必须坚持科学发展观，走深入调查研究的道路，不能心血来潮、信口开河。

现在有些人忌讳提“加强计算”，更不敢提“训练”。

2008 年末，在济南举行“全国小学数学名师教学风采展示活动”。主办方邀请我做讲座，而且非要我上一堂课。其实我不是“小学数学名师”，而是为了推介尝试教学法偶尔上点研究课。我主张上真实创新的课，没有刻意自己选择课题，而是根据借班的教学进度上四年级“除数是两位数的除法”。当下名师的观摩课大都喜欢上几何图形内容的课，如“角的认识”“三角形面积计算”“圆的周长”“圆周率”等，这种课可以有精彩的情景导入，能够渗透数学思想，还能传递数学文化，大都会赢得观众的满堂喝彩；一般都不愿意上计算课，这种课内容单调，很难出彩，弄得不好还要被人批评“与新课改背道而驰”。我思考良久，大家都不敢上，我就带个头。

那天上课，恰好我重感冒高烧刚退，为了使大会不受影响，我还是坚持上。这堂课的教学过程大致是这样的：学生已经学过“除数是整十数的除法”，在此基础上再学“除数是两位数的除法”，完全可以让学生自学，再尝试练习，然后小组派代表上台当“小先生”，讲解两位数除法的计算过程以及计算时的注意点，小组之间相互评议，最后教师点拨总结。学生初步掌握了两位数除法的计算法则后，组织学生练习不同水平和不同形式的题目，有 10 道两位数除法笔算题、12 道试商填充题、10 道口算题，共计 32 道题。根据儿童年龄特点，我采取了多种练习形式：有抢答、小组竞赛，有口答、笔答。每一次练习都做到我一贯主张的四个当堂：“当堂练习、当堂校对、当堂订

---

① 邱学华．小学生口算能力的研究 [J]．人民教育，1980（12）：47-48.

正、当堂解决。”由于教师讲得很少，留出充裕的时间让学生练习，这堂课几乎把课本上的题目都做完了，课外就不必布置家庭作业了。

这堂课引来不少争论，有赞成的，也有批评的。有的抨击非常尖锐，题为《不要把孩子变成廉价的计算器》①，给了一顶怪吓人的大帽子；《人民教育》（2009 年第 20 期）上刊载了一篇文章②也拿这堂课说事，并引出一个当前必须弄清楚的严肃话题“数学教育的核心是‘数学’还是‘教育’”，该文的作者没有直接回答，有点含糊其辞，但反对提“数学教育的核心是数学”的观点是清楚的。

当下，真正的学术争鸣较少，我的一堂课能引起大家争论是件好事，我乐意听取各方面的意见。不过我可以鲜明地表态：数学教育的核心是数学，在学习数学的过程中同时接受教育。

例如，在学习四则运算的过程中，不仅仅是掌握四则运算的法则，而且培养了数感、数学思维的方法，更重要的是又培养了学生认真负责、一丝不苟的工作精神，独立思考的能力以及分析推理的能力。就拿上面争论的我上的“除数是两位数的除法”这堂课来说，有试商专项训练题：括号中最大能填几〔73÷(　)<8、58÷(　)=4 等〕。学生解这类题不仅需要数感，而且必须掌握除数与商之间关系的数学思考方法。不计算何来数感？不解题何来数学思考方法？不练，何从想起？这是很简单的道理。现在要多考虑儿童学习数学的规律，少唱高调。

这堂课最后我布置了一道趣味题，有时间做，没有时间也可不做：这道笔算竖式中，仅看到 5 个已知数，要填出 9 个未知数，解这道题需要比较复杂的分析推理能力。很显然，解题过程中能够有效地提高学生的智力发展水平。这样的练习难道会把孩子培养成廉价的计算器吗？

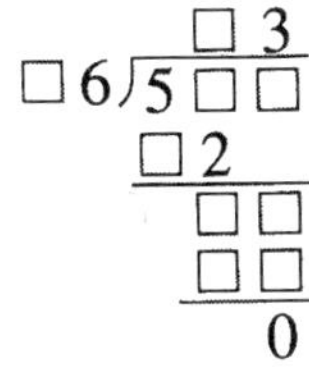

① 王永．不要把孩子变成廉价的计算器［J］．福建论坛，2009（11）：26-31.

② 方莉萍．再问数学教育的价值［J］．人民教育，2009（20）：46.

(五)课堂教学改革的关键在于一抓先练后讲，二抓练在当堂

课堂教学是教学的基本形式，它是教学工作的中心环节。先进的教育理念和教学方法都必须通过课堂教学来体现。我赞成这样的观点：“教改的关键在教师，教改的核心在课堂。”探索儿童学习数学的奥秘，应该把研究课堂教学作为重点。

探索儿童学习数学的奥秘，必须深入课堂，亲自给学生上课，才能有真切的体悟，才能探索奥秘。所以，60 多年来，不管在什么岗位上，我都坚持亲自上课。我能亲自给小学生上课，成了我得天独厚的条件。我到全国各地做报告，都是先讲理论，再借班上示范课，大受教师欢迎。许多人听我的报告还模模糊糊、将信将疑，看了我的示范课才真正明白了，下定决心搞尝试教学法实验。大家都把我当成小学数学名师，为此我倍感荣幸。直到现在我还在为小学生上课，60 多年来我始终在教学第一线。

尝试教学法是从小学数学教学中开始实验的。20 世纪 60 年代，我在华东师大附小搞教学实验时，发现了一个重大的奥秘：废止注入式已经提了几十年，为什么废不了？提倡学生为主为什么始终做不到？毛病就出在“先讲后练”的教学模式上。传统的教育观念认为，上课应该教师先讲，把什么都讲清楚了，再让学生练习，这是天经地义的。可是，教师讲，学生听，教师问，学生答，已经把学生定位在被动的位置上，学生怎能主动起来呢？我想，毛病既然出在“先讲后练”上，课改就从这里开刀，能不能反其道而行之，把“先讲后练”改成“先练后讲”？上课，教师不要先讲例题，而是仿照例题出一道题目，让学生先尝试练习，有困难，学生就会主动去看课本，也会主动向别人请教，直到解决问题。尝试练习做对很好，做错也无妨，因为教师还要根据学生尝试练习的情况再有针对性地讲解。这时教师的讲解已成为学生迫切的需要，讲在要害处，练在刀口上。这是尝试教学法的雏形。

在改革开放的形势鼓舞下，1980 年我在常州市劳动中路小学一个四年级班上开始系统的教学实验。两年后，实验结果令人振奋，实验班学生的自学能力和学习成绩大幅度提高了。在一次“三步应用题”测试中，学生自学课本后立即做尝试题的正确率达 88.2％，而普通班只有 54％；期末考试平均成

绩实验班 96.5 分，而普通班只有 80.6 分。在其他学校的实验班也取得了同样的教学效果。实验证明：学生能够在尝试中学习，在尝试中成功，原来大胆的设想已成为现实。

尝试教学法在教学实践中不断发展，不断完善，从理论上升华为尝试教学理论；从实践上已从小学发展到初中、高中，并拓展到幼儿园和职业学校。

尝试教学法研究与应用，为小学数学课堂教学改革走出了一条新路。它的教学策略可概括成一句话：一抓先练后讲，二抓练在当堂。

一抓先练后讲。一定要坚持让学生先试一试，让学生自学课本后先练。一年级学生识字量不多，可由教师领读，学生跟着读，逐步让学生学会看书。培养学生自学能力有一个逐步提高的过程，不能操之过急，要由扶到放。到高年级，可以逐步采用课前预习。上一堂下课时，布置下一堂课的尝试题，让学生带着问题回家去自学课本。

二抓练在当堂。由于教师讲解的时间减少了，课堂有充裕的时间让学生进行不同层次的练习，低、中年级做到不布置家庭作业，可以做点趣味题，高年级可以预习明天的尝试题。

先练后讲和练在当堂两者是密切联系、相辅相成的。“先练后讲”才能留出时间做到“练在当堂”；“练在当堂”又能巩固和提高“先练后讲”的效果。

这套方法易学易用，效果显著。内蒙古阿盟左旗塔尔岭小学是一所靠近沙漠的简易小学，原来毕业班平均成绩只有三四十分，实验后连续 11 年取得好成绩，不是全盟第一就是第二，直到学校因自然条件太差而被撤并为止；四川眉山师范附小李志军老师 16 年不布置家庭作业，而学生成绩名列前茅，特别要指出的是，他所教的班名额都在 80 人以上，实在令人惊叹。重庆市忠县、西藏拉萨市等地区都获得了大面积提高教学质量的效果。

之所以取名为“尝试教学法”，是经过一番认真思考的。教师先不讲，让学生先练，是带有试一试的性质，用“尝试”俩字比较贴切。尝试乃是对问题的一种探测活动，俗话说“试一试”，邓小平的名言“摸着石头过河”也是这个意思。“尝试”俩字蕴含着极为深刻的哲理，迸发着无穷尽的教育价值。

尝试与创新有着密切的联系，任何创造发明都要从尝试开始，没有尝试就没有创新，尝试是发展创造力的门户。因此，尝试教学法是培养学生的创新精神和创新能力的比较理想的方法。

一个人遇到问题，首先要有敢于试一试的精神，先看书或上网查找资料，再向别人请教，然后积极思考，自己去解决。这是学习的本来面目，也是一个人终身学习的方法。所以，“先练后讲，先学后教”的尝试学习方法，就是还学习的本来面目，教人以终身学习的方法。因为只有当一个人已有知识无法解决当前问题的时候，真正的学习才会发生。

20世纪80年代，美国的“发现教学法”在报刊上铺天盖地地被介绍过来，后来又有“探索性学习”“研究性学习”。这些方法的教育理念是先进的，但具体操作起来有困难。首先遇到的是“发现什么”“怎样去发现”，然后又如何解决“教科书的作用”和“教师的作用”。根据小学生的特点，主要是在有限的教学时间里学习和继承几千年来反复提炼并经过实践检验的最基础的数学知识，如果都要小学生“发现、探究、研究”出来，是不切合实际的，也是没有必要的。

尝试教学主要是按照教科书的要求，尝试去解决某一个知识点，仅是让学生在旧知识的基础上，尝试去自学课本或主动向别人请教，自己去解决问题。尝试鼓励成功，也允许失败，比较宽容。学生尝试后，再听教师讲解点评，进行正误对比，印象深刻，效果好。学生在尝试的过程中，同时培养了尝试精神、探索精神、创新精神以及自学能力、合作能力、思维能力。通过整整30年的长期教学实践证明，尝试教学法以观点鲜明、操作简便、效果显著而受到广大师生的欢迎。每堂课都可以尝试，但不一定每堂课都有所发现，这是非常简单的道理。由此，我认为对小学生提“尝试”比较恰当，切合学生实际情况，不宜提“发现学习”“研究性学习”。

在中国，发现教学法提了几十年了，现在有多少教师在用？而尝试教学法应用范围已遍及全国各地，有七八十万教师参与，受教学生达3000多万。这样大规模的教法实验研究，在当今世界上也是不多见的。以前我曾收到一位日本数学教学法教授的来信，他对尝试教学法在中国发展得如此迅速表示惊奇和羡慕。他说，他研究发现教学法已有十多年时间，写了不少著作，可是在日本还是应用者不多。相比之下，我深深感到自己生长在一个伟大的国家和伟大的时代的无比幸福。

(六)数学教育研究必须走中国化道路

综观新中国成立后70多年来小学数学教学发展史，虽然道路曲折，但始终是向前发展的，特别是改革开放40多年来，取得了长足进步，呈现出一派繁荣的景象。有幸的是我都亲身参与其中，作为一个老教师我由衷地感到高兴。

为什么中国在教育投入不足、班额数量多、经济相对贫困的情况下，数学教学成绩已达到世界一流水平，优于许多发达国家？这种现象已经引起国际数学教育界的关注，他们都在研究中国学生为什么能够在国际测试中领先于欧美国家，但看起来他们的教学方法又如此陈旧。这就是所谓的"中国数学教育悖论"。中国数学教育工作者有责任来回答这个问题。

其实，这个"悖论"是不成立的，中国学生优异成绩的取得，主要得益于新中国成立70多年，特别是改革开放40多年来，数学教学工作者根据中国的国情和中华教育的优良传统不断努力、不断探索，逐步创建了具有中国特色的教学方法。中国虽然是个大国，但由于种种原因，在教育上缺少话语权，另外，我们对外的正面宣传太少。外国人对中国教育的了解还停留在数十年甚至100年前，好像直到现在有些外国人还认为中国男人都留着小辫子，女人都裹着小脚一样。

2008年7月，在新加坡举行的中小学创新学习国际论坛上，重庆市小学数学青年教师卞小娟上了一堂"轴对称图形"观摩课，引起了强烈反响。新加坡南洋理工大学苏启祯教授指出："这节课让我们对中国小学数学有了新的认识，这和我们想象的有很大的不同。"因为在他们的头脑里，中国的教学方法十分落后，看了卞小娟老师的课，才感到现在中国教师的教学理念如此先进，课堂教学如此精彩。

现在迫切的任务是要认真总结中华教育的优良传统和新中国成立70年来的经验教训，在此基础上建立具有中国特色的数学教育理论。其实，这项工作已经启动，涉及二三亿中小学生的数学新课程改革已受到国际数学教育界的关注。2008年在墨西哥举行的第11届国际数学教育大会，我国有70多人参加。这届大会的特色之一是有国家展示活动。大会专门留出半天时间给中国展示，这是史无前例的。我国充分利用这次机会，以大会报告、小组发言、展板、宣传册、教学录像片段等形式展示，这是我国第一次全面系统地向世界介绍中国数学的历史和现状、数学改革的成就和经验。中国的展示活动在大会上引起了很大反响，实在令人兴奋和自豪。这次中国国家展示活动的发言和展板资料已译成中文，由王建磐主编的《中国数学教育：传统与现实》（江苏教育出版社，2008）已经出版。另外，宋乃庆、张奠宙主编的《小学数学教育概论》（高等教育出版社，2004），刘坚主编的《21世纪中国数学教育展望》（北京师范大学出版社，1995），郑毓信著的《国际视角下的小学数学教育》（人民教育出版社，2004）等著作的出版，都在为建设具有中国特色的数学教育理论添砖加瓦。

我认为，建设中国的数学教育理论必须坚持走中国化的道路，具有中国特色才能走向世界。历史证明，搬用外国教育理论不可能解决中国教育的实际问题。外国的经验只能借鉴，不能搬用。

走中国化的道路必须破除对外国教育理论的迷信，增强自信心。中国教育理论界一向崇洋，看不起自己的东西。100多年前，数学教学从外国传入，先是学日本，后学美国，新中国成立以后全盘“苏化”，学苏联，“文革”后又全面开放，欧美各式各样的教育理念、教育思潮涌进中国。我在华东师大教育系读书时，读过许多本《中国教育史》和《外国教育史》，为我国古代光辉灿烂的教育文明史而深感自豪，也为近代教育照搬照抄外国而羞愧。直到现在，有些人总看不起自己，不敢相信自己的东西。我国是有14亿人口的社会主义大国，有5000年的文明史，还有2000多年的教育优良传统和经验，特别还有新中国成立后70多年，尤其是改革开放40多年来数学教学改革的经验教训，难道我们就不能在数学教育理论研究上走出一条创新之路？

今年我已85岁了，身体尚好，身上各个零件尚没有什么大问题，争取再干10年、20年没有问题，我将为构建具有中国特色的数学教育理论继续努力，继续探索儿童学习数学的奥秘。中华民族的复兴大业，应该在教育上有所作为，我坚信中国的教育是大有希望的，必定会为世界教育做出贡献！

二、儿童学习数学的心理规律

——学习皮亚杰的智慧发展理论

揭示儿童学习数学的规律，必须要从儿童心理学方面做深入研究。这方面的研究，在国际上首推瑞士儿童心理学家皮亚杰（1896～1980）所做出的贡献，特别是他的儿童智慧发展阶段论，能够揭示儿童学习数学的心理规律。

皮亚杰的著作极为丰富，我们只能简单了解一下。美国柯普兰所著《儿童怎样学习数学——皮亚杰研究的教育含义》（上海教育出版社，1985）这本书既有理论的扼要介绍，又紧密结合数学教学实际，还有大量的实验案例。本文参考柯普兰这本书，简要地介绍皮亚杰的儿童智慧发展阶段论以及它对儿童学习数学的意义。有兴趣的读者，请查阅原著。

（一）儿童智慧发展阶段论

皮亚杰认为心理结构的发展（或称智慧发展）有四个基本阶段（或称时期）：

第一，感知运动阶段。

从出生到1岁半的第一阶段是前语言和前符号的时期。这是一个直接动作的时期，比方说，抓住并注视着某个物体。

在感知运动阶段，从自发运动和反射，到获得习惯，再到智慧，这是一个连续的进程。

第二，前运算阶段。

这一时期从1岁半或2岁开始，一直持续到将近7岁。较聪明的儿童会早一两年达到这一阶段，而智力较差的儿童则要比7岁晚一两年。前运算阶级以表象或象征为特征。在前面感知运动阶段，儿童还未以字词或象征来表征事物，没有想象，不会玩“让我们假装干什么”或用玩具娃娃做“娃娃家”之类的游戏。而要能进行这些活动，思维就必须达到表象的水平，言语被用来表征事物了。

第三，具体运算阶段。

大约 7 岁到 11 岁或 12 岁，这是具体运算阶段。儿童在小学里学习的大部分时间是在这一阶段。

这一阶段标志逻辑—数学思维的开始，儿童这时的思维被认为是属于“运算”水平的，儿童不再以知觉或感觉的提示（线索）去解答那些需要逻辑思维的问题。

皮亚杰是从守恒性或不变性这一观点来研究具体运算阶段的，因为守恒性是这一阶段的基本特征。例如，给儿童看两个装着同样分量水的玻璃杯，然后把一个杯中的水倒入另一个较高、较细的杯中。只要儿童懂得水的分量仍是一样，他就是在运用逻辑推理，对于这一概念，他就达到了具体运算的思维水平。

这一水平对于数学，与对心理学一样重要，因为这些运算中的许多运算实质上就是数学运算。这一水平的运算包含有皮亚杰称之为“群集”的数学结构——把客体聚合拢来归为一类，把一个聚合再分为子类，以某种方式把元素加以次序化，把事件按时间排次序，如此等等。

第四，形式运算阶段。

这一阶段在十一二岁之前一般不会到来。儿童在这一阶段是用符号或观念而不需要用客观世界中的物体作为推理或假设的思维基础。他能用论证的形式进行运算，而不管它的经验内容。他能使用逻辑学者和科学家的思维步骤——一种假设、演绎的，不再使其思维拘泥于现存事实的步骤。他获得了新的心理结构，构成了新的运算。

在形式运算阶段，儿童能够在含有单个、两个、三个等元素的类之间建立任何联系。这种分类和次序关系的概括化最终发展成为一个组合系统——组合与排列。这种组合系统对思维能力的扩展具有首要的重要性。

皮亚杰提出的四个阶段的名称中，关键词是“运算”两个字，这同数学“运算”的含义是不同的。那么，什么叫“运算”呢？运算就是内化了的、可逆的、组成系统（结构）且具有守恒性的动作。“运算”是皮亚杰理论中最核心、最关键的概念。皮亚杰曾指出，知识总是与动作联系在一起的。这里的“动作”就广义而言，它包括运算；“知识”也是一种广义的知识，它包括逻辑—数理的知识和广义的物质世界因果性的知识。

动作要内化为运算，必须得到可逆性的支持。具有可逆性的内化动作才是真正的运算。这时表象就从属于运算了。所谓可逆性，即指动作可以在心理上逆转。用可逆性来说明认知结构和解释智慧，这是皮亚杰的一大创见，也是一大特色，把握了这一点，也就掌握了理解皮亚杰理论的钥匙。

（二）儿童智慧发展阶段论的教育意义

皮亚杰把人的智慧发展分成四个基本阶段，每个阶段都在一定的年龄段。他认为企图加速各个阶段的发展可能是困难的或不需要的，但教师在为学生提供适当的准备活动和提出合适的启发问题方面是重要的，否则，儿童就可能延缓到达各个阶段。影响智慧发展的因素主要有四个：

（1）机体生长因素——特别是神经系统和内分泌系统的成熟。

（2）经验因素——首先存在着一种物理经验，其次是一种逻辑数学的经验。

（3）社会传递因素——它包括使用语言进行知识传授这一因素，只有当儿童已具有一种“结构”能使他理解所使用的语言时，才是重要的。

（4）平衡化因素——平衡化又称自动调节，这种平衡化的过程是一个主动的过程，它包含着一个方向的变化由另一个相反方向的变化所补偿的作用。

上述四个因素中，经验因素和社会传递因素方面，教师可以发挥引导的作用。

皮亚杰的智慧发展的四个阶段的理论，对数学教育有着极重要的意义。儿童学习数学有着自身发展的规律，不能超越。例如，一般近6岁半到7岁的儿童还没有达到数的守恒阶段，所以这就意味着许多经常在一年级进行的活动，如数的意义、位值、乘法等，应该推迟到二年级再进行。

在一年级时，那些使用具体物体的许多预备性活动将为形成数的概念做基础，而不是为代数和符号体系提供基础。现在许多一年级已开始讲授如3＋□＝7，但这种符号体系对许多一年级学生来说，不管教师如何卖力，它们是没有什么意义的。同样，在一、二年级要急于向学生讲解可能性的大小也是没有意义的。

皮亚杰认为，什么阶段学习什么内容，必须根据个人自身发展的年龄特点，皮亚杰在《幼儿的思维》一书的前言中，再次表明他的立场："在逻辑—数学结构领域，儿童只对那种他亲自创造的事物才有真正的理解。每当我们试图过急地教给他们什么东西的时候，我们就会阻止儿童去亲自再创造它们。因此，不存在什么试图过快地加速这种发展的正当理由；在亲身探索时看来是浪费了时间，但对方法的构成是真正有益的。"

美国布鲁纳"任何学科都能够用在智育上是正确的方式，有效地教给任何发展阶段的任何儿童"的观点影响了美国的课程改革，也对中国的课程改革产生了较大的影响。皮亚杰旗帜鲜明地反对布鲁纳关于加速发展的观点。1967 年 3 月他在美国纽约大学的一次演讲中，做了如下的评论：

> 几年以前，布鲁纳的一个主张迄今仍使我感到惊讶不已。即云，任何学科都能够用在智育上是正确的方式，有效地教给任何发展阶段的任何儿童。噢，我不知道他现在是否还相信这一点……加速大概是可能的，但不可能指望有极大的加速。似乎存在一个最佳期，什么时候是最佳期必定依赖于每一个儿童本身和学科的性质。

皮亚杰通过大量的实验材料，论证儿童理解数学概念有最佳的年龄阶段。这个观点说明：儿童学习数学是有规律可循的，不能随心所欲，一定要按规律办事。在美国柯普兰著的这本书中，把"一些数学概念发展的年龄阶级"作为附录编入书后。这里刊登出来，供大家参考。

一些数学概念发展的年龄阶段

概念	前运算阶段的后期 4～7 岁	具体运算阶段 7～9 岁　9～11 岁	形式运算阶段 11～15 岁
拓扑空间	××		
简单分类	××		
序列化和次序化	××	×	
数的守恒	××		
长度守恒	××	×	
面积守恒	××	×	
类的加法和数的加法		××	
数的乘法		××	

续表

概念	前运算阶段的后期	具体运算阶段		形式运算阶段
	4～7 岁	7～9 岁	9～11 岁	11～15 岁
乘法分类		××		
传递性		××		
交换性		××		
结合性		××	×	
分配性			××	
欧氏空间——形状	××	×		
欧氏空间——水平与垂直坐标		××		××
时间		××	××	××
测量——面积			××	
测量——体积				××
射影几何		××	××	××
比例				××
形式逻辑				××
概率			××	××
证明				××

三、急需提高教师的数学专业素养

当前，各级教育行政部门都重视教师专业化成长。但对教师缺什么、补什么，存在着认识误区。

我国小学教师的学历水平通过多年的努力已有大幅度提高。据湖南省 2009 年的抽样调查，具有大专和本科以上学历的小学教师已达 96.49%。沿海地区的小学教师中具有研究生水平的也有 10%左右。许多人认为小学数学学科知识比较简单，高学历的教师教小学数学绰绰有余，因此，认为教师培训工作的重点应放在转变教育观念和改变教学方式上，以前卓有成效的教材过关培训很少搞了。

（一）小学数学教师专业知识测试

湖南省第一师范学院科研处胡重光主持的研究课题“湖南省小学教师专业素质调查与研究”，对全省 11 个地区部分城乡小学数学教师进行测试，测试结果和分析发表在《湖南教育》（2009 年 12 月下）上。这一结果给我们敲起了警钟，现实情况不容乐观。

先介绍测试题，共 10 题，每题 10 分。有兴趣的读者不妨试一下，看看自己能得多少分。

小学数学教师专业知识测试与分析

下列各题都只有一个正确答案，请在正确答案的编号上打“√”。

试　题	分　析
1. 为什么把 0 作为自然数？ （1）因为 0 具有自然数的性质 （2）因为 0 是测量的起点 （3）为了使自然数能表示空集的基数 （4）因为 0 是数轴的原点	正确的答案是（3），正确率 33.0%。 45.2%的测试对象选择了（1），这些教师不了解由于集合论的创立而引起的自然数概念的发展。如果是（1）项，0 早就应该作为自然数了，为什么到现在才把 0 纳入自然数中来呢？
2. 为什么 0 不能做除数？ （1）因为一个数除以 0，商是无穷大 （2）因为$\frac{0}{0}$是不定式 （3）因为 0 做除数，商无法确定 （4）因为任何数乘 0 都得 0	正确答案是（3），正确率 19.0%。 0 不能做除数是一个大家都知道的结论，可是要说出准确的理由就困难了。0 做除数要么商不存在，要么商不唯一，即商无法确定。
3. 为什么要把角的两边定义为射线？ （1）因为角的大小与边的长短无关 （2）因为要用角表示方向 （3）因为边长不同的角也可以相重合 （4）因为多边形的边长可以是任意长	正确答案是（2），正确率竟是 0%。 在教学中非常强调“角的大小与边的长短无关”，因而选择（1）的有 81.0%。数学概念是为解决实际问题和数学本身的需要而引入的，表示方向是角的主要功能之一。然而选择正确答案（2）的竟然是 0。

续表

试 题	分 析
4. 下列说法正确的是： (1) “元月1日是元旦”是一个必然事件 (2) 欧几里得是意大利数学家 (3) “一个整数的个位是0”是“这个整数能被2整除”的必要条件 (4) 祖冲之是中国南北朝时期的数学家	正确答案是(4)，正确率54.8%。 “事件”是概率中最基本的也是最简单的概念之一，可是有7.3%的测试对象选择了“‘元月1日是元旦’是一个必然事件”这一错误选项。
5. 下列说法正确的是： (1) 立正站立的人是一个对称图形 (2) 比10多$\frac{1}{2}$的数是$10\frac{1}{2}$ (3) 求三角形的面积必须知道底和高 (4) 数学归纳法是完全归纳法	正确答案是(2)，正确率4.8%。 这道题错误率竟达95.2%是意想不到的，把“比10多$\frac{1}{2}$的数”与“比10多出它的$\frac{1}{2}$的数”相混淆。
6. 下列说法中错误的是： (1) 诗人中的女数学家少于数学家中的女诗人 (2) 诗人中最老的数学家就是数学家中最老的诗人 (3) 如果诗人中没有数学家，那么数学家中也没有诗人	正确答案是(2)，正确率28.6%。 这道题测试交集的概念，看起来是很简单的题目，然而正确率只有28.6%。大都错选成(3)项，占31.0%。
7. 下列几个引入“角”的实例中，你认为最好的是： (1) 三脚架 (2) 五角星 (3) 课桌的角 (4) 钟面的时针和分针	正确答案是(4)，正确率54.8%。 这道题涉及教学经验和对“角”本质的认识，从“钟面的时针和分针”最好引入“角”的概念。所以这道题的正确率较高。
8. 下列几个引入小数的例子中，你认为最好的是： (1) 物价 (2) 身高 (3) 十进分数 (4) 不能整除的除法	正确答案是(1)，正确率59.5%。 这道题也涉及教学经验和对“小数”本质的认识，所以是10道题中正确率最高的。

续表

试　题	分　析
9. 下列说法正确的是： (1) 必须是平均分才能用分数表示 (2) 分数产生于平分整体 (3) 分数是为了表示小于单位的量而引入的 (4) 有理数集是不可数集	正确答案是（3），正确率 33.3%。 对小学数学中引进分数太强调平均分印象太深，所以 45.2%的人选择（1），14.6%的人选择（2），平均分不是本质属性，所以“分数是为了表示小于单位的量而引入的”是正确的。
10. 甲、乙两人玩一种获胜机会相同的赌局，每局胜者得 1 分，负者得 0 分。约定先得 5 分的人赢得所有奖品，但是游戏在甲得了 4 分、乙得了 3 分时因故停止了。你认为甲、乙应按以下哪种比例分配奖品： (1) 4∶3　(2) (5—3)∶(5—4)　(3) 3∶1	正确答案是（3），正确率 11.9%。 最后一道是古典概率题，懂得概率初步知识的人，判断这道题应该是没有困难的，可是正确率只有 11.9%。

（湖南省第一师范学院科研处提供）

（二）测试结果分析

测试的结果令人震惊，答对率最高的只有 59.5%，最低的低至 0%，有 7 道题的错误率超过一半，如果用百分制评定肯定是不及格。

这 10 道题并不难，其中只有一道简单的概率计算题，总共 38 个选项中只有 3 个涉及高等数学，其余的题目和选项大都与小学数学教材密切相关，是小学数学教师必须懂得和应该懂得的。除第 10 题外，所有的题目都不需要计算，全部题目一般 10 分钟即可完成。

为什么大学本科生连小学数学题都做不出来？究其原因，大学数学系学生重点学高等数学，对小学数学理论知识涉及很少。大学生做不出小学算术应用题是常有的事，数学系本科毕业的小学教师在课堂上讲错概念也是经常会发生的。

最能说明问题的一个特例，以大学数学教授为主制定的《数学课程标准（实验稿）》中都会发生概念性的错误：

第50页的案例和说明是：

例：用一张正方形的纸制作一个无盖的长方体，怎样制作使得体积较大？

说明：这是一个综合性的问题，学生可能会从以下几个方面进行思考：①无盖长方体展开后是什么样的？②用一张正方形的纸怎样才能制作一个无盖长方体？基本的操作步骤是什么？③制成的无盖长方体的体积应当怎样去表达？④什么情况下无盖长方体的体积会较大？⑤如果是用一张正方形的纸制作一个有盖的长方体，怎样去制作？制作过程中的主要困难可能是什么？

本案例和说明中的“用一张正方形的纸制作一个无盖的长方体，怎样制作使得体积较大”及“如果是用一张正方形的纸制作一个有盖的长方体，怎样去制作”是有显而易见的科学性错误的。案例给出的条件“一张正方形的纸”是实物，用这样的实物制作出的只能是实物；而长方体是数学概念，是对客观事物的抽象，是思想上的事物，在现实中根本不存在。因而用一张正方形的纸不可能制作出一个长方体（数学中不存在无盖或有盖的长方体这一概念），而是一个无盖（或有盖）的长方体形状的纸盒。所以原案例应改为：“用一张正方形的纸制作一个无盖的长方体形状的纸盒，怎样制作使得体积较大？”

看来，这个错误不是制定者的一时疏忽，因为《数学课程标准（实验稿）》经过层层审查，都没有发现这个科学性错误。

要解决高学历和低水平的矛盾，一是要在师范大学小学数学教育本科专业中加强小学数学基础理论的教学，二是要加强对新教师的教材过关培训。

合格的教师才能造就合格的学生，这是最简单不过的道理。俗话说，要给学生一杯水，教师要有一桶水。

目前世界上非常强调教师专业上最为重要的就是有良好的PCK（学科教学知识），其核心的观点是，教师要懂得怎样用最好的方式来表达相应的教学知识。英国南安普敦大学范良火教授更为具体地指出：“教师的教学知识主要划分为三个方面：教学的课程知识，即关于包括技术在内的教学材料和资源的知识；教学的内容知识，即关于表达数学概念和过程的方式的知识；教学的方法知识，即关于教学策略和课程组织模式的知识。”

教学的课程知识、教学的内容知识、教学的方法知识这三者组成一个完整的PCK，缺一不可。在教师培训工作中要抓住这三方面进行培训，尤其不能忽视教学的内容知识的培训。

第二编

培养儿童学习数学兴趣的奥秘

我一辈子教数学和研究数学，体会最深的一句话就是“要使学生学好数学，首先要使学生喜欢数学”。怎样使学生喜欢数学?最重要的就是要用数学本身的魅力去吸引儿童，为此我编写了许多儿童读物，如：《数学大王》《数学大世界》《小学数学课外阅读》《解应用题的钥匙》等。

小学教师工作太忙，阅读大量图书资料有困难，这里把我几十年来搜集的趣味题和思考题分类汇编起来，供教师和家长们参考。往往一道有趣的数学题，会激起儿童浓厚的兴趣，冒出思维的火花，甚至让他们终生难忘。

一、从解读苏步青的题词谈起

苏步青教授是我国著名数学家，曾任复旦大学校长、中科院院士。他是我国最长寿的一位数学家，活到 102 岁。他从事数学教学和研究工作长达七八十年，对数学教育有很高的造诣。本文从苏老的一则题词谈起。

解读苏步青题词

1985 年，江苏创办《小学生数学报》，编辑部抱着试试看的心情托人请苏步青题词，苏步青是大数学家又是名人，编辑部本来不抱太大的希望。出乎意料的是，苏老如约寄来了题词：

要帮助小学生学好数学，我认为必须掌握两条：

一条是配合小学数学课本，适当地有目的地添上一些引人入胜的内容，使少年学起数学津津有味；

一条是根据少年思考灵活的特点，循循善诱地介绍少量动脑筋的资料，为将来独立思考打基础。

一般名人题词大都写几句鼓励的话，而苏步青题词是经过深思熟虑，写得具体明确，切入本质，通俗易懂，其实已经指明小学生如何学好数学的规律。

苏老题词，开门见山就说，“要帮助小学生学好数学，我认为必须掌握两条”，清清楚楚，指向十分明确。这两条概括起来，一条是激发学生兴趣，一条是促进学生思维。同时也指明了操作的方法：“添上一些引人入胜的内容”“循循善诱地介绍少量动脑筋的资料”，也就是必须通过数学练习来达到。特别又指出，不能随心所欲增加，而是要“配合小学数学课本，适当地有目的地”“循循善诱地”添上。

一位大数学家对小学生如何学好数学讲得如此明确透彻、具体详尽，实在令人敬佩。这是苏老留给后人的宝贵财富，值得我们好好领悟和贯彻。这则题词不仅是写给小学生的，更重要的是给小学教师的，并且对如何编写小学数学课本也具有十分重要的指导意义。

“兴趣是最好的老师”这句话是常挂在教师嘴上的，但是有多少教师能够悟出其中的道理呢！

学校最大的弊病是造成学生厌学。我记得有一位外国著名数学教育家说过：“数学教师最大的失败，就在于把学生都教得讨厌数学。”如果学生“讨厌数学”了，他看到数学书就头疼，见到数学符号就害怕，他还怎么继续学习中学数学和高等数学呢！这就害了孩子的一生。

古今中外的教育家都强调激发学习兴趣的重要性。2000多年前，孔子早就说过：“知之者不如好之者，好之者不如乐之者。”前面提到的“兴趣是最好的老师”，就是伟大的物理学家爱因斯坦所说。国际著名数学家陈省身说：“数学好玩。”中国教育学会原会长顾明远为小学数学教育博物馆题词：“动脑筋，出智慧，数学最有趣。”

怎样培养学生的兴趣？我认为，主要是依靠数学本身的魅力去吸引学生，使学生从中产生兴趣，尽可能采用趣味题、游戏题、智力竞赛题，使学生在“练中生趣”“苦中作乐”。正如苏老在题词中所说：“添上一些引人入胜的内容，使少年学起数学津津有味。”可是有些教师以“外在”为主，追求表面上的热热闹闹，花大量时间从生活情景导入，讲故事做游戏，大讲中外数学史，什么都有，就是没有数学练习，这种“去数学化”的现象十分严重。

二、兴趣是练出来的

谈论关于怎样发展学生思维的文章太多了。其实，教育问题说简单也很简单，都可用一句话来回答：

怎样培养阅读能力？　　答：给学生看书的机会。
怎样培养语言表达能力？　　答：给学生说话的机会。
怎样培养写作能力？　　答：给学生写作的机会。
怎样发展思维能力？　　答：给学生思考的机会。

能力是“练”出来的，而不是教师嘴巴“讲”出来的。如果教师满堂灌，占用了大部分课堂教学时间，学生何来能力？兴趣也是练出来的，通过练习，在题目中找到乐趣，才能使学生真正喜欢数学。这是一个非常显而易见的道理，可是有些教师始终没有醒悟过来。

苏老在题词中明确指出：“循循善诱地介绍少量动脑筋的资料，为将来独立思考打基础。”发展思维，必须通过学生自己做练习。俗话说“习题是思维的磨刀石”，刀越磨越快，脑筋越用越灵。“必要的反复练习”应该与“题海战术”区别开，不要把多做练习都扣上“题海战术”的帽子。

现在课本中的思考题和打“*”的题，就是少量动脑筋的资料，这类题目要注意搜集，然后归类应用。苏霍姆林斯基在《给教师的建议》一书中第61条建议“一年级数学教学中的思维训练”，有一道思考题（书中称为谜语应用题）：“有人要把一只狼、一头山羊和一棵白菜从河的这边运到对岸去。不能同时把三样东西都运过去，也不可以把狼和山羊或者山羊和白菜一起留在河岸上。只能够把狼和白菜一起运，或者每次只带一个‘乘客’。来往运送的次数不限。应当怎样把狼、山羊和白菜都运过去，才能使这些东西都安全到达呢？”

学生解答这类问题会乐此不疲，甚至达到着迷的程度。所以，学生的学习必须让其自愿，强迫是无效的。这个问题早在三四百年前捷克教育家夸美纽斯的被誉为近代第一本教育学著作的《大教学论》中已经指出：

凡是自然的事情就都无须强迫。水往山下流是用不着强迫的，水坝等阻止水流的东西一旦移去之后，它就立刻会往下流；我们用不着劝说一只鸟儿去飞，樊笼开放之后，它立刻就会飞的。眼睛看到美丽的图画，耳朵听到美丽的曲调，它们是不必督促就会去欣赏的。

除了“兴趣是练出来的”当然还可以加上一句：“兴趣是表扬出来的。”

儿童的特点是好胜心和好奇心强，往往一次激动人心的表扬，会改变孩子的一生。多表扬，少批评。更不能训斥嘲讽。对孩子来说，教师的一声赞扬和一个赞赏的眼神都是一种激励。一个后进生错了4道题，是全班最差的一个，教师没有批评，而是说：“你虽然错了4道题，但比以前有了进步，希望你再努力一下！”

这方面大家有很多经验，这里就不再赘述了。

三、小学数学两个宝：趣味题和思考题

苏老题词中明确指出趣味题和思考题的重要性，要求小学生学好数学，必须做到两抓：

一抓培养兴趣，二抓发展思维。

这就抓住了学习数学的根本，抓住了要害。

这些道理大家都能接受，问题是到哪里去找配合课本的趣味题和思考题。对小学数学来说，趣味题和思考题往往是结合在一起，既有趣又有思考性。以下举几例：

1. 数学黑洞 6174（配合多位数的加减法）

黑洞原是天文学中的概念，表示这样一种天体：它的引力场是如此之强，就连光也不能逃脱出来。数学中的数字黑洞又叫“自我生成数”，它指一个数将它各个数位上的数按照一定规则经过数次转换落在一个数上，不再产生新数，任你按规则反复演变还是自己。

例如，任意选四个不同的数字，组成一个最大的数和一个最小的数，用大数减去小数。用所得结果的四位数重复上述过程，最多几步，必得 6174，即 7641－1467＝6174。仿佛掉进了黑洞，永远出不来。

又如 2456，第一步 6542－2456＝4086，第二步 8640－0468＝8172，第三步 8721－1278＝7443，第四步 7443－3447＝3996，第五步 9963－3699＝6264，第六步 6642－2466＝4176，第七步 7641－1467＝6174。

数学是一个奇妙的世界，数更让这个世界充满神奇，充满魅力。

2. 缺字算题（配合四则计算）

缺字算题是把笔算竖式中缺的数字填写出来。这种游戏能够加深学生对四则运算意义和法则的理解，熟练掌握加与减、乘与除的主逆关系，培养学生的逻辑推理能力。

填写缺字，先要找到“突破口”，然后逐步进行推理。

(1) 在下面的（　）中填上适当的数，使竖式成立

```
① （ ）8          ② （ ）2          ③ （ ）（ ）
 + 1（ ）          - 2（ ）          ×      7
 ―――――――          ―――――――          ―――――――――
   8 1              2 4              （ ）1

④          （ ）      ⑤    2 8（ ）7     ⑥ （ ）0（ ）（ ）
 4（ ）)（ ）0（ ）          1 7 4（ ）       - 3（ ）0 6
         （ ）6          + 8（ ）3 0       ―――――――――――
       ―――――――          ――――――――――          1 3 2 4
             6          （ ）（ ）2 2 3

⑦ （ ）（ ）4        ⑧    （ ）（ ）5        ⑨      （ ）（ ）（ ）
 -    （ ）（ ）           × 1（ ）（ ）         ×（ ）2（ ）
 ――――――――――             ―――――――――――         ――――――――――――
            9             2（ ）7 5           （ ）（ ）（ ）
                        1 3（ ）0       （ ）（ ）（ ）（ ）
                      （ ）（ ）5         5 8（ ）
                      ―――――――――――       ―――――――――――――――
                       4（ ）7 7 5       （ ）0（ ）2 2
```

3. 巧排算式趣题（配合四则计算）

巧排算式是根据一定的数字和一定的要求，添上各种运算符号，排出算式来。这种练习能促使学生加深对四则运算意义的理解，培养敏捷灵活的计算能力和逻辑推理能力。

巧排算式一般要从结果由后往前分析推理。例如：1____2____3____4____5=10，添上各种运算符号后，可以排出几个算式来。

思考过程是这样的：由于最后的结果是10，而算式中第五个数是5，因此它前面选择不同的运算符号时，作为前几步运算结果的数也就随之而不同。比如，最后一步运算选择“+”，前面几步运算的结果就要求是5；选择“-”，前面几步运算的结果就要求是15；选择“×”，前面的结果应是2；选择“÷”，前面的结果应是50。按照上面的推理方法，一步一步往前推。这道题目，经过对各种可能的情况逐一加以分析，可以得出如下这些算式：

$(1+2)\div3+4+5=10$　　$(1+2+3-4)\times5=10$

$(1+2)\times3-4+5=10$　　$(1\times2\times3-4)\times5=10$

像这样从问题的结论着手，倒过来进行分析推理，是数学中常用的分析方法。在巧排算式中，教师要教给学生以上的方法，不能让学生瞎凑瞎猜。

（1）用四个“3”分别列出十个算式，使它们的结果分别为1、2、3、4、5、6、7、8、9、10

答案：

①(3＋3)÷(3＋3)＝1　②(3÷3)＋(3÷3)＝2
③(3＋3＋3)÷3＝3　④(3×3＋3)÷3＝4
⑤(3＋3)÷3＋3＝5　⑥3＋3＋3－3＝6
⑦3＋3＋3÷3＝7　⑧3×3－3÷3＝8
⑨3×3＋3－3＝9　⑩3×3＋3÷3＝10

(2) 用五个“3”分别列出十一个算式，使它们的结果分别为0、1、2、3、4、5、6、7、8、9、10

答案：

①3×3－3－3－3＝0　②(3＋3)÷3－3÷3＝1
③3×3÷3－3÷3＝2　④3×3÷3＋3－3＝3
⑤3×3÷3＋3÷3＝4　⑥3÷3＋3÷3＋3＝5
⑦3×3＋3－3－3＝6　⑧3×3－(3＋3)÷3＝7
⑨3＋3＋3－3÷3＝8　⑩3×3÷3＋3＋3＝9
⑪3＋3＋3＋3÷3＝10

4. 填数趣味题

填数游戏是一种有趣的数学游戏，很受小朋友的喜爱。这种游戏能提高学生的口算能力，能发展学生的逻辑推理能力。有不同难易程度的题目，可以根据各年级的知识范围，选择使用。

(1) 把0～8这九个数字填入图内，使每行、每列、每条对角线上的三个数的和都等于12

答案：

5	0	7
6	4	2
1	8	3

(2) 在下图的正方形25格中，配有数字1～5，现在请移动这些数字，使纵横各行数字的和都等于15，而且在同一行中同一数字不出现两次

1	1	1	1	1
2	2	2	2	2
3	3	3	3	3
4	4	4	4	4
5	5	5	5	5

答案：

5	3	4	2	1
4	1	3	5	2
3	2	1	4	5
1	5	2	3	4
2	4	5	1	3

(3) 用1、3、5、7、9五个连续奇数填入下图的五个方格中，使横或竖三个数的和相等，答案有哪几个

	3	
5	1	7
	9	

	1	
3	5	7
	9	

	1	
3	9	5
	7	

5. 数学魔术趣题

(1) 数学魔术（配合多位数加减法）

表演者先在纸上写出一个数（如253865），然后把这张纸交给观众藏起来。表演者再在另一张纸上写下53867，叫观众接着随便写一个五位数（如57043），表演者接着写一个五位数（42956），观众再接着随手写一个五位数（如28935），表演者再写一个五位数（71064）。最后，观众把另一张纸上的五个数加起来：

53867＋57043＋42956＋28935＋71064＝253865

请观众把原先藏好的纸条拿出来核对一下，恰好是五个数加起来的和，此时观众会惊奇不已。

了解其中的秘密并不困难，主要是表演者第二次在纸上写的数是把首位减去2，末位加上2，

253865→53867（两数相差200000－2）

尔后轮流写数，表演者只要同对方写的数凑成99999，

57043＋42956＝99999　　28935＋71064＝99999

这样两人轮流加上的四个数加起来肯定是200000－2。道理已经很明白了，加上的四个数，恰好补上原来减去的数，当然肯定是原来的数了。

根据这样的原理，可以是四位数，也可以是三位数。观众可以使用计算

器，使游戏更有戏剧性。

（2）报数猜年龄和出生月份

①用 2 乘以你出生的月份，再加上 5，乘以 50，加上你的年龄，再减去 365，然后把最后的得数说出来，就可以知道你今年是几岁，是在哪个月出生的。例如，你说出最后得数是 199，就知道你今年是 14 岁，是在 3 月份出生的。这是什么道理？

根据报数的要求，列成算式：

(出生月份×2＋5)×50＋年龄－365＝

出生月份×100＋年龄－115

因为出生月份和年龄一般都是一位数或两位数，所以根据上面等式的最后一行，只要把最后的结果加 115，那么后两位就是年龄数，前一位或两位就是出生的月份数。

例如：1 9 9＋1 1 5＝ 3（出生月份） 1 4（年龄）

②把你的出生月份乘以 2，加上 7，再乘以 50，加上你的年龄，再加上 365，最后得数如果是 1755，那么，就可以知道你今年是 40 岁，是 10 月份出生的。这是用什么方法推算的？

根据报数的要求，列成算式：

(出生月份×2＋7)×50＋年龄＋365＝

出生月份×100＋年龄＋715

所以，只要把最后的结果减去 715，那么后两位就是年龄数，前两位就是出生的月份数。

例如：1 7 5 5－7 1 5＝ 1 0（出生月份） 4 0（年龄）

6．诡辩趣题

在数学趣味题中，有些题目的结构极具迷惑性，按常规思维，往往不知不觉掉入圈套，明明很有道理，答案却是错的，使人百思不得其解，我把这类题目称为“诡辩趣题”。

这类题目不能用常规的思考方法，要另辟蹊径，换一个角度去思考，才能恍然大悟、迎刃而解。这类题目非常有趣、吸引人，使人爱不释手、欲罢不能，可以极大地激发儿童学习数学的兴趣，同时能够锻炼学生的思考方式，发展学生的思维。

（1）为什么少了10元钱

有三个大学生结伴出去旅行，傍晚到一家旅馆住宿，老板跟每人收了100元钱共计300元，后来老板想了想，觉得大学生出门在外不容易，便叫伙计给大学生退回50元钱。伙计去送钱心想，50元钱给三人又不好分，不如退给三个大学生每人10元，自己就留下20元。送完钱后伙计又想了想，三个大学生每人270元，加上自己留下的20元合计290元，而总数为300元，怎么会少了10元钱呢？贪心的伙计想了一夜也没想通其中的“奥秘”，你能解释其中的道理么？

这个问题极具迷惑性，许多想法与伙计一样的人在糊涂不解中给搞得晕头转向，不知是怎么回事。其实，只要你能跳出伙计的思维模式，从总体上抓住问题的实质，问题就可迎刃而解。三个大学生实际交的总钱数为90×3＝270元，而不是原先的300元（这就是导致错误想法的原因），其中250元交给老板，20元被伙计留下，事实本就如此。而伙计思考时把总钱数弄错了，又把自己留下的20元钱重复加到实际总钱数270元上（即20元钱被算了两次），然后与已经被取消也就是已不存在的300元相比较，自然就产生了并不存在的10元钱的疑惑。许多人产生类似的困惑，只不过是和伙计一样把问题复杂化，自己难住自己罢了。

（2）三人付车费

遇到一个小学数学题，整个办公室的语文、数学、英语等老师争论很久，也没有互相说服对方，请朋友们帮忙看看：

题目：三人共同打出租车，车费共54元，总路程30千米，其中甲在距出发点10千米处下车，乙在距出发点20千米处下车，丙一直坐到终点。

问：三人如何分配打出租车的费用比较合理？

第一种答案：路程被三人分成3份、2份、1份，共6份。

甲坐1份，付费$54\times\frac{1}{6}=9$（元）

乙坐2份，付费$54\times\frac{2}{6}=18$（元）

则丙承担 27 元；

第二种答案：路程实际上是被分成了 3 段，第一段三人乘坐，各分三分之一；第二段两人乘坐，各分二分之一；余下的由丙一人承担。因此：

甲的费用：$18\times\frac{1}{3}=6$（元）

乙的费用：$18\times\frac{1}{3}+18\times\frac{1}{2}=15$（元）

丙的费用：$18\times\frac{1}{3}+18\times\frac{1}{2}+18=33$（元）

到底怎样算？其实，这两种解法都可以，但第二种解法更为合理。

（3）鞋店老板赔了多少钱

一道在网上热传的趣题，看上去很简单，但是 80％的人都算错了，题目是这样的：

“一天傍晚，一位顾客匆匆来鞋店买鞋，看中一双鞋价格 70 元，顾客拿出一张百元大钞给老板，老板没有零钱找，鞋店老板拿着这张百元大钞到隔壁小店兑成零钱，找给顾客 30 元，顾客拿着钱和鞋走了。不久，小店来人说刚才那一张百元钞票是假的，鞋店老板只好又拿出 100 元钱赔偿，叹口气说：今天损失太大了。请你帮他算一算，他一共损失多少钱？”

有些人说损失了 130 元，有些人说损失了 170 元，有些人说损失了 200 元，各种答案都有。其实，只损失了 100 元钱，即一张假币的面值。许多人算此题时都把问题搞复杂化了，反而把结果弄错了。

7. 古今中外著名算题

古今中外的著名算题，由于内容有趣、解法巧妙、引人深思，所以世代相传，吸引着广大数学爱好者。这里介绍的都是运用小学数学知识就能理解或解答的（“四色问题”和“哥德巴赫猜想”仅做浅近的介绍），可作为数学讲座的内容，也可供学生课外练习思考，或在数学墙报上刊出。它有利于培养学生对数学的爱好，发展学生的智力。

（1）鸡兔同笼

这道“鸡兔同笼”古算题，来自《孙子算经》：今有鸡兔同笼，上有35头，下有94足，问鸡兔各有多少？答曰：兔12只，鸡23只。

古算书中，只有答案，没有解答过程。

一般的算法，用假设法。假设都是鸡，应有脚 $2\times35=70$（只）

题中有94只脚，相差 $94-70=24$（只）

因为35头中不全是鸡，还有兔，所以才多出24只脚，现在用一只兔去换一只鸡（多出2只脚，$4-2=2$）

$24\div2=12$（只）……兔

$35-12=23$（只）……鸡

鸡兔同笼问题用方程解更方便。

解：设鸡有 x 只，则兔有（$35-x$）只，根据题意列方程得：

$2x+4(35-x)=94$

解方程得23只鸡，12只兔。

数字小的题目用“画图”的办法来解答，也十分别致有趣。如有鸡兔共12头，足30只，问鸡兔各几只？

先不妨画12个圆圈，代替动物的头和身子。

然后“生足”，每只两只足，共用去24只足，这样都变成“鸡”了。

但根据题意，还多6只足，增加在3只动物上，即这3只鸡变成兔了。

足“用光”了，题目也做好了。有兔 3 只，鸡 9 只。

（2）百鸡术

《张邱建算经》中的百鸡术是有名的算题。张邱建是南北朝人，他提出这类问题比印度、阿拉伯等地方更早。百鸡术题目的意思是：用 100 元买 100 只鸡，大公鸡 5 元 1 只，母鸡 3 元 1 只，小鸡 1 元 3 只，问各能买多少只？答案有 3 个。

	大公鸡	母鸡	小鸡
第一种	12 只	4 只	84 只
第二种	8 只	11 只	81 只
第三种	4 只	18 只	78 只

这样的一题三答，也是以前算书中所没有的。

原书的解法仅有：大公鸡每增 4(4→8→12)，母鸡每减 7(18→11→4)，小鸡每加 3，即得：(78→81→84)。这是由第一个答案得到后，四、七、三增减方法得到其他两个答案的。至于第一个答案是用什么方法求出来的，书上没有交代，可能是从实验得出来的。因为 $4+3=7$（只），增减后鸡数相等；$4\times5+3\times\frac{1}{3}=7\times3=21$，增减后的钱数也相等。这样也容易搭配出来。现在这类问题属于代数中的不定方程，所以，这是对代数的一大贡献。

假如没有公鸡，把题目改成“用 100 元买 100 只鸡，母鸡 3 元 1 只，小鸡 1 元 3 只，问可买母鸡和小鸡各多少?”这就成了鸡兔问题。假定 100 只全买小鸡，用去 $33\frac{1}{3}$元，还多 $66\frac{2}{3}$元，用母鸡换小鸡，每只价格相差 $3-\frac{1}{3}=2\frac{2}{3}$（元），所以有母鸡：$66\frac{2}{3}\div2\frac{2}{3}=25$（只），小鸡：$100-25=75$（只）。

（3）韩信点兵

韩信点兵法是我国著名的、独特的数学发明，在数学史上也有重要地位。

韩信是我国汉朝的一位大将。传说他计算士兵的方法很特别，不是五个、十个地数，也不是叫他们 1、2、3、4、…地报数，而是叫士兵排起队伍，先三人一排，后五人一排，最后七人一排，依次在前面操练过，他只将每次所余的兵数记下来，就知道士兵的总数。他旁边的人看他并没有数士兵的人数，有时还闭上眼睛，但最后士兵的总数他能一个不少地算出来，非常惊奇。后人把这种算法叫作“韩信点兵”。

这种“韩信点兵”问题，其实是从《孙子算经》的“物不知数”变化而来的，原题是：“今有物不知其数，三三数之剩二，五五数之剩三，七七数之剩二，问物几何?”翻译成现代的数学题是：“有一个数，除以 3 余 2，除以 5 余 3，除以 7 余 2，这个数最小是多少?”

解这种问题只要用到最小公倍数的知识就行了。在古算书上有一种很有趣的解法，它的解法写成四句歌诀：

三人同行七十稀，五树梅花廿一支，

七子团圆正月半，除百零五便得知。

这首歌诀的意思可以不去理会它，只要注意它的数字就行了。歌诀中的每句话都指出一步解法。

“三（3）人同行七十（70）稀”，是说除以 3 所得的余数用 70 去乘它；

“五（5）树梅花廿一（21）支”，是说除以 5 所得的余数用 21 去乘它；

“七（7）子团圆正月半”，是说除以 7 所得的余数用 15 去乘它；

“除百零五（105）便得知”，是说把上面所得的三个积相加，如果大于 105，那么便减去 105 的倍数，得出来的差就是要求的这个数。

现在我们用这个方法来解答上面的题目：

$2\times70+3\times21+2\times15=140+63+30=233$

$233-105-105=23$

所以这个数最小是 23。

不过这种方法有局限性，它只能限于用 3、5、7 三个数去除，其他的数去除就行不通了，这一点必须注意。

（4）丢番图墓碑上的算题

公元三世纪，古代希腊有一位数学家名叫丢番图，他在发展代数方面有很多贡献。

在丢番图的墓碑上刻着一道有趣的算题，碑文大意是这样的：

丢番图在童年过了他生命的$\frac{1}{6}$。他生命的$\frac{1}{12}$是他的青年时期。以后他结了婚，在没有子女的夫妇生活中又度过了他一生的$\frac{1}{7}$。再过 5 年，他有了一个儿子，但儿子只活到他父亲生命的一半年纪便死去了。从他儿子死后，丢番图只活了 4 年。丢番图死时是多少岁？

你能解这道题目吗？其实，这也不难，用方程来解。

解：设丢番图的年龄为 x，于是可列出方程：

$$\frac{1}{6}x+\frac{1}{12}x+\frac{1}{7}x+5+\frac{1}{2}x+4=x$$

↑童年时期　↑青年时期　↑没有子女的夫妇生活　↑儿子的年龄　↑丢番图的年龄

解方程：

$$\left(\frac{2}{12}x+\frac{1}{12}x\right)+\frac{1}{7}x+\frac{1}{2}x+(5+4)=x$$

$$\frac{1}{4}x+\frac{1}{7}x+\frac{1}{2}x+9=x$$

$$\frac{25}{28}x+9=x$$

$$x-\frac{25}{28}x=9$$

$$\frac{3}{28}x=9$$

$$x=84$$

得丢番图活了84岁。

此题也可用归一法求解。

假设丢番图一生为1，则列式：

$(4+5)\div\left[1-\left(\frac{1}{6}+\frac{1}{12}+\frac{1}{7}+\frac{1}{2}\right)\right]=84$（岁）

这位古代希腊数学家的寿命很长，他活了84岁。

（5）埃及国王赏酒

埃及有一个国王叫法拉翁。有一年，他过生日时，大臣们都来祝寿。法拉翁摆起了盛大的酒宴，招待前来祝寿的文武百官。

当大臣们向国王敬酒时，法拉翁国王说："这里有100升美酒，我要把它赏给十位有功勋的大臣。"

接着，国王一一说出了这十位大臣的名字，并按他们功劳的大小排列了次序。

国王再对这十位功臣说："100升美酒，不是平均分给你们，而是按照你们功劳的大小来分。分别得一份、二份……十份。按照这个办法，你们自己去把酒分了吧！"

十位大臣向国王谢了恩。但是他们去拿酒时，却不知道自己该拿多少。他们只好凑在一块儿，商量怎样按国王的办法来分配这100升酒。他们试着这样分：

第一个人如果取1升，第二个人是2升，第三个人是3升，……第十个人是10升。总共是：1＋2＋3＋…＋10＝55（升）

这样，100升酒分不完。

如果第一个人取2升，第二个人便是4升，第三个人6升，……第十个人是20升，总共是：2＋4＋6＋…＋20＝110（升）

这样，又不够分。

听说，最后还是一个不出名的小官，按国王的要求，分好了这100升酒。你能知道他是怎么分的吗？他的分法是这样的：

先把1到10这十个数加起来，得：

$1+2+3+4+\cdots+10=55$

然后用100除以55，得：$100\div55=1\frac{9}{11}$（升）

这是一份数，就是说第一个人应得$1\frac{9}{11}$升酒。

其余的人，用他们应得的份数去乘以$1\frac{9}{11}$，便是每个人应得的酒的升数。也就是：

第二个人应得$2\times1\frac{9}{11}=3\frac{7}{11}$（升）

第三个人应得$3\times1\frac{9}{11}=5\frac{5}{11}$（升）

……

第十个人应得$10\times1\frac{9}{11}=18\frac{2}{11}$（升）

这样，100升酒便按照国王的办法分完了。

从以上举例来看，趣味题和思考题极其丰富，这里仅是沧海一粟。图书市场上有种类繁多的趣味数学和数学游戏的书籍。我主编了好几套图书都是为配合小学数学课本编写的。

《（六年制）小学数学课外阅读》（一套6本）江苏少年儿童出版社，1985年

《教你怎样想——小学数学思维训练》（一套5本）中国少年儿童出版社，1990年

《小学数学大世界》（一套12本）中国少年儿童出版社，1993年

《数学大王》（一套6本）江苏教育出版社，2000年

《一点就通——小学数学解题思路》（一套6本），上海教育出版社，2020年

第三编

促进儿童掌握数学概念的奥秘

数学基础知识是由数学概念所组成的，好像人由细胞所组成。离开了数学概念，就没有数学基础知识。儿童学好数学，必须掌握科学的、准确的、系统的数学概念。

本编首先研究数学概念教学的一般规律，然后辨别容易混淆的概念，分析师生为什么容易错，最后解答小学数学中的疑难问题。许多问题是由于概念不清造成的。当下数学教师有重方法而轻概念的倾向，这是急需解决的问题。

一、小学数学概念教学的探讨

(一)什么叫数学概念

小学数学中的概念、性质、法则、公式、数量关系和解题方法等最基础的知识，是进一步学习的基础，必须使学生切实学好。

从心理学的角度来说，概念是一种思维形式，它反映着客观事物的最一般的本质属性。而数学概念就是反映现实世界的空间形式和数量关系的本质属性的思维形式，是人们对客观事物的“数”和“形”的科学抽象。表示数学概念的语言形式一般是数学术语，如：数字、数位、整数、分数、加法、相等、线段、正方形、三角形、比值等。数学概念的特点，在于它的更大的抽象性和普遍性。

(二)小学数学概念的种类

根据小学数学的教学内容，小学数学概念一般分为十类：

种 类	举 例
1. 数的概念	数、数字、自然数、零、数序、序数、基数、数位、进位、数级、小数、分数、分数线、分数单位、繁分数、倒数、百分数等。
2. 运算的概念	算式、横式、竖式、验算、加法、减法、乘法、除法、被乘数、乘数、积、商、运算、等于、乘以、大于、小于、试商、余数等。
3. 数的整除性的概念	整除、除尽、约数、倍数、质数、合数、最大公约数、最小公倍数、质因数、互质数、分解质因数等。

续表

种　类	举　例
4. 量的计量的概念	包括各种计量单位、高级单位、低级单位、单位的进率；直接测量、间接测量、步测、目测；单名数、复名数；公制、市制、换算等。
5. 几何形体的概念	点、端点、线段、射线、直线、角、锐角、钝角、垂直、平行线、长方形、三角形、圆、直径、圆周率、长方体、侧面积、圆柱体、面积、体积、地积、对称轴等。
6. 比和比例的概念	比、比例、比例尺、前项、后项、比值、正比例、反比例、解比例、比例分配、化简比、单比、连比等。
7. 简易方程的概念	未知数、已知数、方程、解方程、方程的解等。
8. 应用题的概念	包括各种类型应用题的意义、常用的数量关系以及有关的数学术语（如增加、减少、扩大、缩小、平均、倍、单价、总价、距离、亩产量、工作量、工作效率等）。
9. 统计的概念	平均数、统计表、单式统计表、复式统计表、统计图、条形统计图、折线统计图、扇形统计图、图例、表头等。
10. 概率初步概念	可能性、概率、偶然、必然、频率。

上述十类概念是构成小学数学基础知识的重要内容，它们是互相联系着的。例如，只有准确、牢固地掌握数的概念，才能理解运算的概念；而掌握了运算的概念，又能促进数的整除性概念的形成。

（三）数学概念教学的重要意义

根据以上分析，可以清楚地看到，数学概念是构成数学知识体系的基础。如果把数学知识体系比作人体的话，那么数学概念好比人体的细胞。没有细胞，人体就不存在了，没有数学概念也就无法构成数学知识体系。

概念、法则、性质以及公式相互之间有着密切的联系，概念是最基本的，每一条法则、性质、公式都要应用许多数学概念。例如：

乘数是两位数的乘法计算法则——两位数乘多位数，先用乘数个位上的数去乘被乘数，得数的末位和乘数的个位对齐；再用乘数十位上的数去乘被乘数，得数的末位和乘数的十位对齐；然后把两次乘得的数加起来。

分数的基本性质——分数的分子和分母都乘以或者除以相同的数（零除外），分数的大小不变。（加着重号的都是数学概念）

可见，理解数学概念是掌握数学基础知识的重要条件。加强数学基础知识教学，首先必须讲清数学概念。另外，正确的数学思维也要依靠建立起来的准确的数学概念。总之，概念教学在小学数学教学中占有相当重要的地位。离开数学概念教学，“加强双基，发展智力”就变成了一句空话。

（四）小学数学概念形成的过程

小学数学概念形成的过程，总的是遵循辩证唯物主义的认识论，又必须符合儿童的认识规律，从具体到抽象，从感性到理性，从特殊到一般，从低级到高级，逐步上升，逐步发展。

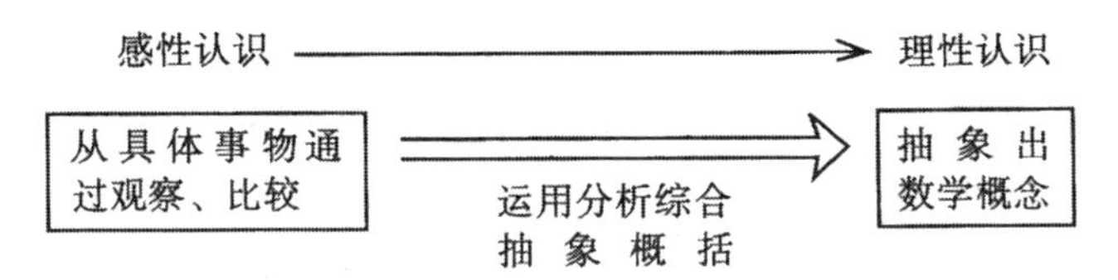

例如，从5个人、5匹马、5颗手榴弹、5支枪、5粒珠子等具体事物中，摒弃它们非本质的属性（如形状、大小、颜色、质料等），运用分析综合、抽象概括的方法，将它们数量关系方面的本质属性（都是5个单位的物体）抽象出来，就得到自然数“5”的概念。

有些概念可以从已掌握的概念出发，通过分析比较后引出新概念。例如质数、合数这两个新概念是在自然数、约数、整除等概念基础上引出的。这些新概念虽然不是直接从感性认识开始，但是溯本求源，它们的基础概念还是从感性认识开始的。因此，越是初级的概念，越是要求从感性认识出发。

各类概念的形成过程都有各自的特点。下面用图解的形式揭示数学概念一般的形成过程。

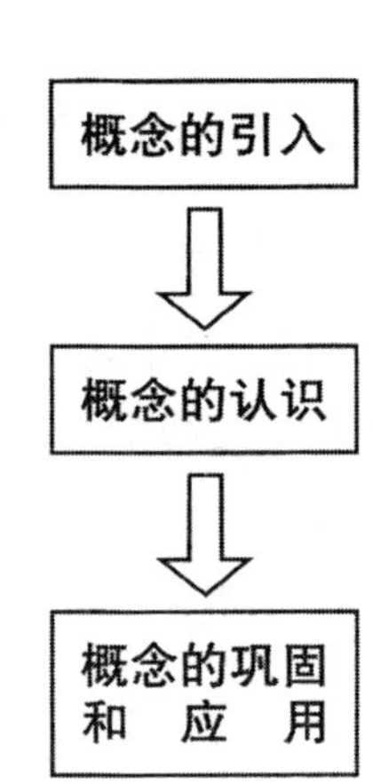

概念的引入

1. 从实际引入——用实物、教具、实例引出概念。
2. 从旧概念引入——从旧概念引出新概念。
3. 从计算引入——从计算中引出新概念。

概念的认识

1. 组织学生对实物、教具等感性材料进行观察。
2. 通过分析比较，揭示概念的本质属性以及概念的实际意义。
3. 通过抽象概括得出概念的语言表达形式。

概念的巩固和应用

学生理解了概念，不等于掌握了概念。必须通过形式多样的练习来巩固，并在实际中应用概念。

概念的扩大和深化

小学数学知识是分段循环编排的，因此，通过以上三个阶段形成的概念往往需要逐步充实、扩大和深化。特别要通过揭示概念之间的各种关系，才能不断加深对概念的理解。

下面以“平行线”为例，具体分析一下概念形成的过程。

过　程	具体做法
概念的引入	从练习本上的横线、火车在直道上行驶的两根铁轨、双杠的两根直杠等实物中引出“平行线”概念。
概念的认识	①引导学生认真观察课本封面的两条对边、黑板面的两条对边、双杠的两根直杠等。 ②把这些实物的两条对边（在黑板上）画成两条不相交的直线，再让学生进行观察。 ③把画在黑板上的两条直线任意延长，使学生清楚地看出无论怎样延长也不会相交。 ④概括出定义：在同一个平面内不相交的两条直线，叫作平行线。

续表

过 程	具体做法
概念的巩固和应用	①用实例说明为什么一定要“在同一个平面内”（比如，教室左侧墙壁的长和右侧墙壁的高，十字路口两根交叉的电线等），突出“平行线”概念的本质属性。 ②引导学生举出生活中常见的平行线的例子（比如，门、窗的两条对边，笔直公路两旁的绿化带等）。这样可以巩固和扩大对“平行线”概念的理解。 ③引导学生讨论直线的位置关系： 垂直相交 相交 延长后相交 两条直线平行 通过以上练习，排除概念之间的混淆，更突出平行线概念的本质属性。 ④指导学生画出各种方向的几组平行线（通过学生的实际操作来巩固平行线的概念）。
概念的扩大和深化	①通过平行四边形、梯形的学习以及观察长方体、正方体相对的棱与棱之间的位置关系，扩大和深化对平行线概念的认识。 ②学习中学几何以后对平行线的概念将会有更深入的认识。

根据以上对数学概念形成过程的分析，证明概念不仅是实践的产物，同时又是抽象思维的结果。离开了抽象概括，就无法形成概念。同时也证明，数学概念不是一蹴而就，而是逐步形成、逐步深化的。形成数学概念是数学教学的关键一步，如果这一步做得马虎，将会后患无穷。

（五）怎样加强数学概念教学

我们必须根据数学概念形成的规律来加强概念教学。概念教学应该注意如下几个问题。

1. 充分认识数学概念教学的重要性

目前，一部分教师对概念教学的重要性认识不足，概念教学还没有得到应有的重视，存在着“重算轻理”的现象，特别在低年级更为突出。

这些教师只满足于学生算得对，而不在概念教学上下功夫，对数学概念仅是口头上讲解一遍，草草了事，一带而过。在低年级，由于数目小，题目简单，学生尚能对付；可是，长此以往，到了中、高年级，学生由于许多基本概念模糊不清，问题成堆，就难办了。

我们应该从一年级开始，就重视数学概念的启蒙教学，把百以内数的概念、四则运算的概念、反映数量关系的基本概念（如比多、比少、倍等）搞清楚，这是能够影响全局的关键一步。

2. 掌握概念教学的阶段性和连续性

为了加强数学概念教学，教师必须认真钻研教材，掌握小学数学概念的系统，摸清概念发展的脉络。概念是逐步发展的，而且诸概念之间是互相联系的。以“除法”为例，在“除法”这个概念上可以逐步引出一系列概念。如下图所示：

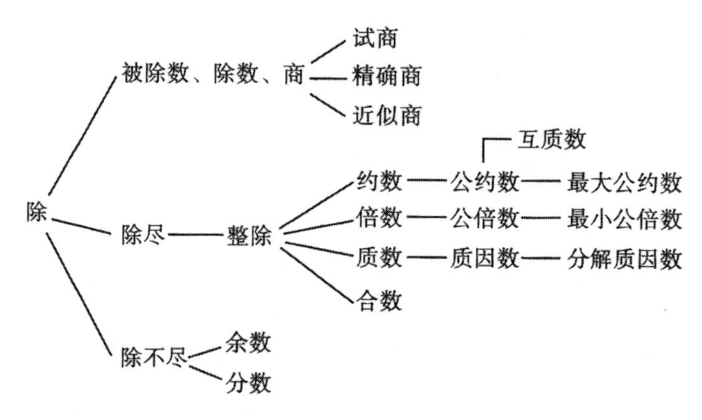

上面这个概念系统的基础是“除”，只有牢固地建立“除”的概念，才能在这个基础上建立其他后继概念。

有许多概念的含义是逐步发展的，一般先用描述的方法给出，以后再下定义。下面以分数为例：

描述性——“像上面讲的$\frac{1}{2}$、$\frac{1}{3}$、$\frac{1}{4}$、$\frac{3}{4}$、$\frac{1}{5}$、$\frac{2}{5}$、$\frac{4}{5}$、$\frac{1}{8}$、$\frac{2}{8}$等，都是分数。”

定义性——“把单位1平均分成若干份，表示这样的一份或者几份的数，叫作分数。”

又如，对“0”的认识，开始时只知道它表示没有，以后知道又可以用它表示该数位上一个单位也没有，以后还知道“0”可以表示界限等。

因此，在数学概念教学中，既要注意教学的阶段性，不能把后面的要求提到前面，超越学生的认识能力，又要注意教学的连续性，教前面的概念要留有余地，为后继概念教学打下埋伏。

3. 重视直观教学，及时抽象概括

根据数学概念形成的规律，概念教学必须遵循从具体到抽象，由感性认识到理性认识的原则，教学新概念要建立在生动形象的直观上。这一点是极其重要的。

在小学数学概念教学中，必须充分运用实物、模型、教具、示意图等感性材料，让学生眼看、耳听，手动、口讲，来加深对新概念的理解。在低年级，还要特别重视指导学生动手操作。

但是，运用直观并不是目的，它只是引起学生积极思维的一种手段。因此，概念教学不能停留在感性认识上，在学生获得丰富的感性认识后，要对所观察的事物进行抽象概括，揭示概念的本质属性，使认识产生一个飞跃，从感性上升到理性，形成概念。

4. 按照数学概念特点，灵活运用教学方法

小学数学概念分为十类，各有各的特点，就是同一类概念，初级概念与后继概念的特点与教学要求也不完全一样。有的要强调从实际引出概念，有的需要从旧概念中引出新概念；有的仅是描述，有的要下定义。因此，在概念教学中，必须按照概念教学的特点和各自的要求，灵活运用教学方法，不能生搬硬套。

有一些原始概念，是作为常识来运用的，例如，等号、得数、延长、长、宽、上底、下底等。有的当作口语来运用，使学生逐步领会它的意义，例如，加上、除以、相等，还剩、增加、减少等。有的则先作为口语运用，然后加以定义，如和、差、积、商、加数、因数等。

5. 注意归纳、比较已学过的概念

许多概念，它们之间既有联系又有区别。每讲完一个新概念，要引导学生进行归类，逐步形成合理的概念系统。这样，不仅使学生学到的概念更加系统化，而且能够巩固加深所学的概念。

当学生接触的概念逐步增多，特别是出现某些相近的概念时，容易发生混淆。为了使学生准确地掌握概念，应该把相似、相近、相反的几个概念放在一起加以比较。例如：

相似的概念——数位与位数、乘与乘以、方程的解与解方程、质数与互质数、比和比例等。

相近的概念——除尽与整除、数与数字、质数与质因数、计数与记数等。

相反的概念——约数与倍数、扩大与缩小、化法与聚法等。

6. 加强练习，巩固、加深对概念的理解

掌握概念的目的是为了应用，应用中又可巩固、加深对概念的理解。因此，既要重视讲清概念，又要注意概念的运用，要克服在概念教学中只讲不练的现象。目前，考试中概念题的错误率较高，这同我们平时缺少练习是有关的。

数学概念题的形式大体可分四种：

（1）问答题——提出数学概念，要求学生表述概念的定义。例如：

①整除和除尽有什么区别？

②什么叫体积？什么叫容积？

③为什么分数的分母不能为0？

（2）填充题——这是常用的形式，一般要求学生填写适当的词语或术语，把概念的定义补充完整。例如：

①圆周率是圆的________和________的比值。

②$\frac{6}{12}=\frac{1}{2}$是根据________的基本性质进行的；

6∶12=1∶2是根据________的基本性质进行的。

③乘法运算定律有__________________________。

（3）是非题——要求学生判断命题的真假，从正误两个方面帮助学生正确理解数学概念。例如：

①质数都是奇数，合数都是偶数。（　　）

②小数都比自然数小。（　　）

③在同一平面内的两条直线，不相交便平行。（　　）

（4）选择题——这种练习题的后面备有几个不同的答案，要求学生从中选取正确的。这样可以判断学生对概念的理解程度。例如：

①把一根 3 米长的钢管平均截成 4 段，每段长是这根钢管的（　　）。

（A）$\frac{3}{4}$　　（B）$\frac{4}{3}$　　（C）$\frac{1}{4}$

②圆的半径扩大 2 倍，它的面积（　　）。

（A）也扩大 2 倍　　（B）扩大 4 倍　　（C）扩大 6 倍

③把一个分数的分子缩小到原来的$\frac{1}{2}$，分母扩大 2 倍，所得的分数的值和原来比较，（　　）。

（A）扩大 4 倍　　（B）缩小到原来的$\frac{1}{4}$　　（C）大小不变

二、怎样辨别容易混淆的数学概念

下面列举 33 对容易混淆的数学概念，分别区分每对概念的相同点和不同点，希望读者仔细阅读，深刻领悟，这对正确掌握和运用概念是十分重要的。

1. 自然数集与自然数列	自然数集和自然数列是两个相互有联系的不同的概念。“自然数列”的项和“自然数集”中的元素是一样的，都必须包括所有的自然数，它们的区别就在于自然数集不讲究所含元素的顺序，而自然数列中所有的自然数都必须按照从小到大的顺序排列。只要有一处违反了这样的排列顺序，如 0，2，1，3，…，它就不是自然数列。当然，少了一个自然数的数集或数列也不再是自然数集或自然数列。
2. 正整数与自然数	一个一个地数东西而产生的、用来表示物体的个数的数 1，2，3，…叫正整数，不包括零。 0 和正整数统称为自然数。

续表

3. 量与数	量：事物的多少、大小、长短、轻重、高低、快慢……的客观对象都叫作量。例如，长度、重量、时间、速度、体积、温度等。 数：凡是量都可以用一定的单位去量它，量的结果就得到“数”，所以对量来说，数是表示量的程度的符号。例如，教室长9米，米表示量，9是表示米的数，9米就表示一个数量。
4. 数字与数	人们把1、2、3、4、5、6、7、8、9、0这十个数码叫作数字。数是由十个数字中的一个或几个根据位值原则排列起来的，表示事物的个数和次数。例如，79、0、4530都是数。数字是构成数的基础，配上其他一些数学符号，可以表示各种各样的数。例如，7.5（小数），$\frac{1}{8}$（分数），-9（负数）等。 习惯上，人们常把“数”“数值”“数据”等说成“数字”。
5. 计数与记数	计数是计算事物的个数，也就是数数。 记数或称写数，就是以书面形式把数写下来的意思。
6. 数位与位数	一个数的每一个数字所占的位置叫作数位。例如，整数数位从右向左依次是个位、十位、百位……小数部分的数位从左向右依次是十分位、百分位、千分位…… 位数是指一位数、两位数、三位数等而言的。 所以，数位和位数有不同的含义。例如，要求学生在计算中不要把数位搞错，不能说成“不要把位数搞错”。
7. 基数与序数	用来表示事物的数量多少的（自然）数，叫基数。例如，六百一十七人，四千零六斤中的“六百一十七”和“四千零六”。 用来表示事物次序的（自然）数，叫序数。例如，第四、三楼、五班中的四、三和五。 所以，自然数有双重意义，既可用于计数，表示事物的多少，又可用于编号，表示事物的次序。
8. 准确数与近似数	在计数和计算过程中，有时能得到与实际完全相符的数，这样的数叫准确数。但在生产生活和计算中得到的某些数，常常只是接近于准确数，这种数叫作近似数。小于准确数的近似值，叫不足近似值；大于准确数的近似值，叫作过剩近似值。

续表

9. 有效数字与无效数字	有效数字是对一个数的近似值的精确程度而提出的。一般地说，一个近似数四舍五入到哪一位，就说这个近似数精确到哪一位，这时从左边第一个不是零的数字起，到这一位数字止，所有的每一位数字都叫作这个数的有效数字。例如，近似数 0.00308 有三个有效数字：3、0、8，最左边三个 0 都是无效数字。
10. 绝对误差与相对误差	准确数 A 与它的近似值 a 之差 $A-a$，叫作这个近似数的误差。误差的绝对值 $\|A-a\|$，叫作这个近似数的绝对误差；近似数的绝对误差除以准确数所得的商，叫作这个近似数的相对误差（常用百分率表示）。
11. 有限小数与无限小数	小数的数位有限的小数叫有限小数。例如，0.8、1.35。 一个数的小数点后面的数字无限延续下去，这样的小数叫无限小数。例如，$\frac{1}{3}=0.3333\cdots$
12. 式子与算式	式子是算式、代数式、方程式等的总称；算式是用“+”“−”“×”“÷”符号联结数字而成的横列式子。例如，$(7+2)\times5=9\times5=45$ 就是一个算式。所以，算式可以看成是式子，但式子不一定都是算式。式子在没有要求计算时可以不算，而算式一般都要求算出结果来。
13. 运算与计算	运算和计算是既有联系，又有区别的两种概念。 例如，对于自然数集 **N** 中的任何两个自然数 a、b，都有这样一个唯一确定的自然数 c，使 $a+b=c$。所以，加法是定义在自然数集 **N** 上的一种运算。 根据算式中所给的数据和运算，按照一定的程序操作，以求出运算结果的过程叫作计算。
14. 增加与扩大	增加和扩大都是把一个数变大，但它们之间有区别。 增加，是在原数的基础上加上另一个数，原数不包括在内。“增产”“增长”“增加了”与“增加”含义相同。 扩大，是表示原数乘以一个数，原数包括在内。“扩大了”“扩大到”同“扩大”在涉及倍数关系时都是同一意思。例如，5 扩大 4 倍或 5 扩大了 4 倍都是 5×4 的意思。

续表

15. 整除与除尽	两个整数相除，如果商也是整数，没有余数，这时，我们就说被除数能被除数整除。例如，48÷12=4。 两数相除，没有余数，但被除数、除数或商中有一个不是整数，我们就说被除数能被除数除尽。例如，10÷4=2.5。 能整除的一定能除尽，能除尽的不一定能整除。
16. 约数与因数	当整数a能被整数b所整除，a称为b的“倍数”，b称为a的“约数”或“因数”。另外，因数亦指乘法中的乘数和被乘数。所以，约数与因数是一个问题的两种不同的提法。约数的概念只用于整数范围；因数的应用范围广，小数、分数都适用。
17. 质因数与互质数	质数是一个数；质因数是一个数对另一个数而言。一个数的因数是质数，叫这个数的质因数。例如，18 的因数中有 3，3 又是一个质数，因此，3 就是 18 的质因数。 两个或两个以上的数，它们的最大公约数是 1，这两个或两个以上的数之间叫互质数。至于这两个或两个以上的数本身是否质数是无关紧要的。例如，4 和 9 两个数，它们的最大公约数是 1，因此，这两个数叫作互质数。
18. 名数与计量单位	一个数后面附有计量单位名称叫名数。例如，4 米、9.2 千克等。其中“米”“千克”是单位名称。因此，算式中漏写了计量单位，不能说成是漏写了名数。
19. 计量与量数	量（liàng）的主要特征就在于它可以量（liáng），也就是取一个同类量做标准时，可以比较出大小来。这种把要测定的量和一个作为标准的同类量进行比较的过程叫作“计量”。
20. 直接计量与间接计量	把要计量的量直接同计量单位进行比较而得出量数的方法叫作直接计量法。如用米尺量布，用数方格的方法计量面积等。 先计量其他有关的量，然后通过计算得到所需的计量结果，这样的计量方法叫作间接计量法。如先量长方形的长和宽，然后用公式计算长方形的面积。

续表

21. 时间与时刻	钟表的表面上显示的某一特定瞬间叫时刻。两个不同时刻之间的间隔叫时间。如果把时间比作数轴上的一条线段，那么时刻就是数轴上的一个点。时刻的表示和时间的计量单位通常不加区别。
22. 时与小时	时，是指某一确定的时刻，习惯上还常把“时”说成“点”。例如，下午2时，也可以说下午2点。 小时，是计算经过时间的一种单位名称。习惯上常把“小时”说成“钟头”。例如，电影放映了2小时，也可说“电影放映了2个钟头”。
23. 面积与地积	物体表面或平面图形的大小叫作面积。土地的面积经常被叫作地积。除土地外，其他物体的表面大小不能称地积。计量面积要用面积单位如平方米、平方千米，计量地积要用地积单位如公顷等。
24. 体积与容积	体积是指几何体所占有的部分空间的大小。 容积是指某一容器能容纳他种物质的体积。 计算体积时，要以外棱长计算；计算容积时，以内棱长为准计算。 体积单位一般用立方米、立方厘米等，容积单位一般用升、毫升等。
25. 图形与空间	图形是数学的分支学科几何学的研究对象。“图形”曾被解释为“点、线、面、体以及它们的组合”，现在则解释为“点的集合（点集）”。因为“线、面、体”都可以看作点的集合。 在自然语言中，“空间”是物质存在的一种客观形式，由长度、宽度和高度表现出来。
26. 路程与距离	这两个概念既有联系又有区别。两者都是表示两地之间的长度，距离是连接这两点的线段的长，是直线；而路程是两点之间所经过的路线的长，可以是直线，也可以是曲线、折线等。所以，两地的路程有时就是距离，距离不一定就是路程。严格来说，两地之间的长度用“路程”比较恰当。
27. 垂线与垂足	如果两条直线相交成直角，就说这两条直线互相垂直。其中的每一条直线都可以称作另一条直线的垂线。它们的交点叫垂足。两条直线互相垂直是两条直线的一种位置关系，它们是互相依存的。
28. 圆周与圆面	圆就是平面内到定点的距离等于定长的点的集合。所以，圆就是圆周。圆所围的平面部分叫作圆面。在日常语言和小学数学中，“圆”有时指“圆周”，有时指“圆面”，都没有错。

续表

29. 中心对称与旋转对称	如果两个图形的对应点之间的连线相交于同一点，并被这点平分，就说这两个图形关于这点成“中心对称”。 如果一个平面图形绕某一点 O 每旋转 $360/n$ 度（$n>1$，是正整数），都和原图形重合，那么这个图形就称为“旋转对称图形”。
30. 众数与中位数	在一组数据中，出现次数最多的数据叫作这组数据的众数。它是反映这组数据集中趋势的一个特征值。 将一组数据按大小排列，当数据有奇数个时，把处在最中间位置的一个数据叫作这组数据的中位数；当数据有偶数个时，把最中间的两个数据的算术平均数叫作这组数据的中位数。虽然众数和中位数都是反映这组数据集中趋势的一个特征值，但截取的方法是不同的。
31. 确定性现象与随机现象	确定性现象是在一定的条件下，肯定出现或者肯定不出现，不存在其他的可能性。 随机现象则是条件不能完全决定结果，在相同的条件下发生的结果可能不同。
32. 随机事件与必然事件	在随机试验中，可能发生也可能不发生的事件称为随机事件，也称为偶然事件。 在随机试验中，必然会发生的事件称为必然事件。
33. 频率与概率	如果进行了 n 次试验，某事件 A 在 n 次试验中发生的次数为 $U_n(A)$，通常称 $f_n(A)=\frac{U_n(A)}{n}$ 为事件 A 正在 n 次试验中出现的频率。频率在某种程度上能够反映出事件 A 发生的可能性究竟有多大。随着试验次数 n 的增加，$f_n(A)$ 将稳定于某一常数，这个常数可以作为事件 A 可能性大小的数值表征，即概率。 这两个概念容易混淆，许多小学生往往把频率当成概率了。

三、数学教师为什么会说错话

数学教师在课堂上的讲话，要求做到四要四不要：

（1）要准确明白，不要有科学性错误；

（2）要符合逻辑，不要颠三倒四；

（3）要干净利落，不要啰啰唆唆；

（4）要有趣幽默，不要枯燥乏味。

这四要四不要中，最重要也最基本的一条，是第一条——不要有科学性错误。错误的知识比无知更坏，千万不能把错误的知识教给学生，不能误人子弟。

从大量的调查情况来看，现状不容乐观。许多教师上课很难保证不说错话，犯科学性错误。提高教师的教学素养，已经到了刻不容缓的地步。

数学教师说错话，一般有四种：

（1）概念性错误。教师对数学概念本身理解有错误，也就难免说错。这种属于科学性错误。例如说："奇数都是质数，偶数都是合数。"

（2）数学术语用错。有些数学术语比较相近，例如，数位与位数，时与小时等，使用时发生混淆。

（3）生活语言与数学语言发生混淆。教师讲课中用生活语言代替数学语言，因而发生错误。例如，生活中所说的"数字"（统计数字、生产数字等），在数学上严格来说应该说成"数"（统计数、生产数）。

（4）数学结语表述不完整。由于对数学知识理解不深，忽视一两个关键字或一些限制条件，因而造成错误。这也是数学教师常犯的语病。例如，把质数说成"能被 1 和它本身整除的数叫作质数"，这句话少了一个关键的"只"字，把"只能"说成"能"。

根据以上分析，发生语病的原因，主要是教师对数学教材理解不深，数学专业素质不高。数学语言是极其严密、精练的语言，有时相差一两个字，就会使意义全变。因此，要当一名好的数学教师，必须加强学习，认真钻研教材，提高数学专业素质，这是一项极其重要的基本功。

教师要自觉地训练自己的数学语言，要求准确、严密、简洁，弄清每个字、词在数学概念、性质、法则叙述中的重要作用。

我们上课不能“闭关自守”，自己讲错了还不知道。“旁观者清”，应该欢迎别人来听课，并要虚心征求意见，及时改正自己的缺点，这样才能逐步练好数学语言方面扎实的基本功。下面是数学教师常犯的语病，分类汇编出来，并分析错在哪里，怎样纠正，供大家参考。

（一）整数部分

	语　病	纠　正
1	要按数级读数字。	数字和数两个概念的含义是不同的。用来写数的符号叫作数字，1、2、3、4、5、6、7、8、9、0 这十个数码叫作数字。把这十个数字中的一个或某几个排列起来，表示事物的次序或多少的叫作数。 因此，第 1 句应改成“要按数级读数”，第 2 句改成“……这个数的末两位数字所表示的数能被 4 或 25 整除”。
2	能被 4 或 25 整除的数的特征是：这个数的末两位数能被 4 或 25 整除。	
3	笔算加减法要注意对齐位数。	数位与位数有不同的含义。一个数的每一个数字所占的位置叫作数位，是指个位、十位、百位……而言。位数是指一位数、两位数、三位数……而言。这句话应改成“笔算加减法要把相同数位对齐”。
4	相邻两个数位之间的进率都是 10。	这里用的数学术语不确切，数位没有进率，应改成“每相邻的两个计数单位之间的进率都是 10”。
5	6407000 读成六百四十万零七千。	当一个数的万级或亿级有零时，这个数有两种读法，第一种是人民银行规定，这些级末尾的零要读；第二种按人们一般读数习惯，这些级末尾的零不读。原来课本中采用第一种读法，现在修订后的课本又改为第二种读法。因此现在这个数应读作“六百四十万七千”。

续表

	语　病	纠　正
6	笔算加法中，数位对齐的意思是个位加个位，十位加十位……	“个位”“十位”是数位名称。表示数字的位置是不能相加的，所以，应该改成“数位对齐的意思是个位数字与个位数字对齐，十位数字与十位数字对齐……”
7	25×6 读成 25 乘 6。	“乘以”和“乘”的含义是不同的，左式应读成“25 乘以 6”，意思就是 25 被 6 乘，也可读成“6 乘 25”。这样就分清了被乘数（25）与乘数（6）。
8	960÷4 读成 960 除 4。	“除以”和“除”的含义是不同的。左式应读成“960 除以 4”，意思就是 960 被 4 除，也可以读成“4 除 960”。这样就分清了被除数（960）与除数（4）。
9	积除一个因数，等于另一个因数。	这里把“除以”与“除”混淆了，应该说成“积除以一个因数，等于另一个因数”。
10	整数就是自然数和零。	自然数和零都是整数，但整数除自然数和零外，还包括负整数。这句话应改成“自然数和零都是整数”。
11	应用题计算结果的后面要加上名数。	一个数后面附有计量单位名称叫名数。例如 4 米、35 千克等都叫名数。其中，“米”“千克”是单位名称。因此，这句话应改成“后面要加上单位名称”。算式中漏写了单位名称，不能说成是漏写了名数。
12	150－45×3＝？读成 150 减 45 乘以 3，等于多少？	这样读法没有揭示运算顺序，容易造成歧义。可以读成“150 减去 45 与 3 的积，差是多少？”
13	200 读成两百，0.2 读成零点两。	读数中出现问题最多的是“2”，有人常把“2”读成两，一般读数目时只用二不用两。一般来说，在量词或度量衡单位前用“两”，如两个苹果、两吨等。
14	2000 年读作两千年。	用来表示年份的数，不是一个基数，仅是一种编号。读时只要依次读出数字，而不要读出计数单位，如 1997 年，读作“一九九七年”而不读“一千九百九十七年”。2000 年不读作“两千年”而读作“二零零零年”。

续表

	语　病	纠　正
15	5和3组成8。	以前小学数学教材中把两个数合成一个数的方法叫作“组成”，现有教材中称为“合成”。虽然“合成”和“组成”在意思上有相近之处，但用“合成”更准确，“合”是结合到一起，由部分合为整体。把两个数合成一个数，用“合成”真正体现了“合”的意思。
16	15是由1个十和5个一合成的。	一个多位数是由哪些单位的数构成的，这里不能用“合成”，而应该用“组成”。因为“组成”有“组合、构成”的意思。
17	你爷爷今年有几岁？	习惯上，估计数目不太大的数用“几”，如“你家里有几个人？”询问估计数目比较大的数用“多少”，如“你爷爷今年有多少岁？”如果问“你爷爷今年有几岁？”会闹出笑话的。

（二）小数部分

	语　病	纠　正
1	36.15这个数的整数部分是三十六，小数部分是十五。	小数部分的读法和整数部分的读法是不同的，不能混淆。应改成“小数部分是零点一五”或“小数部分是百分之十五”。
2	一个小数的小数点向右移动三位，这个小数就增加1000倍。	增加1000倍，就等于原来的1001倍。所以，应改成“这个小数就扩大1000倍”。
3	小数点后面添上0或去掉0，小数不变。	这句话中有三处用词不当，造成错误。应改成“小数的末尾添上0或去掉0，小数的大小不变”。
4	计算结果，小数点保留三位。	不是小数点保留三位，意思是小数点后面保留三位，一般说成“保留三位小数”。

续表

	语　病	纠　正
5	计算小数乘法，看被乘数和乘数里一共有几位小数，就在积里点上几位小数点。	“点上几位小数点”的说法是不确切的。没有交代几位小数要从哪里算起，应改成“计算小数乘法，先按照整数乘法的法则算出积，再看因数中一共有几位小数，就从积的右边起数出几位，点上小数点”。

（三）分数部分

	语　病	纠　正
1	把单位“1”分成几份，取其中的一份或几份叫作分数。	这句话，两处有问题：一是遗漏了平均分；二是没有强调表示这样的一份或几份的数。因为一盒乒乓球平均分成两份，其中的一份还是乒乓球，并不是分数；而表示其中一份的“数”——$\frac{1}{2}$，才是分数。因此，这句话应改成：把单位“1”平均分成几份，表示这样的一份或者几份的数，叫作分数。
2	$\frac{1}{2}$就是两个人吃一块饼。	这种说法不当，会使学生形成模糊的概念。出现$\frac{1}{2}+\frac{1}{2}=\frac{1}{4}$的错误，正是由于学生认为两个人吃一块饼加上两个人吃一块饼应该是四个人吃两块饼。左边这句话正确的说法是：一块饼子均分给两个人，每人吃$\frac{1}{2}$块饼。
3	分数的上面和下面……	没有用数学术语表述，应说成“分数的分子和分母……”
4	分子比分母大的分数叫假分数。	这句话不准确。漏掉了分子与分母相等的假分数（如$\frac{3}{3}$），所以应说成“分子大于或等于分母的分数，叫作假分数”。

续表

	语 病	纠 正
5	一个整数和一个真分数合成的数，叫作带分数。	这种说法是不确切的（有些书上也是这样说的）。如果按照这个说法，0与$\frac{2}{3}$合成的数也是带分数了。可以在整数后面注明“0除外”或说成“一个非零自然数和一个真分数合成的数，叫作带分数”。
6	一个分数的分子与分母没有公约数，这个分数是最简分数。	这个说法不当，因为分子与分母必有公约数1。所以，应说成“一个分数的分子与分母除1以外，没有其他公约数……”或说成“一个分数的分子与分母是互质数，这个分数是最简分数”。
7	不同分母的分数不能相加减。	不同分母的分数经过通分是能相加减的。应说成“不同分母的分数不能直接相加减”。
8	分数产生于平分整体。	在小学数学中引出分数太强调平均分，印象太深刻，所以会说错话。其实，分数是为了表示小于单位的量而引入的。
9	分数的分子和分母同乘以或者除以一个数，分数的大小不变。	分数的基本性质，必须强调乘以或除以“相同的数”，还必须注明“零除外”。所以，应说成“分数的分子和分母都乘以或者除以相同的数（零除外），分数的大小不变”。
10	通分 $\frac{2}{3}=\frac{10}{15}$把$\frac{2}{3}$扩大5倍 $\frac{4}{5}=\frac{12}{15}$把$\frac{4}{5}$扩大3倍	“把$\frac{2}{3}$扩大5倍”这种说法是错误的，因为把$\frac{2}{3}$扩大5倍结果是$\frac{2}{3}\times5=\frac{10}{3}=3\frac{1}{3}$。 通分的结果不改变原分数的大小。所以必须把$\frac{2}{3}$的“分子和分母同时扩大”5倍，得$\frac{2}{3}=\frac{2\times5}{3\times5}=\frac{10}{15}$。

续表

	语　病	纠　正
11	$\frac{3}{5}+\frac{2}{3}=\frac{3}{5}\times\frac{3}{2}$ $=\frac{9}{10}$ “一个数除以分数，等于这个数乘以倒数。” “$\frac{3}{2}$是倒数。”	倒数和原来的数是互相依存的，不能孤立地说哪一个数是倒数。应说“一个数除以分数，等于这个数乘以原分数的倒数”“$\frac{3}{2}$是$\frac{2}{3}$的倒数”。
12	比 10 多$\frac{1}{2}$的数是 15。	比 10 多$\frac{1}{2}$的数，应该是 10$\frac{1}{2}$，错把这句话同“比 10 多它的$\frac{1}{2}$的数”相混淆。
13	假分数的分子大于分母。	这句话不准确，因为分子等于或大于分母的分数叫作假分数。
14	分数可分真分数、假分数、带分数。	带分数是一个整数和一个真分数合成的数，它是一个和式，而不是一个分数。

（四）数的整除性部分

	语　病	纠　正
1	24 是倍数，6 是约数。	约数和倍数是相互依存的两个概念，不能孤立地提出。比如，6 是 24 的约数，但是 6 又是 3 的倍数。因此，孤立地说“6 是约数”是不正确的。这句话应改成“24 是 6 的倍数，6 是 24 的约数”。
2	36 是最小公倍数。	根据上面类似的道理，应改成“36 是 12 和 18 的最小公倍数”。
3	2 和 3 是质因数。	质因数是对于合数来说的，不能孤立地说某数是质因数。应改成“2 和 3 是 6 的质因数”。

续表

	语　病	纠　正
4	因为 5 除 24 除不尽，所以 5 不是 24 的约数。	24÷5=4.8，是可以除尽的，但 5 不是 24 的约数，因为它不能整除 24。这里把“除尽”与“整除”混淆了。应说成“因为 5 不能整除 24，所以 5 不是 24 的约数”。
5	求 9 和 12 的最大公约数，用公约数除后，所得的商是“3”和“4”，没有公约数了。	3 和 4 是互质数，它们有公约数 1，不能说成没有公约数。可以改成“3 和 4 除公约数 1 外，没有别的公约数了”或“3 和 4 是互质数”。
6	能被 1 和它本身整除的数叫作质数。	这句话不确切，因为合数也能被 1 和它本身整除。这句话少了一个关键的“只”字。应说成“只能被 1 和它本身整除的数叫作质数”。
7	把 0 作为自然数，主要是因为 0 具有自然数的性质。	这句话不准确，把 0 作为自然数，主要是为了使自然数能表示空集。如果是因为 0 具有自然数的性质，0 早就应该作为自然数了。
8	“一个整数的个位是 0”是“这个整数能被 2 整除”的必要条件。	这句话是错的。一个整数的个位是 0，能被 2 整除，但不能作为必要条件，因为个位是 2、4、6、8 都被 2 整除。
9	自然数可以分为质数、合数、奇数、偶数等。	这样给“自然数”分类是错误的。逻辑学告诉我们，在给概念分类时应当依据一个且只能依据一个本质的属性。而上面给“自然数”分类，却有两条依据交错：一条是约数的个数，另一条是能否被 2 整除。给“自然数”分类应以不同的本质属性为依据，分别进行分类：按约数的个数来分，自然数分为质数、合数和 1；按能否被 2 整除来分类，自然数就应分为奇数和偶数。
10	整数就是自然数。	这句话不完整。因为引进负数概念后，负整数如－1、－2、－3 等也是整数。只能说自然数是整数的一部分。

续表

<table>
<tr><th></th><th>语　病</th><th>纠　正</th></tr>
<tr><td>11</td><td>写出互为质数的两个合数。</td><td>教师出这样的题目，目的是要学生写出两个有互质关系的合数。但把“互质”说成了“互为质数”，就造成了概念上的错误。“互为质数”的讲法是没有的，这可能是受了“互为倒数”“互为相反数”的负迁移的影响。</td></tr>
<tr><td>12</td><td>5 和 9 都是互质数。</td><td>混淆了质数和互质数这两个不同的概念。互质数必须是指两个数，单一一个数是不可能有互质关系的，公约数只有 1 的两个数才是互质数。</td></tr>
<tr><td>13</td><td>偶数的个数与奇数同样多。</td><td rowspan="2">比较两个数量的多少只能局限在有限个数中，而偶数、奇数和自然数的个数都是无限的。用有限的思维去推论无限的问题，是师生常犯的数学错误。</td></tr>
<tr><td>14</td><td>自然数的个数是偶数的 2 倍，也是奇数的 2 倍。</td></tr>
</table>

（五）量与计量部分

	语　病	纠　正
1	把小数改写成复名数。	名数（包括单名数和复名数）都表示量，而小数却是“数”，量和数是两个不同的概念。数怎能改成量呢？应该说成“把小数形式的单名数改写成复名数”。
2	100 分等于 1 时 40 分。	把“时”和“小时”的概念混同起来。“时”表示某一确定的时刻。两时刻之间所经过的时间用“小时”表示，它是时间单位之一。因为 1 小时＝60 分，所以应说“100 分等于 1 小时 40 分”。
3	2400 千克可以化成 2.4 吨。	把低级单位变成高级单位叫作聚法；把高级单位变成低级单位叫作化法。这里应说成“2400 千克可以聚成 2.4 吨”。

续表

	语　病	纠　正
4	凡阳历年份是 4 的倍数的就是闰年。	这种说法不当。阳历规定："四年一闰，百年不闰，四百年又闰。"因此，阳历年份为整千整百时，虽然都是 4 的倍数，但不都是闰年；这类年份只有 400 的倍数时，才是闰年。例如，1800 年、1900 年都不是闰年，但 2000 年是闰年。
5	我国古代所说的"量"表示计量长度。	我国古代所说的"量"是指计量容积，表示计量长度的称为"度"。
6	汽车的速度是 80 千米。	速度的计量单位和长度的计量单位是不同的。速度单位是由长度单位和时间单位构成的所谓"导出单位"。我们可以说汽车的时速是 80 千米，但不能说汽车的速度是 80 千米。

（六）几何初步知识部分

	语　病	纠　正
1	大于 90°的角叫作钝角。	平角也是大于 90°的角，但不是钝角。应改成"大于直角小于平角的角叫钝角"。
2	把正方形的边长减少 4 倍。	不能用"减少 4 倍"。因为减少 1 倍，就意味着 1－1＝0，如果减少 1 倍以上，那就更不可理解了。应该说"缩小到原来的四分之一"或者说"现在的边长是原来的四分之一"。
3	射线比直线短，比线段长。	射线与直线都是无限延伸的，它们是无所谓长短的。它们之间不能像线段那样比较长短。以有限思考无限，是数学素养不足所致。
4	两个三角形的大小相等，可以拼成一个平行四边形。	平面图形的"大小"是指面积而言。两个面积相等（即使等底等高）的三角形并不一定能拼成一个平行四边形，这句话应说成"两个三角形完全一样，可以拼成一个平行四边形"。
5	不相交的两条直线叫平行线。	这句话遗漏了一个重要的前提条件，应改成"在同一个平面内不相交的两条直线叫作平行线"。

续表

	语　病	纠　正
6	两个长方形的周长相等，它们的面积也相等。	这句话有错误，两个周长相等的长方形，它们的面积并不一定相等。
7	三角形面积等于底乘高除 2。	这句话把“除以”与“除”混同了。应改成“三角形面积等于底乘高除以 2”。
8	圆所有的半径相等，所有的直径也相等。	这句话遗漏了前提条件，应补充成“在同一圆里，所有的半径相等……”
9	教圆面积公式的推导时，有的教师说：“这个长方形的长相当于半个圆的周长。”	半个圆的周长应包括圆周长的一半和圆的直径。所以半个圆的周长与圆周长的一半是不等的。应该说成“这个长方形的长，相当于圆周长的一半”。
10	圆锥体的体积是圆柱体体积的三分之一。	这句话说法不确切，遗漏了前提条件。应改成“圆锥体的体积等于和它等底等高的圆柱体体积的三分之一”。
11	立正站立的人是对称图形。	人是立体的，怎能够沿对称轴对折呢？显然这句话是错误的。
12	凡 6 个面相等、12 条棱相等的是正方体。	正方体的 6 个面相等、12 条棱也相等；但 6 个面相等、12 条棱相等的并不一定是正方体。如由 6 个相同菱形组成的平行六面体，也符合上述条件，因此，应该是“6 个面相等、12 条棱相等的长方体是正方体”。
13	1 千米^2＝1000 米^2。	受 1 千米＝1000 米的影响。通过画图可以看出：1 千米^2＝1000 米×1000 米＝1000000 米^2。
14	对称两边的图形一模一样。	应说“对称两边的图形完全重合”。因为一模一样不等于就对称，一模一样是生活用语，不是数学语言。

续表

	语　病	纠　正
15	平行四边形上下两条边平行，左右两条边平行。	这是生活语言描述，是不确切的。受此影响，如果平行四边形不是水平位置的，学生很难辨别平行四边形。这句话可改为“平行四边形的两组对边平行”。
16	毛线是线段。	毛线并不是“线段”理想的现实原型，折纸的折痕是“线段”较为理想的实例。几何图形都是抽象概念，无粗细、无厚度，主要靠观察、想象、思考，而不是靠触摸原型所获得的触觉表象。
17	飞机、天安门的图形是轴对称图形。	这句话不严密，这些图形只能说是平面对称图形，而不是轴对称图形。但它们在一定方向上的正投影有可能是轴对称图形。
18	圆柱体是轴对称图形。	理由同上。
19	放大镜下看图形，所有图形都放大了。	这句话不严密，因为有一个例外，角的大小不能放大。
20	直线可以无限延长。	这句话好像是对的，其实是错的。因为在几何理论体系中的“直线”，本来就是向两方无限延伸着的，它不需要延长，也不可能再延长。
21	线段不能无限延长。	线段是直线上两点间的部分，它可以向一方或者两方延长，或者无限延长。所以，“线段不能无限延长”这句话是错的。
22	两腰相等的三角形叫作等腰三角形。	这句话犯了逻辑上循环定义的错误，因为它在这里用“腰”来定义“等腰三角形”，而定义“腰”还得用“等腰三角形”。应说“有两边相等的三角形叫作等腰三角形”。
23	两组对边分别平行的四边形是平行四边形。	这句话不严密，问题在于不能用“是”，应改为“两组对边分别平行的四边形叫作平行四边形”（或用称为、就是）。
24	圆是360°的扇形。	这句话是错的，因为“圆”和360°的扇形不是相同的点集。

续表

	语　病	纠　正
25	火车车厢的运动是“平移”。	这句话不严密。运行中的火车车厢仅当铁路线是直线时才是平移。如果铁路线是曲线（线路有高低起伏和转变），则火车车厢的运动就不是平移。
26	火车车轮的运动是“旋转”。	这句话是错的，行进中的火车车轮的运动并不是旋转。因为车轮上每一点的运动轨迹并不是圆，而是旋轮线。
27	平行四边形是轴对称图形。	这句话不严密。因为有些平行四边形是轴对称图形，有些平行四边形不是轴对称图形。确切地说，“邻边相等或垂直的平行四边形是轴对称图形”，“邻边不等且不垂直的图形不是轴对称图形”。

（七）比和比例及其他

	语　病	纠　正
1	比的前项和后项都乘以或除以一个数，比值不变。	这个说法不严密，应说成“比的前项和后项都乘以或除以相同的数（零除外），比值不变”。
2	汽车行驶的路程和时间成正比例。	应补充“速度一定”这个前提条件。
3	表示两个比相等的算式叫作比例。	课本对比例的定义是：“表示两个比相等的式子叫作比例。”算式和式子并不相同。算式是用运算符号联结数字而成的横列式子。式子是算式、代数式、等式、方程式等的总称。所以，“算式”是式子，而式子不一定就是算式。
4	比的前项等于分数中的分子，比的后项等于分数中的分母。	比和分数有紧密的联系，但仍有区别：比表示两个数的关系；分数是一个数。所以，当说明它们之间关系时，对应部分只能说成“相当于”不能说成“等于”。左面的说法应改成“比的前项相当于分数中的分子，比的后项相当于分数中的分母”。
5	$x=5$ 不是方程。	以为 $x=5$ 是方程的解，而不是方程。根据方程的规定，只要 x 是用来表示未知数的，$x=5$ 就是方程。

续表

	语　病	纠　正
6	不知道的数叫作未知数。	把等式（或不等式）组中的 x、y……统称“不知道的数”，是不恰当的。确切地说，这些字母表示的是题目要求的数量（直接未知数）或者与这些数量紧密相关的数量（间接未知数）。
7	$x\div24=6\cdots\cdots5$ 不是方程。	以为带有余数的不是方程。其实是方程。即 $x\div24=6\frac{5}{24}$ 的解是 $x=6\times24+5$。
8	世界杯足球赛，荷兰对西班牙，两队获胜的可能性都是50%。	这句话不准确。足球赛的胜负，主要取决于队员的技术、体质、经验等。小学数学所涉及的随机现象都是基于简单的“古典概率”的，一般用于掷硬币、摸球等随机现象。

四、解开小学数学中的疑难问题

现在小学数学教师大都是大学本科毕业，学历虽高，但对小学数学基础理论理解不深，对有些问题一知半解，甚至会搞错。往往是说理不清，似是而非。这里搜集了小学数学中的60个疑难问题，也是教师们经常争论的问题，并做分析解答，供读者参考研究。

1. 多位数每节末尾的“0”要不要读出来？

多位数每节末尾的“0”有两种读法。例如10308000读作一千零三十万八千。这种读法可以和“个级末尾的‘0’都不读”统一起来。另一种读法是：一千零三十万零八千。这种读法可以和“数中间有一个零或者连续有几个零，都只读一个零”统一起来。

前一种读法的特点是让亿级、万级和个级上的数字的读法完全相同，亿级、万级末尾的“0”也不读出来。但它在读数时，有一个判别“0”是否在某级末尾的思维过程。后一种读法的特点，凡是多位数中间有“0”，不管在哪一位，不管有一个“0”，还是有连续几个“0”，都要读作一个零。这种读法，学生易学，但写数时容易把一千零三十万零八千误写作103008000。所以，两种读法各有利弊，教学时应按照课本的规定进行。

2. 把23456万读作二万三千四百五十六万对吗？

这种读法没有错。

234560000与23456万都是有计数单位的，不同的只是前者的计数单位是“一”（个），后者的计数单位是“万”。读法原则仍是多位数读法原则，而前者二亿三千四百五十六万，单位“一”略去不读；后者读作二万三千四百五十六万，单位“万”不能省略。但根据读一个数时不能重复两个“万”字的原则，这里把23456万读作二万三千四百五十六万时出现了两个“万”字，是否违背了读数法则呢？没有。因为后一个“万”字表示了所要读的五位数的单位是“万”，而不是“万位”的“万”。

为了避免两个万字的混淆，也可读作二亿三千四百五十六万，这样清清楚楚，也便于写数。

不过在读以“万”为单位的数目很大的数字时，学生往往容易读混，我们不妨约定：凡是以“万”为单位的数，其单位个数超过一万读数时，就在“万”与“它的单位个数”之间加读一个“个”字，否则不必加读“个”字。如3456万，可读作三千四百五十六万；而23456万，可读作二万三千四百五十六“个”万。特殊的如40000万等数，也可以少读一个“个”字，只读四万万。

3. 有一个整数，把它精确到万位是10万，这个数最大是多少？

这道题看上去简单，但很多学生会做错，回答成99999。究其原因：学生以前做过“最大的两位数是99，最大的三位数是999”，受此影响，以为99999是最大的。

一般采用四舍五入法，学生只考虑“五入”，并没有考虑“四舍”的情况。此题正确的答案是104999。

4. 最小的一位数是几？

要弄清这个问题，就要明白对正整数来说什么是位、位数和每位数上的单位数。位是指一个数中每个数码所占的位置，在十进位制中的数有个位、十位、百位……每位数的单位数为个位上是1、十位上是10、百位上是100。

假如一个数千位以上的数码都为 0，只有百位上有不为 0 的数码，则此数是三位数，设为 abc。它可以表示为：$100\times a+10\times b+1\times c$（$a\neq 0$）。同样道理，一个数若是两位数，设为 bc，它可以表示为：$10\times b+1\times c$（$b\neq 0$）。那么一个一位数，设为 c，它就可以表示为：$1\times c$（$c\neq 0$），为了保证这种表示方式的唯一性，人们规定 $a_n\neq 0$，即最高位不为 0。若不做这样的规定，任何一个自然数的表示方式之前都可以再添若干个 0 而成为一种新的表示方式，从而破坏了其表示形式的唯一性。由此可见，按照最高位不为 0 的规定，0 不是一位数，所以最小的一位数绝不是 0。我们知道，每位数的单位数最小，所以一位数中最小的数是 1。

5. 乘法就是加法的简便运算吗？

在小学数学课本中。二年级学习乘法的初步认识介绍“乘法是加法的简便运算”，这是用描述性向低年级儿童介绍乘法。由于随着数的范围扩大，乘法的意义也会扩展，所以不能把话说死，要留有余地，只能说“乘法是加法的简便运算”，不能说“乘法就是加法的简便运算”。

学习小数乘法和分数乘法以后，乘法的意义扩展了。

根据乘法的意义，一个数与整数相乘是“求几个相同加数和的简便运算”，一个数与分数（或小数）相乘可以看作“求这个数的几分之几是多少”，如 0.9×0.3 表示求 0.9 的十分之三是多少。

乘法是不是加法的简便计算，涉及数学最基础的东西，我们有必要跳出小学阶段的知识局限，了解一下数系的发展：

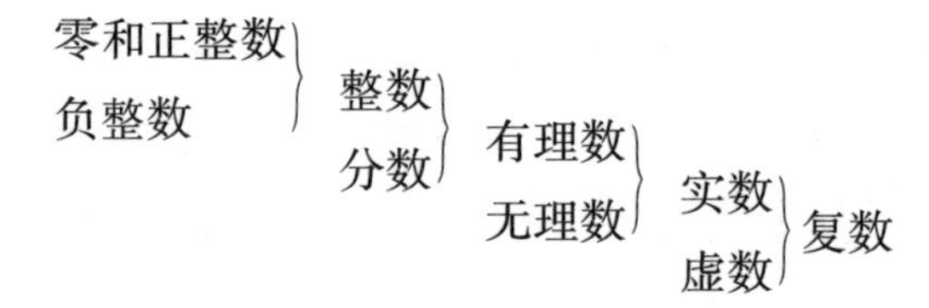

小学教材没有给出乘法的严密定义，而是从实例总结出乘法的感性定义，并逐步“添补”：先定义整数乘法，学了分数后增补一个数与分数相乘的意义；学习了无理数，增补“（m，$n>0$）”；学了虚数后，增补“$\sqrt{m}\cdot\sqrt{n}=\sqrt{mn}$”。这样，乘法的定义在感性认知层面不断完善，但都未涉及公理化定义，直到高等数学中才出现加法和乘法的公理化定义。

6. 把 3+3+3+3+2 改写成 3×5−1，这样改写对吗？

在乘法概念教学中，往常会出现这种改写形式的练习，有些教师提出这样的改写练习有没有科学性的问题。

如果只考虑等式两边是否相等，$3+3+3+3+2=3\times5-1$ 或 $3+3+3+3+2=3\times4+2$ 都是对的。但是这种练习是为了学生理解乘法是“求几个相同加数的和的简便运算”。将加法算式改写成乘法算式，被改的是“几个相同加数”，改后的结果是乘法。

而 $3+3+3+3+2=3\times5-1$ 左边既不是“相同加数的和”，右边也不是乘法，因此这种改写并不合理。如果承认这种改写合理的话，几乎所有的加法算式都可以改写成乘法算式，比如 $4+5+6=5\times3$、$6+8=6\times2+2$，这样不利于学生对乘法意义的理解。

如果学生已经掌握了乘法的意义，用这种改写的形式训练和考查学生思维的灵活性是可以的。

7. 为什么要规定先乘除后加减？

在实际计算中，需要先乘除的问题比需要先加减的多。

例如，买 8 角一支的铅笔 3 支，5 角一块的橡皮 2 块，一共需要多少钱？

$8\times3+5\times2=24+10=34$（角）

又如，一列火车 3 小时行驶 180 千米，一辆汽车 5 小时行驶 200 千米，火车每小时比汽车多行几千米？

$180\div3-200\div5=60-40=20$（千米）

为了实际计算方便，这些问题都是先算乘除后算加减的，省去添括号的麻烦。

另外，从数学的发展上看，加减是数量变化的低级形式，是最基本的运算；乘除是在加减的基础上发展的。乘法是求若干个相同加数的和的简便算法，除法也是递减同一数的简便算法。乘除法是比加减法高一级的计算形式，所以效果也提高了一步。为了计算简便，于是根据实际需要和为了计算问题的简化，规定了先乘除后加减。

8. 两个数的积与这两个数的差能不能相等？

学生看到这个问题，可能会很有把握地回答说：两个数的乘积与这两个数的差绝不会相等！因为 $8\times5\neq8-5$，$20\times5\neq20-5$，两个数的乘积总要比这两个数的差大。

不错，在整数范围内，两个数的乘积与这两个数的差是不可能相等的。但是，如果这两个数是分数，那情况就不一样了。请看：

（1）$\frac{1}{2}\times\frac{1}{3}=\frac{1}{2}-\frac{1}{3}$。

（$\because\frac{1}{2}\times\frac{1}{3}=\frac{1}{6}$，$\frac{1}{2}-\frac{1}{3}=\frac{3-2}{6}=\frac{1}{6}$。）

（2）$\frac{1}{3}\times\frac{1}{4}=\frac{1}{3}-\frac{1}{4}$。

（$\because\frac{1}{3}\times\frac{1}{4}=\frac{1}{12}$，$\frac{1}{3}-\frac{1}{4}=\frac{4-3}{12}=\frac{1}{12}$。）

（3）$\frac{1}{4}\times\frac{1}{5}=\frac{1}{4}-\frac{1}{5}$。

（$\because\frac{1}{4}\times\frac{1}{5}=\frac{1}{20}$，$\frac{1}{4}-\frac{1}{5}=\frac{5-4}{20}=\frac{1}{20}$。）

当然，这两个分数不是任意的，它们必须符合一定的条件。具体地说，就是它们的分子都是1，分母分别是两个连续的自然数中的一个。如果两个连续的自然数用a和b表示，那么，上面的关系可写成一个式子：

$\frac{1}{a}\times\frac{1}{b}=\frac{1}{a}-\frac{1}{b}$（$b-a=1$）。

不妨举些例子来验证上面这个公式，例如：

$\because\frac{1}{9}\times\frac{1}{10}=\frac{1}{90}$，

$\frac{1}{9}-\frac{1}{10}=\boxed{\frac{10-9}{90}}=\frac{1}{90}$，

$\therefore\frac{1}{9}\times\frac{1}{10}=\frac{1}{9}-\frac{1}{10}$。

有兴趣的学生一定会打破砂锅问到底：为什么在整数范围内办不到的事，在分数范围内却能办到呢？原因就在于乘法的意义在分数范围内发展了。求一个数的几分之几用乘法，使得一个数乘以真分数的积会变小，这样就使两个数的积有可能与它们的差相等。下面，我们试着来简单证明上面这个公式。

设a、b为自然数，且$b-a=1$。

$\frac{1}{a}\times\frac{1}{b}=\frac{1}{a\times b}$，

$\frac{1}{a}-\frac{1}{b}=\frac{b-a}{a\times b}=\frac{1}{a\times b}$，

$\because b-a=1$

$\therefore \frac{1}{a}\times\frac{1}{b}=\frac{1}{a}-\frac{1}{b}$。

9. 为什么 0 不能做除数？

如 18÷0，被除数不是 0，除数是 0。根据除法的意义，就是要求一个数和 0 相乘，其积为 18。然而，任何数和 0 相乘都得 0，根本得不到 18。所以，在这种情况下，除法是不可能进行的。

又如 0÷0，被除数是 0，除数也是 0。根据除法的意义，就是要求一个数和 0 相乘，其积为 0。因为任何数和 0 相乘都得 0，不能得到一个确定的商，所以，这种除法是没有意义的。

从以上两方面可以看出，不论被除数是不是 0，用 0 做除数都没有意义。所以零不能做除数。

10. 余数能为 0 吗？

在小学数学中，许多教师都以为余数不能为“0”，并且用肯定的语气向学生说，“0”不能做余数，其实这样的说法不科学、不确切。

查阅了《初等数论》后，发现其中“有余数除法”被定义为：“若 a、b 是两个整数，其中 $b>0$，则存在着两个整数 q 和 r，使得 $a=bq+r$，$0\leqslant r<b$ 成立，而且 q 及 r 是唯一的（其中的 q 叫作 a 被 b 除所得的不完全商，r 叫作 a 被 b 除所得的余数）。”

按照这个定义，“0”能为余数。比如，一个整数除以 5，余数就有 0、1、2、3、4 五个了。

由此，“余数为 0”在数学范畴中，特别是高等数学中，是存在且被广泛运用的。但在小学阶段，要让学生清晰地从理论上接受较为抽象的数学知识是困难的，只能采取暂时回避的做法，不谈余数能为“0”。

老师在讲课中要留有余地，不要把话说死。比如说一个整数除以 5，余数有 1、2、3、4，不能说一个整数除以 5，余数只有 1、2、3、4 四个。

11. “一个数乘以几就是扩大几倍，除以几就是缩小几倍”这句话对吗？

这句话原来出自小学数学课本，受到许多人质疑。因为这句话中把“扩大”与“扩大到”等同，“缩小”与“缩小到”等同，“倍”不但能扩大多少倍，还能缩小多少倍，算理上是说不通的。最明显的一个例子：“某村今年水浇地面积比去年扩大了一倍”。如果按照上面这种说法，某数扩大一倍依然是乘 1，扩大一倍的结果等于没有变，这岂不怪哉！如果说扩大一倍是乘 2 的话，那么“某村今年水浇地面积比去年扩大了 2 倍”这道题又如何解呢？

所以这个问题已经争论了几十年，直到《数学课程标准（实验稿）》颁布后，对这个问题没有明确规定，所以有的课本还坚持上面这种说法，有的课本改为“一个数乘以几是扩大到原来的几倍，一个数除以几是缩小到原来的几分之一”，修改后的说法是合理的，也符合实际情况。

12. 书写除法竖式的顺序怎样较为合适？

小学数学课本中没有具体规定除法竖式的书写顺序，由此，教师中存在争论，有的认为这样写，有的认为那样写。

小学数学课本中对除法竖式的书写顺序没有具体规定，因而不能判断谁对谁错。根据除法的意义，合适的写法是：

以 1448÷36＝　为例：

第一步：先写被除数 1448

第二步：在 1448 的左边画“丿”

第三步：在“丿”左边写上除数 36，表示 1448 除以 36

第四步：在被除数 1448 上面画上“——”，表示等于“＝”

除数　等于
↓　　↓
36 丿1448
↑　　↑
除以　被除数

这样，书写顺序同除法的意义结合起来较为合适，每一个符号所表示的意思清清楚楚。

13. 弃九验算法的根据是什么？

在小学数学课本里并没有介绍弃九验算法，因为这种验算方法并不精确。但这种验算方法简便有趣，可以作为一种辅助方法介绍给学生。

要学会弃九验算法，先要知道什么是“弃九数”。

把一个数的各位数字相加，直到和是一个一位数，这个数我们把它叫作原来数的“弃九数”。例如：

5849　5＋8＋4＋9＝26→2＋6＝8（弃九数）

613　6＋1＋3＝10→1＋0＝1（弃九数）

弃九数也可以用简便方法得到，把一个数中的数字 9，或相加得 9 的几个数字都划去，将剩下来的数字相加，得到一个小于 9 的数，这个数就是原来的弃九数。例如：

$$\underbrace{4\ 2}_{6}\ \not{9} \qquad \not{2}\ \underbrace{4\ \not{7}\ 3}_{7} \qquad \not{1}\ 0\ \underbrace{6}_{6}\ 0\ \not{9}\ \not{1}\ \not{7}$$

弃九验算法即用弃九数进行的，这也是弃九验算法的由来。

乘法验算：先求出每个数的弃九数，然后将被乘数与乘数的弃九数相乘。如果这个积的弃九数与原来计算乘积的弃九数不相等，那么可以肯定，原来的计算是错误的。

例 1：

$$\begin{array}{lccccc} & \underbrace{2\,4\,7\,3}\ \times & \underbrace{4\,2\,9} & = & \underbrace{1\,0\,6\,0\,9\,2\,7} \\ (\text{弃九数}) & 7 \quad \times & 6 & & \\ & \underbrace{4\,2} & & & \\ (\text{弃九数}) & 6 & & \neq & 7 \end{array}$$

所以这道题的计算是错误的。正确的结果应该是 1060917。

如果最后两个弃九数相等，那么在一般情况下，可以认为原来的计算没有错误。

例 2：

$$\begin{array}{ccccc} \underbrace{5\,8\,4\,9} & \times & \underbrace{6\,1\,3} & = & \underbrace{3\,5\,8\,5\,4\,3\,7} \\ 8 & \times & 1 & & \\ & 8 & & = & 8 \end{array}$$

这道题最后两个弃九数相等，所以一般可以认为计算没有错误。

除法验算可以用乘法逆运算的办法进行。因为商×除数＝被除数。

例 3：

$$\begin{array}{ccccc} \underbrace{1\,9\,4\,5\,7\,7} & \div & \underbrace{8\,2\,1} & = & \underbrace{2\,3\,7} \\ & & 2 & \times & 3 \\ 6 & = & & 6 & \end{array}$$

这道题的计算可以认为没有错误。

这种弃九验算法的根据是什么呢？它就是利用被 9 整除数的特征。一个数的弃九数就是这个数被 9 除后的余数（如果弃九数是 0，说明能被 9 整除）。如果原来计算是正确的，那么等号两边的余数应该是相同的；如果等号两边的余数不同，那就说明计算一定有错误。

为什么前面讲到验算出没有错误时，要说明在“一般情况下”，并且加上“可以认为”几个字呢？请你看下面几个数的弃九数：

$$\underbrace{1028}_{2} \qquad \underbrace{128}_{2} \qquad \underbrace{1820}_{2} \qquad \underbrace{12.08}_{2}$$

从上面可以看出，几个数的数字相同，而只是 0 的个数不同，或者数字颠倒，或者小数点位置不同，它们的弃九数却是相同的。因此，计算结果如果是缺少 1 个 0，数字颠倒或者小数点位置点错，这类错误是查不出来的。

因此，使用弃九验算法不可能绝对可靠，必须注意 0 的个数、数字有否颠倒、小数点的位置是否正确。不过，作为一种辅助验算方法，弃九验算法还是很有实用价值的。

14. 为什么小数部分的读法和整数不一样？

小数部分和整数一样，都有一定的数位名称，相邻两个单位间的进率也都是“十”，因此，记数的方法也一样。但是，由于它们所表示的意义不一样，读法也就不一样。

例如，0.12 读作零点一二，表示它有 1 个十分之一和 2 个百分之一。只是把计数单位省略了。正如有时候 160 可以简读成“一六〇”一样。

为什么 0.12 不能读作“零点十二”呢？这是因为小数点右边第一位不是“十位”，而是“十分位”；小数部分的“1”只是表示 1 个十分之一。只有当我们把 0.12 看作由 12 个百分之一组成的时，才可以把小数部分“12”看作十二，但是一定要明确它的计数单位是百分之一。

15. 下面两个“1.0”表示的意义一样吗？

我们先看下面两个实际问题：

（1）一个小组每小时可以生产 0.5 吨药水，2 小时可以生产多少吨？

算式：$0.5\times2=1.0$（吨）

（2）一个小组每小时可以生产 0.5 吨药水，1.9 小时可以生产多少吨？（得数保留一位小数）

算式：$0.5\times1.9=0.95\approx1.0$（吨）

上面两道题的结果都是 1.0 吨，但意义是不一样的。

第（1）题得数 1.0 吨（根据小数基本性质，末尾的 0 可以去掉）是个准确值。第（2）题得数 1.0 是个近似值，末尾的“0”不能去掉，它表示精确到十分之一。如果它是个过剩近似值，那么这个数的准确值可能是 0.98，0.957，…；如果它是个不足近似值，则这个数的准确值就可能是 1.02，1.008，…。

由此可见，1.0 和 1.0 如果不都是准确值，二者是代表完全不同的两个数值的。

16. 用 8、9、0 组成最大的小数是 90.8 还是 98.0？

大部分教师认为，用 8、9、0 组成最大的小数是 90.8，因为 98.0 是整数，不属于小数范畴，不可能是最大的小数。

回答本题的关键，只要搞清楚 98.0 是整数还是小数。小数是十进制分数的特殊表现形式，我们可以从两方面分析：

（1）从小数意义的角度看，把单位“1”平均分成 10 份、100 份、1000 份……表示这样的十分之几、百分之几、千分之几等的数都是小数。98.0 中的 0 在十分位上，表示十分之零，虽然十分位上一个单位也没有，但 0 起了占位的作用。

（2）从小数的结构看，每一个小数都由整数部分、小数点和小数部分组成。98.0 完全符合小数的基本结构。

无论从小数的意义还是小数的结构看，都不能认为可以化成整数的小数就不是小数。因此，用 8、9、0 组成最大的小数应该是 98.0。

转化是重要的数学思想，整数可转化成小数形式，也可以转化成分数形式。例如，8 可以转化成 8.0，也可以转化成$\frac{8}{1}$。当然，8.0 是小数，$\frac{8}{1}$是分数。

17. 6.25 的小数是 0.25 还是 25？

小学数学课标中介绍，小数可以分成两部分：小数点的左边是它的整数部分，小数点的右边是它的小数部分。有的教师认为小数部分是指数值大小，6.25 的小数部分是 0.25；有的教师认为小数部分是指数字，6.25 的小数部分是 25。

显然，出现的分歧是小数部分是指小数部分的数字还是数值大小。目前小学数学课标中还没有明确的说法。

为了避免歧义，命题时要明确要求，如 6.25 的小数部分的数值是什么（答案是 0.25）；6.25 的小数部分的数字是什么（答案是 25）。如果没有明确要求，如 6.25 的小数部分是什么，一般是指数值多少。因为：（1）整数部分体现了数值的大小，若同样小数部分也能体现数值的大小，更具有一致性；（2）将“小数部分”与“小数部分的数值”统一起来，便于交流，有实用价值。

18. 为什么求近似数大都采用四舍五入法？

由于实际情况多种多样，有时很难用一个准确的数字来反映。譬如一个国家的人口数字，在同一时间内，既有出生，又有死亡，经常处于变化状态，就属于这种情况。除此之外，在实际计算中，也常常遇到除不尽的情况，例如：

$1\div3\approx0.3$　　　$1\div7\approx0.142857$

像这类情况，在没学分数以前，就很难求出它们的准确商来。另外，对一个较为烦琐的数字，也常常根据需要和方便记忆，有意地省略这个数字的一部分尾数。在上述几种情况中，我们只能取一个比较接近实际但又并不准确的数，这个数就是近似数。

求近似数的方法一般有三种：进一法、去尾法、四舍五入法。在实际中大都采用四舍五入法。

近似数与准确数之间，总有一个误差，误差越小，越接近准确数。四舍五入法是能够保证求出误差小的近似数的较好方法。

例如：圆周率是个无限不循环的小数

$\pi=3.14159265\cdots\cdots$

用四舍五入法保留两位小数：

$\pi=3.14$（四舍）

用四舍五入法保留四位小数：

$\pi=3.1416$（五入）

这两个近似数误差均小，都比较接近原来的 π 值。

又如：3.72 用四舍五入法保留一位小数，则为 $3.72\approx3.7$，误差为 0.02；如写成 3.8 误差为 0.08。3.76 用四舍五入法保留一位小数，则为 $3.76\approx3.8$，误差为 0.04；如写成 3.7，误差为 0.06。

采用四舍五入法求近似数，如果保留整数，误差不会大于 0.5；如果保留一位小数，误差不会超过 0.05。由于求出的近似数比较接近准确数，所以求近似数时，一般都采用四舍五入法。

19. 近似数 3.50 去掉末尾的 0 得到 3.5，这两个数的大小相等吗？

这是某县四年级下学期期末考试卷中的一道题，学生答案有的说相等，有的说不相等，同时也引起教师争论。

说相等的理由是，根据小数的性质“小数末尾添上 0 和减去 0，小数的大小不变”，所以 3.50 与 3.5 相等。

说不相等的理由是，上述的小数性质只适用于准确数，而不适用于近似数，由于近似数截得的方法（进一法、去尾法、四舍五入法）及原有数的有效数字的多少不同，这两个数不相等，也可回答无法比较。

这类题目比较复杂，不宜考查学生。学生负担重，同命题要求过高有关。

20. 3÷2=1.5 中的 1.5 是倍数吗？

在算式 3÷2=1.5 中，1.5 不是倍数，也不是由于 1.5 是一个小数的缘故。就是在算式 6÷2=3 中，3 也不可以叫作倍数。

“倍数”的概念是在“数的整除”中出现的。如果一个整数除以一个自然数（0 除外），而商是整数，那么被除数就叫作除数的倍数，除数就叫作被除数的约数。例如 6÷2=3，6 是 2 的倍数，2 是 6 的约数。倍数与约数是表示两数的关系，倍数是对约数而言的。从算式 6÷2=3 中看，倍数处于被除数地位，约数处于除数地位。所以在算式 3÷2=1.5 中，1.5 是商（从这点说，1.5 就不会是倍数），它表示的是“倍”，即 3 是 2 的 1.5 倍。同样，6÷2=3，3 是商，它表示的也是倍，即 6 是 2 的 3 倍。由此可见，“倍数”与“倍”是两个完全不同的概念。

当阐述除法、分数或比的基本性质时，表述为“被除数与除数同时扩大相同的倍数，商不变”，“分数的分子与分母同时扩大相同的倍数，分数值不变”，“比的前项与后项同时扩大相同的倍数，比值不变”，等等。

21. “5 是 4 的 1.25 倍”“5 是 4 的倍数”这两句话对吗？

先分析第一句话，从倍的意义分析：如果 $a=kb$（k 是一个数）就说“a 是 b 的 k 倍”。这里的“k”可以是整数，也可以是小数、分数或无理数。a、b 可以是两个数，也可以是两个同类的连贯量或离散量。并且习惯上，上述说法用于$k\geqslant 1$的场合。

再分析第二句话，从倍数的意义分析：如果a、b、q是整数，并且有$a=bq$，则称“a是b的倍数”，“b是a的因数”。当然，也可以说“a是q的倍数”，“q是a的因数”。

“倍”和“倍数”虽然都是从乘法算式中引申出来的概念，但它们是有区别的：前者是有理数集或实数集上的乘法，后者是整数集上的乘法。

所以第一句话是对的，第二句话是错的。

22. 分数可以分为“真分数”“假分数”“带分数”三种吗?

有不少教师受某些小学数学课本编排的影响，认为分数可分为真分数、假分数、带分数三种，其实这是不准确的。

分数可以按照不同的标准来分类。如：按照分子与分母有没有1以外的公约数，可以把分数分为可约分数和最简分数。分子与分母有1以外的公约数的分数叫作可约分数；分子与分母没有1以外的公约数的分数叫作最简分数。

分数还可以按照分子是否小于分母，分为真分数和假分数，分子小于分母的分数叫真分数；分子不小于分母的分数叫作假分数。

根据定义，“带分数”是一个整数和一个真分数合成的数，实际上是一个整数与一个真分数的和。它是一个和式，而不是一个分数。

23. 百分数是不是一种数?

不少人把百分数也当成一种数，这是不准确的。

表示一个数是另一个数（或一个量是另一个同类量）的百分之几的数叫作百分数。百分数通常用来表示两个数（或两个同类量）的比，所以又叫“百分比”或“百分率”。

百分数与分数的区别在于：分数既可以表示两个数或两个同类量的倍比关系，也可以表示具体的数量；而百分数只用于表示两个量的倍比关系。当需要用百分数表示数量时，往往称之为“a个百分点”。

“成数”“几成”就是十分之几。

在科学技术研究和运用上，为了表示微量元素的含量，还用到更小的单位“百万分之一”（即 ppm）和“十亿分之一”（即 bpm）。

24. 为什么乘法运算定律对分数也适用?

在整数乘法中，运算定律有：交换律、结合律和对加减法的分配律。

交换律：$a\times b=b\times a$

结合律：$(a\times b)\times c=a\times(b\times c)$

分配律：$(a+b)\times c=a\times c+b\times c$

$(a-b)\times c=a\times c-b\times c$

上述这些乘法运算定律对分数也能适用。例如：

分数乘法交换律：

$$\frac{5}{7}\times\frac{2}{3}=\frac{2}{3}\times\frac{5}{7}\xrightarrow{\text{用字母表示}}\frac{a}{b}\times\frac{c}{d}=\frac{c}{d}\times\frac{a}{b}$$

分数乘法结合律：

$$\left(\frac{3}{4}\times\frac{7}{5}\right)\times\frac{5}{7}=\frac{3}{4}\times\left(\frac{7}{5}\times\frac{5}{7}\right)\xrightarrow{\text{用字母表示}}\left(\frac{a}{b}\times\frac{c}{d}\right)\times\frac{e}{f}=\frac{a}{b}\times\left(\frac{c}{d}\times\frac{e}{f}\right)$$

分数乘法分配律：

$$\left(\frac{5}{8}+\frac{5}{24}\right)\times\frac{4}{5}=\frac{5}{8}\times\frac{4}{5}+\frac{5}{24}\times\frac{4}{5}\xrightarrow{\text{用字母表示}}\left(\frac{a}{b}+\frac{c}{d}\right)\times\frac{e}{f}=\frac{a}{b}\times\frac{e}{f}+\frac{c}{d}\times\frac{e}{f}$$

$$\left(\frac{5}{8}-\frac{5}{24}\right)\times\frac{4}{5}=\frac{5}{8}\times\frac{4}{5}-\frac{5}{24}\times\frac{4}{5}\xrightarrow{\text{用字母表示}}\left(\frac{a}{b}-\frac{c}{d}\right)\times\frac{e}{f}=\frac{a}{b}\times\frac{e}{f}-\frac{c}{d}\times\frac{e}{f}$$

我们可以用已经学过的整数乘法运算定律和分数乘法计算法则，来验证分数乘法运算定律。例如：

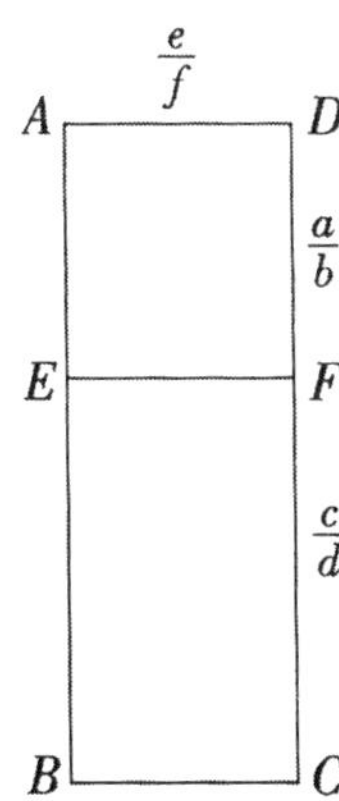

乘法分配律也可以用面积计算来验证。如右图的长方形面积，第一种算法是，先求 DC 的总长，再计算整个长方形的面积。即长方形 $ABCD$ 的面积是

$$\left(\frac{a}{b}+\frac{c}{d}\right)\times\frac{e}{f}$$

第二种算法是，先分别求出长方形 $AEFD$ 和 $EBCF$ 的面积，再求出总面积。即长方形 $ABCD$ 的面积是

$$\frac{a}{b}\times\frac{e}{f}+\frac{c}{d}\times\frac{e}{f}$$

不论怎样计算，长方形 $ABCD$ 的面积当然是不变的。所以

$$\left(\frac{a}{b}+\frac{c}{d}\right)\times\frac{e}{f}=\frac{a}{b}\times\frac{e}{f}+\frac{c}{d}\times\frac{e}{f}$$

应用乘法的运算定律，也可以使一些分数运算简便。例如：

（1）$1\frac{2}{5}\times\frac{3}{4}\times\frac{5}{7}\times2\frac{2}{3}$

$=\frac{7}{5}\times\frac{5}{7}\times\frac{3}{4}\times\frac{8}{3}$ （乘法交换律）

$=\left(\frac{7}{5}\times\frac{5}{7}\right)\times\left(\frac{3}{4}\times\frac{8}{3}\right)$ （乘法结合律）

$=1\times2=2$

（2）$1\frac{1}{3}\times18\frac{1}{2}-10\frac{1}{4}\times1\frac{1}{3}$

$=1\frac{1}{3}\times\left(18\frac{1}{2}-10\frac{1}{4}\right)$ 〔乘法分配律倒过来应用：

$=\frac{4}{3}\times\frac{33}{4}=11$ $a\times c-b\times c=c\times(a-b)$〕

25. 一个数除以真分数，商为什么反而大了？

分数除法的意义有两种：一种意义同整数除法的意义相同；另一种意义是表示已知一个数的几分之几是多少，求这个数。下面举例说明：

例 1 有一根 6 米长的钢筋，要截成 3 米、2 米、1 米、$\frac{1}{2}$米、$\frac{1}{3}$米、$\frac{1}{6}$米、$\frac{1}{10}$米长的小段，各可以截成多少段？

		截成的尺寸		截成多少段
6 米	÷	3 米	=	2（段）
6 米	÷	2 米	=	3（段）
6 米	÷	1 米	=	6（段）
6 米	÷	$\frac{1}{2}$米	=	12（段）
6 米	÷	$\frac{1}{3}$米	=	18（段）
6 米	÷	$\frac{1}{6}$米	=	36（段）
6 米	÷	$\frac{1}{10}$米	=	60（段）

这道除法同整数除法的意义相同，是求被除数里包含几个除数。显然，除数越小，被除数里包含它的个数就越多。学生已经知道，当除数是 1 的时候，商就等于被除数，所以由前面可以推得，如果除数是小于1的真分数，那么商就大于被除数。

例 2　一个工厂有女工 500 人，占全厂总人数的$\frac{2}{5}$。全厂总人数是多少？

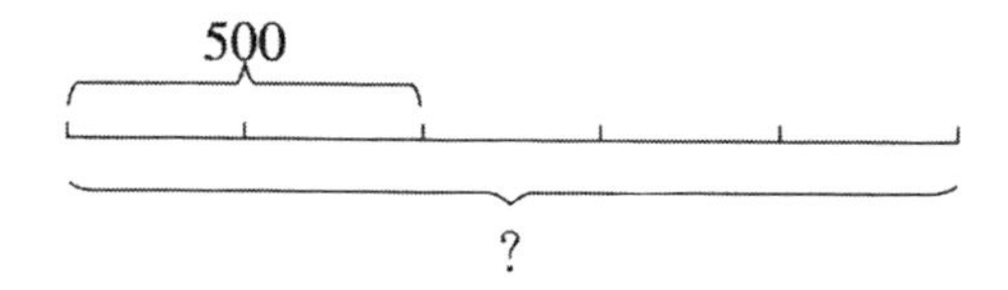

$500\div\frac{2}{5}=500\times\frac{5}{2}=1250$（人）

女工占全厂总人数的$\frac{2}{5}$，有 500 人，全厂总人数当然要比 500 人多，这个道理容易理解。

26. 分数除法为什么可将除数颠倒相乘？

分数除法的计算法则很特别，它是把除数的分子、分母颠倒位置，再同被除数相乘。为什么分数除法忽然变成分数乘法了呢？对此，小学生始终疑惑不解，算理也很难讲清楚。采用以下的方法给小学生讲算理，效果较好。

（1）先从分数乘法的意义来分析

求一个数的几分之几，可用乘法来计算。现在先来比较一下例 1 中的两道题目：

例 1　①有 12 本书，平均分成 3 份，每一份是几本？

$12\div3=4$（本）

②有 12 本书，它的$\frac{1}{3}$是多少？

$12\times\frac{1}{3}=4$（本）

第①题是整数除法，第②题是分数乘法，可是这两道题目的含义是一样的。它们都是把 12 本书平均分成 3 份，求每一份是多少。所以，结果也一样。即得到：

$12\div3=12\times\frac{1}{3}$

3 可看作$\frac{3}{1}$，将$\frac{3}{1}$的分子、分母颠倒位置，就得到$\frac{1}{3}$。所以，上式说明了，除以一个分数，可将这个分数的分子、分母颠倒位置后，再与被除数相乘。

（2）再从分数除法的意义来分析

例 2　农场一个作业队种水稻 200 亩，占全队耕地总面积的$\frac{2}{3}$。这个作业队有耕地多少亩？

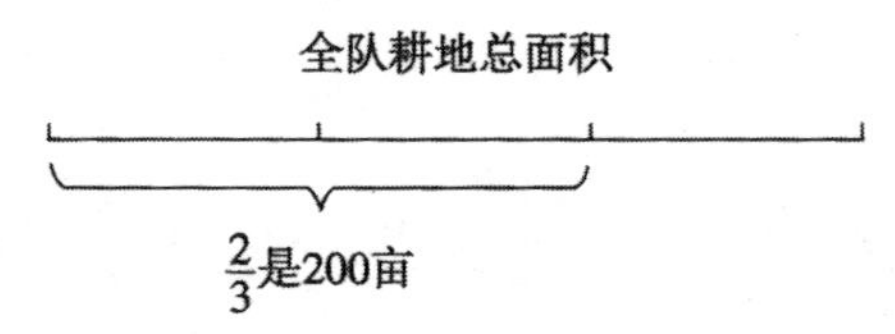

根据分数除法的意义，已知一个数的几分之几是多少，求这个数要用除法。所以，由上题可列出下式

$200\div\frac{2}{3}=?$

另一方面，这道题目的意思是，把一个作业队的耕地分成 3 等份，其中的 2 份是 200 亩，求 3 份是多少。因而可以先求出 1 份是多少，再求出 3 份是多少。

1 份是多少：$200\div2=100$（亩）

3 份是多少：$100\times3=300$（亩）

$200\div\frac{2}{3}=200\div2\times3=\frac{200}{2}\times3$

$\frac{200\times3}{2}=200\times\frac{3}{2}=300$（亩）

从上式可以看到，除以$\frac{2}{3}$与乘以$\frac{3}{2}$的意思是相同的，都是先求出 1 份是多少，再求出 3 份是多少。即：

$200\div\frac{2}{3}=200\times\frac{3}{2}$

所以，上例也说明了，分数除法可将除数颠倒相乘。

总之，由于引进了分数，乘法和除法的意义都扩展了，除法和乘法可以在一定的条件下互相转化。

27. $\frac{3}{4}$的倒数是$1\frac{1}{3}$对不对？

$\frac{3}{4}$的倒数是$\frac{4}{3}$，大家对此都没有疑问。而$\frac{4}{3}$可以用带分数$1\frac{1}{3}$来表示，$\frac{4}{3}$与$1\frac{1}{3}$是等价的，所以，$\frac{3}{4}$的倒数可以是$1\frac{1}{3}$。

28. $0.\dot{9}$为什么等于1？

$0.\dot{9}$是循环小数，同时也是无限小数。当它的小数位为有限多时，不论位数多到什么程度，它总是比1小。但是当小数位数增到无限多时，那就不同了，因为要是$0.\dot{9}$的小数位数达到无限多时，$1-0.\dot{9}$的差数将小于任意小的一个正数；不论你想一个怎样小的正数ε，总可以增加小数位数，而使1与0.99…的差数小于这个极小的正数。那还不是说$0.\dot{9}$等于1吗？

看下面的算式：

$$
\begin{array}{rl}
0.\dot{9}\times 10 & = 9.999\cdots \\
-\ 0.\dot{9}\times 1 & = 0.9999\cdots \\
\hline
0.\dot{9}\times 9 & = 9
\end{array}
$$

可以得到$0.\dot{9}=\frac{9}{9}$

即$0.\dot{9}=1$

再从反面看：$1=0.\dot{9}$；$2\div2$是等于1的，可是在做除法的时候，若不是商1，商数就等于$0.\dot{9}$。例如，

$$
\begin{array}{r}
0.999\cdots \\
2\,\overline{)\,2\qquad} \\
\underline{18\quad\ } \\
20\ \ \\
\underline{18\ \ } \\
20 \\
\underline{18} \\
2
\end{array}
$$

这也证明$0.\dot{9}=1$。

29. 为什么以前“0”不属于自然数，而现在属于自然数了呢?

其实0是不是自然数是一个规定，没有对与错。国际上一直有争论。1891年，意大利数学家G. 皮亚诺在建立自然数的公理化体系时，给出的一个公理就是“0是一个自然数”，但很多国家都规定0不是自然数。比如，俄罗斯数学界一直坚持“0不是自然数”。1949年，新中国成立后，我国的中小学数学教学大纲和教科书都是参照苏联的版本翻译的，于是，“0不是自然数”的判断在我国中小学课程中广为传播。

规定0不属于自然数，理由很简单：自然数是表示物体（有）个数的数。如果无物可数，就不能用自然数表示“无”了，要用符号“0”（读作零）来表示，所以0不是自然数。这种理解通俗易懂，方便接受。

随着科学技术和数学本身的发展，特别是“集合论”的发展，0可以表示空集，所以，自然数集应该包括0。从数学本身发展的需要考虑，只有把0包括在内，自然数系统才能更具备严密的逻辑结构。越来越多的国家倾向于“0是自然数”的规定。

为了便于国际交流，在科技与教育上和世界接轨，1993年颁布的《中华人民共和国国家标准》（GB 3100-3102-93）“量的单位”（11—29）第311页规定：自然数包括0。1994年11月，国家技术监督局发布的《中华人民共和国国家标准·物理科学和技术中使用的数学符号》中，将自然数集记为$\mathbf{N}=\{0, 1, 2, 3, \cdots\}$，而将原来的自然数集称为非零自然数集，记为$\mathbf{N}^{+}$（或$\mathbf{N}^{*}$）$=\{1, 2, 3, \cdots\}$。随后，中小学数学教材在进行修订时，根据上述国家标准进行了修改，表述为：“数物体时，如果一个物体也没有，就用0表示，0也是自然数。”

30. 规定“0是自然数”后，对小学数学教材有什么影响?

以前是按照“0不是自然数”的规定来编排小学数学教材的，现在规定“0是自然数”后，对教材有什么影响?

（1）一般来说，没有太大的影响，主要在“数的整除”这部分知识要特别注意。以前为了排除有“0”的情况，可以说“在自然数的范围内”；这句话现在不能说了，因为0已在自然数范围内，直接说“0除外”就行。

（2）自然数按约数的个数的分类发生了变化：以前是分成三部分（1，质数，合数），现在要分成四部分：

①1（只有1个约数）

②质数（有且只有2个约数）

③合数（有3个或3个以上的约数）

④0（0以外的任何数都是它的约数）

（3）如果0是自然数，会出现这样一个问题："0和1互质吗？"按规定，只有公约数是1的两个数称为互质数，而0的约数有1，那么0和1两个数只有公约数是1，这两个数当然互质。

目前讨论0和1、0和0是不是互质，是没有意义的，还会引出许多有歧义的问题。因此，为了不使问题复杂化，小学数学教材中，讨论约数、倍数、互质等概念时一般不考虑0。

31. 0是最小的偶数吗？

能够被2整除的整数叫作偶数。按照这个规定，因为0能被2整除，所以0是偶数，但0不是最小的偶数。

偶数是基于整除定义的，整除的概念考虑的是全部整数，包括正整数和负整数。因为没有最小的负整数，所以没有最小的偶数，同样也没有最小的奇数。

有人认为，最小的偶数是几，就得看在哪个范围来讨论。如果在非0的自然数集内讨论，那么最小的偶数是2；如果在自然数集内讨论，那么最小的偶数是0；如果在整数数集内讨论，那么就没有最小的偶数。

这个问题那么复杂，何必去同小学生纠缠呢？因而，在课堂上不用讲，更不应该作为考题。如果有学生提出这个问题，可以回答：0是偶数，但不是最小的偶数。

32. 0是合数吗？

0既然是偶数，能不能也是合数呢？

数论中有一个重要结论，称为算术基本定理。这个定理规定：每一个合数都可以分解成若干个素数（质数）的乘积，并且若不计次序，这种分解方式是唯一的。若把0规定为合数，则破坏了这个结论，因为0不能分解成素数的乘积。另外，规定0为合数，在数学上也没有其他方便的地方，因此，规定0不是合数。其实，规定1不是质数，某种意义上也是这个原因。若1是质数，则合数的分解方式将不唯一：可以在一种分解方式的基础上任意加上若干个 1 与之相乘。合数是“在大于 1 的整数中，除了 1 和这个数本身，还能被其他正整数整除的数”，0 不满足“大于 1”这个条件，它的约数不包含本身。另外，所有的合数都可以写成有限个质数的乘积，并且在同构下是唯一的。0 显然不满足这一性质，所以 0 不是合数。

33. 自然数 1 不同于单位“1”吗？

不少教师认为，自然数 1 与分数定义中的单位“1”是不相同的，以为自然数 1 是指一个物体，分数定义中的单位“1”是指一堆物体。

自然数 1 是非零自然数中最小的一个，是自然数最基本的单位。自然数 1 的现实原型，可以是一个苹果，也可以是一堆苹果。这个苹果或这堆苹果都可以平均分成若干份，而用分数表示其中的一份或几份。它们也是分数定义中所说的平均分的对象，分数定义中所说的单位“1”，实质上就是自然数 1。所以，说自然数 1 不同于单位“1”的理由是不充分的。

任何一个物体都可以作为自然数“1”的现实原型，但作为分数定义中的单位“1”的现实原型，受到更多的条件限制。如一块蛋糕可以平均分给两位小朋友，每人分得这块蛋糕的二分之一，但一只小白兔无法平均分给两位小朋友。但现实原型的差异，不能作为自然数“1”不同于单位“1”的理由。

34. 0 是偶数吗？0 能不能规定为奇数？

在小学数学里，能被 2 整除的数叫作偶数，也叫双数；不能被 2 整除的数叫作奇数，也叫单数。我们讨论的奇、偶数，一般是指自然数范围以内的。因为 0 能被任何自然数整除，当然也能被 2 整除，所以，也应该把 0 看作偶数。

规定 0 是偶数，而不是奇数，在逻辑上是没有问题的。这个规定与数学中的算术运算有相容性，即：0 加其他的偶数还是偶数（偶数＋偶数＝偶数），0 加其他的奇数还是奇数（偶数＋奇数＝奇数）。若规定 0 是奇数，与算术运算结果必然产生冲突，例如，0＋0 按“奇数＋奇数＝偶数”而得偶数，与规定 0 是奇数相悖。

35. 为什么 1 不算质数？

所有的自然数可以分成三类：一类是质数（也叫作素数），例如，2、3、5、7、11…；另一类是合数，例如，4、6、8、9、10…；而 1 单独算一类，它既不属于质数，也不归于合数。质数只能被 1 和它本身整除，合数还能被其他的数整除。1 也能被 1 和它本身整除，为什么不算质数呢？

如果 1 也算质数，那么，把一个合数分解成质因数的时候，就会产生下面的情况：

1001＝7×11×13

1001＝1×7×11×13

1001＝1×1×7×11×13

由此可知，1 对于求一个合数的因数不仅毫无必要，而且分解质因数的答案永无休止。所以，不能把 1 算作质数。

36. 为什么公约数要讲最大，公倍数却又要讲最小？

这是学生经常会提出的问题。

为了计算迅速简便，有一些分数要化成最简分数。要达到这个目的，应该找最大公约数，找最小公约数显然是没有用的。因为两个或两个以上的数，它们的最小公约数都是 1。所以，找最小公约数是没有意义的，公约数要讲最大的。

公倍数要讲最小的，道理也很简单。这是因为任意两个正整数有无限多个公倍数，没有办法找到哪一个是最大的。例如，2 与 3 的公倍数，凡是 6 的倍数即 6×1，6×2，…，$6\times n$（n＝1、2、3…）都是它们的公倍数，随着自然数 n 的无限增大，公倍数也跟着无限增大，因此是无法找到一个具体的最大公倍数的。如果分数加减在进行通分时，不用最小公倍数反倒增加麻烦。

37. 用短除式求几个数的最小公倍数能不能用合数做除数？

用短除式求几个数的最小公倍数，一般用质数做除数，能不能用合数做除数呢？

（1）用短除式求几个数的最小公倍数，如果这几个数都能被某一个合数整除，就可以用这个合数去除。

例如：求 12、18、30 的最小公倍数。

用质数做除数

$$\begin{array}{r|rrr} 2 & 12 & 18 & 30 \\ \hline 3 & 6 & 9 & 15 \\ \hline & 2 & 3 & 5 \end{array}$$

用合数做除数

$$\begin{array}{r|rrr} 6 & 12 & 18 & 30 \\ \hline & 2 & 3 & 5 \end{array}$$

用质数做除数和用合数做除数，求得的这三个数的最小公倍数都是 180，结果相同，而且用合数做除数比较简便。

（2）如果这几个数不能都被某一个合数整除，就可能出现以下的两种情况：

①求得的结果是要求的最小公倍数。

例如：求 12、18 和 22 的最小公倍数。

用质数做除数

$$\begin{array}{r|rrr} 2 & 12 & 18 & 22 \\ \hline 3 & 6 & 9 & 11 \\ \hline & 2 & 3 & 11 \end{array}$$

用合数做除数

$$\begin{array}{r|rrr} 6 & 12 & 18 & 22 \\ \hline 2 & 2 & 3 & 22 \\ \hline & 1 & 3 & 11 \end{array}$$

用质数做除数和用合数做除数，求得的这三个数的最小公倍数都是 396，结果相同。

②求得的结果不是要求的最小公倍数。

例如：求 12、20 和 22 的最小公倍数。

用质数做除数

$$\begin{array}{r|rrr} 2 & 12 & 20 & 22 \\ \hline 2 & 6 & 10 & 11 \\ \hline & 3 & 5 & 11 \end{array}$$

用合数做除数

$$\begin{array}{r|rrr} 4 & 12 & 20 & 22 \\ \hline & 3 & 5 & 22 \end{array}$$

用质数做除数，求得的结果是 $2\times2\times3\times5\times11=660$，用合数做除数求得的结果是 $4\times3\times5\times22=1320$，后者是前者的 2 倍。

因为用合数做除数有以上不同的情况，对小学生来说较难理解，所以在小学数学教学中一般强调用质数做除数。但当学生求最小公倍数有一定基础时，可以告诉学生用短除法求几个数的最小公倍数，如果这几个数都能被某一个合数整除，可以用这个合数去除。

38. 质数有没有质因数？

小学数学教材中对“质因数”这个概念没有下定义，是通过例子描述的：$6=2\times3$，$28=2\times2\times7$，$60=2\times2\times3\times5$，…从这些例子可以看出，每个合数都可以写成几个质数相乘的形式。其中每个质数都是这个合数的因数，叫作这个合数的质因数。

学了这段教材，学生易断定“合数有质因数”。但质数有没有质因数呢？根据质因数的定义：“如果一个整数的约数是质数，就称这个约数为该整数的一个质因数。”如 3 有约数 3，因此可以说 3 是 3 的一个质因数。可见，每个质数都有它自身的质因数。

但“把一个质数写成质数乘积的形式”，就是这个质数本身。因此，小学阶段不必讨论“质数能不能分解质因数”的问题。但是教学这部分知识时，要防止产生“质数没有质因数”的误解。

39. 为什么要规定“1 既不是质数，也不是合数”?

人们在研究正整数的分类时，按它的正约数个数的多少分成以下三类：

（1）1：它只有一个正约数；

（2）质数：除了 1 和它自身两个正约数外，没有其他的正约数；

（3）合数：除了 1 和它自身外，还有其他的正约数。

如果将 1 视为质数，那么在把合数分解为质因数的积时会带来混乱。如，将 18 分解质因数，结果可以是下面的任一种：

$18=2\times3\times3$　　$18=1\times2\times3\times3$　　$18=1\times1\times2\times3\times3$

如将 1 视为合数，那么在把这个合数分解质因数时，可以一直“分解”下去，永远“把这个数表示为更小的正因数相乘的积”。

因此，规定 1 既不是质数，也不是合数。

40. “角的大小与边的长短没有关系”这句话有没有错?

在角的初步认识中，经常会讲这句话：“角的大小与边的长短没有关系。”这句话是不严密的。因为角的边是射线，射线是向一方无限延伸的，无长短可言。

从逻辑学的角度来分析，这里所犯的是“自相矛盾”的逻辑错误。一方面承认角的边是射线，射线是向一方无限延伸的，是没有长短的；另一方面又说角的边有长短。因此，在教学时要避免说这句话。

“角的初步认识”一节中的“角”，还只是生活语言中的词汇，并且常常是作为具体事物的组成部分而存在着的，如三角板中的三个角。教学时，要引导学生从生活语言中的“角”逐步过渡到数学概念的“角”，在相关事物的“角”的表象的基础上形成“角”的数学概念。指导学生画角时，可以告诉学生，角的两边“随便画多长都行”，暗示角的两边具有无限延伸性。

41. 为什么小学生往往不认为正方形是特殊的长方形?

在小学数学教学实践中发现，学生往往很难接受“正方形属于长方形的一类，是特殊的长方形”的结论。

究其原因，主要是受小学数学课本编排的倾向性影响。

（1）在小学一年级直观认识正方形和长方形阶段，学生对长方形和正方形的感受从一开始就是：它们是从不同的事物抽象出来的不同的图形。对于这些图形仅仅是通过直观地感知来积累表象，从一开始就把两者当成两种图形这种先入为主的印象太深刻，很难消除。

（2）长方形和正方形的第二认识阶段，一般安排在二、三年级，用折一折、量一量、比一比等实验的方法分别研究长方形和正方形的特征：

长方形：有四条边，对边相等　　**正方形：**有四条边，全都相等
有四个角，都是直角　　有四个角，都是直角

这时，教科书往往要求学生思考：长方形和正方形有什么相同点和不同点？导致学生误认为它们是并列的两个概念（反对关系），太强调它们的不同点，又留下很深的印象，而不是要求学生先概括出长方形的特征，然后对照被称为正方形的那一类图形，研究长方形的每一项特征正方形是不是都具有。既然长方形的每一项特征正方形都具有，那么可以对这两种图形的关系得出正方形是特殊的长方形的结论，然后进行分类，使学生明确长方形和正方形的属种关系。

（3）现行教科书在计算长方形和正方形的面积时，用同样的方法去推导两个面积公式，没有强调因为正方形是特殊的长方形，所以长方形的面积公式对正方形的面积计算同样适用。因此，可以根据长方形的面积公式推导出正方形的面积公式。

所以，学生的误解，很大程度上是受小学数学课本的影响。所以，一方面希望教科书编者要注意这个问题，另一方面，教师在教学中要强调长方形和正方形的共同点，淡化它们的不同点，使学生相信这两种图形是同一类的。

42. “平行线”是指“平行的直线”还是指“平行的线段”？

有些教师教了多年的小学数学，上面的问题还回答不出来。

在同一平面内不相交的两条直线叫作“平行线”，或者说“这两条直线互相平行”。可见，根据定义，“平行线”是指两条平行的直线。在几何学中，常常出现诸如“平行四边形的对边平行”之类的句子，这里所说的“平行四

边形的对边”当然是指两条线段。

用类比的方法，把“两条线段平行”定义为“同一平面内不相交的两条线段”是错误的。因为即使同一平面内的两条线段不相交，它们所在的两条直线仍然有可能相交（如梯形的两腰）。因此，我们只能这样定义“两条直线平行”：如果两条线段所在的两条直线互相平行，我们就说这两条线段互相平行。

“平行”一词最初是用来描述两条直线的一种特定的位置关系的。后来，又用来刻画两条线段或两条射线的位置关系。

因此“平行线”是指“平行的直线”还是指“平行的线段”，要看命题的场合，一般小学数学课本中的习题所指的应是平行的线段。

43. “两组对边分别平行的四边形是平行四边形”这句话有没有问题？

有些教师经常会说这句话，并没有觉察到有问题。其实这句话是不严密的，问题在于用“是”是不恰当的。

在一个正确的定义中，被定义概念和属加种差所说的事物的集合应该相同。这种同一性不仅要体现在语句的主项与谓项上，还应该体现在联项上。作为表达定义的语句，所用的联项应该是“称为”“叫作”“就是”或其他意义相同的词语，用“是”是不适当的。因为“是”有这样三种不同的逻辑意义：

（1）表示集合元素和集合的关系。

（2）表示真子集和子集之间的关系。

（3）表示两个相同的集合之间的关系。

因为定义所要表达的是第三种意义，所以要排除前两种意义。用“是”达不到这样的要求，改为“叫作”“称为”“就是”等词语更为恰当、准确。

44. 三角形的“高”究竟指的是特定的“线段”，还是该“线段的长度”？

这个问题在教师中有争论，有的说指的是“线段”，有的说是“线段的长度”。

在认识图形时，常常需要画出某个三角形、平行四边形或梯形的高。这时的“高”指的是一条垂直线段，它是一种图形。而在计算面积时又会用到高，这时“高”指的是一条线段的长度，是一种数量。那么，“高”究竟是图形还是长度？还是两种说法都可以？答案应该是这两种说法都可以。

在三角形中，从一个顶点向它的对边所在直线作垂线，顶点和垂足之间的线段叫作三角形的“高线”，简称“高”。垂足所在的边叫作这个高对应的“底”。

从平行四边形任意一条边上的任意一点作对边的垂线，这点和垂足之间的线段叫作平行四边形的高，垂足所在的边叫作平行四边形的这个高对应的底。

在梯形里，互相平行的一组对边叫作梯形的底（通常把较短的底叫作上底，较长的底叫作下底）；从上底的一点到下底引一条垂线，这点和垂足之间的线段叫作梯形的高。

事实上，通常也把三角形、平行四边形或梯形的“高”理解为从底部到顶部（顶点或平行线）的垂直线段的长度。也就是说，“高”有两种不同的含义：表示一个图形（符合特定条件的一条线段）或者指一个数量（该线段的长度）。根据上下文，一般都可以判定其中所说的“高”指哪一种意义。比如，说“三角形的面积等于底乘高的积的一半”时，这里的“高”是指三角形某边上的垂线段的长度。

由于小学教学教材中仅仅是将“高”定义为图形中的垂线段，因此，在认识求面积的公式时，可补充说明：公式里的“高”实际上是指垂线段的长度，以便对“高”有一个更完整的认识。

45. “两腰相等的三角形叫作等腰三角形”“有两边相等的三角形叫作等边三角形”这两句话正确吗?

这两句话，科学性上都有问题。第一句话“两腰相等的三角形叫作等腰三角形”，犯了逻辑上循环定义的错误，因为它在这里用“腰”来定义“等腰三角形”，而定义“腰”还得用“等腰三角形”。第二句“有两边相等的三角形叫作等边三角形”中使用的“等边三角形”是不规范的数学名词，应改为“等腰三角形”。

表示数学概念，应该使用科学院名词委员会审定的专业术语，切忌使用擅自杜撰的不规范的词语。问题中的两句话都不严密，应改为：“有两边相等的三角形叫作等腰三角形”。

46. “从圆心到圆上任意一点的距离处处相等”这句话对不对?

这道判断题，有的学生答“对”，有的学生答“错”，阅卷教师也有两派意见：

一派教师认为该命题错误，理由是这样表达不严密，应该加上“在同一圆内”作为前提。

一派教师认为该命题正确，因为这题可以看作默认“在同一圆内”，无须说明。不做说明，符合实际生活中的语言规则，是一种约定俗成的省略，就像“妈妈比女儿年龄大”，没有谁在说之前加上“在女儿是该妈妈所生的前提下”这句话吧？

孰是孰非，各执一词，谁也说服不了谁。

其实是命题上的问题。作为考查的题目不应该有歧义，应尽可能避免歧义。

因此，在命题时应该加上“在同一圆内”，以避免歧义。如果已经这样命题了，只要学生能说出理由，判对判错都可作为正确答案。

47. 怎样证明“周长相同的圆和正方形，圆的面积大”？

在小学一般是用实例，让学生分别计算一下，让他们知道结论。例如：有两根长为 40 cm 的绳子，把其中的一根围成一个正方形，另一根围成圆。围的正方形和圆的面积究竟谁大？

因为正方形的周长为 40 cm，它的边长就是 10 cm，那么，这个正方形的面积 S_1 就是：

$$S_1=10\times10=100\ (\text{cm}^2)$$

因为圆的周长为 40 cm，它的半径 r 就是$\frac{40}{2\pi}$，也就是$\frac{20}{\pi}$，那么，这个圆的面积 S_2 就是：

$$S_2=\pi r^2=\pi\cdot\left(\frac{20}{\pi}\right)^2=\pi\cdot\frac{400}{\pi^2}=\frac{400}{\pi}\ (\text{cm}^2)$$

因为$\frac{400}{4}=100$，而 $\pi<4$，由于分子不变，分母小的分数反而大，所以$\frac{400}{\pi}>\frac{400}{4}$，即$\frac{400}{\pi}>100$，也就是 $S_2>S_1$。

这就说明，周长分别是 40 cm 的圆和正方形，圆的面积要大一些。

好问的学生会提出：能不能证明不管什么情况下，只要周长相同，圆的面积总是比正方形面积大呢。

我们可以用公式代换的方法来证明，小学生是能够理解的。

如果设周长为 C，则正方形的边长为$\frac{C}{4}$，圆的半径为$\frac{C}{2\pi}$，那么正方形的面积 S_1 和圆的面积 S_2 分别是：

$$S_1=\left(\frac{C}{4}\right)^2=\frac{C^2}{16}\qquad S_2=\pi\cdot\left(\frac{C}{2\pi}\right)^2=\frac{C^2}{4\pi}$$

因为 $4\pi<16$，所以 $S_2>S_2$。这就证明了，周长相同的圆和正方形，圆的面积较大。

48. 扇形是圆的一部分吗？

这道考查学生的判断题，命题者的本意是该题是正确的。但教师中有争论：

(1) 圆是到定点的距离等于定长的点的轨迹，扇形是一条弧和经过这条弧的端点的两条半径所围成的图形。据此，部分教师认为“圆”是封闭的曲线，是“线”；扇形是“围成的图形”，是“面”。所以，扇形不是圆的一部分。

(2) 扇形和圆一定在同一个圆内吗？有教师认为题目隐含了“扇形和圆在同一圆内”，但更多教师认为不能武断地认为“在同一圆内”，原题需改为“扇形是所在圆的一部分”才不会产生歧义。

基于以上争论，我们认为原题的结果无实际意义，建议不要拿类似的题为难学生，为难教师。同时，我们主张：

(1) 概念理解要兼顾描述性定义和具体语言环境的实质意义。圆从“定义”看，是封闭的曲线，但应用中有时指圆周所在的“线”，有时指圆周围住的“面”，应以结合具体语境的理解为主。

(2) 数学表达要兼顾简洁和严密，需要指明是否在同一条件下的，还是应该指明。

49. 怎样确定左与右？

确定左右，看似简单，如果要从相对角度上来分辨，也会弄得晕头转向。

分辨左右的难点在于，站在自己的角度看在右方，在对方的角度看应是左方。据说，以前有一位官员在审阅交通法规则时，看到“一切车辆和行人靠右走”这一条，大为恼火，咆哮说：“都靠右走了，左边谁走！”真让人哭笑不得。连大人都难搞清楚的事，何必去为难一年级的小孩子呢？在一年级时，只要知道哪个是右手，哪个是左手就行了。

按照习惯，一般是以自己（观察者）的角度确定左右。

上面这张照片，一般说右一是妈妈，左二是奶奶。

如果站在小女孩的角度说，她的右边是奶奶。

50. 什么叫作一拃（zhǎ），什么叫作一庹（tuǒ），一拃和一庹各有多长？

什么叫作一拃呢？张开手掌，大拇指与中指之间的最大距离，通常叫作一拃。

一拃的距离到底有多长？它因人而异，因手掌的大小而异，不可能是一个固定的长度。

为了使学生知道各自一拃的长度，可以由学生自己量一量。把手掌张开，按在桌面上，摆好一个固定的姿势，用同样的力量，从某一点开始往前量。比如量了 5 拃，先用尺量出总长度，再除以 5，求出平均值，就是自己一拃的长度。（如下图）

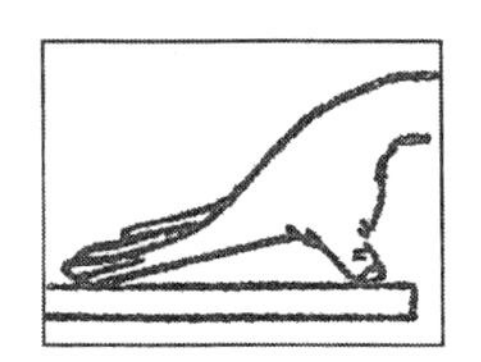

有时，为了量一量桌面的长和宽，身边又没有尺子，在不要求十分精确的情况下，倒是可以这样量一量，也能够量出大约的长度来。这是随身携带的用起来又非常方便的“尺子”。

什么叫作一庹呢？两臂左右平伸，掌心向前，两手指尖之间的距离，通常叫作一庹。

一庹有多长呢？它也因人而异，因胳膊的长短而异，也不可能是一个固定的长度。

为了量出自己一庹的长度，可以利用一根竹竿或木棍，或者利用墙面，两臂左右平伸，不要过于用力，按照同样的姿势，做三四次，每次都做好记号，量出长度。最后，求出平均数。这就是自己一庹的长度。（如下图）

有时，要想知道一条绳子有多长，可以这样量一量，就能知道它大致的长度。要想知道树干的周长，也可以这样量一量。这也是随身带的“尺子”。

51. 农历为什么有闰月?

现行的公历是国际通用的，是将地球绕太阳运行一周所用的时间确定为一年，约为365.2442天。而我国传统使用的农历，是按照月球绕地球一周计算的，重视月相盈亏的变化，又照顾寒暑节气。

月球绕地球一周是29.5306日。大月30日，小月29日，全年12个月，共计354日或355日，这样同公历每年要相差10日21时。为了纠正这个误差，规定每3年中要加1个闰月，5年中加2个闰月，19年中加7个闰月。

这样，农历闰年就有13个月，全年有384日或385日。通过这么巧妙的安排，使公历和农历可以互相兼顾，使每月所代表的节气相差不致太大，既根据月球绕地球一周是29.5306天，又兼顾地球绕太阳一周是365.2442天。

52.21世纪的第一天是哪一天?

有的说是2000年1月1日，有的说是2001年1月1日，争论不休。一个世纪是100年，一般计算的方式是20世纪为1901～2000年，21世纪为2001～2100年。因此，21世纪的第一天应是2001年1月1日。

53. 怎样能算出随便哪一天是星期几?

根据历法原理，按照下面的公式计算，就可以知道某年某月某日是星期几了。

这个公式是：$S=x-1+\left[\frac{x-1}{4}\right]-\left[\frac{x-1}{100}\right]+\left[\frac{x-1}{400}\right]+C$

这里x是公元的年数，C是从这一年的元旦算到这天为止（连这一天也在内）的日数。$\left[\frac{x-1}{4}\right]$表示为$\frac{x-1}{4}$的整数部分；在计算$S$时，三个分数式只要商数的整数部分，余数略去不计，再把其他几项依次加减，就可得到S。

求出 S 以后，用 7 除，如果恰能除尽，这一天一定是星期日；若余数是 1，那么这一天是星期一；余数是 2，这一天就是星期二，依此类推。

例如，2021 年 6 月 1 日这一天是星期几？

按上面的公式计算：

$$S=2021-1+\left[\frac{2021-1}{4}\right]-\left[\frac{2021-1}{100}\right]+\left[\frac{2021-1}{400}\right]+31+28+31+30+31+1$$

$$=2020+505+202+5+152$$

$$=2884$$

$2884\div7=412$

没有余数，这天凑巧是星期日。

54. “比”是一种运算，还是一种关系？体育比赛中的比分是比吗？

根据“比”的意义，比是一种运算，表示比的前项除以后项的运算。但比也常常被用来表示两个数、两个同类量或者不同类量之间的数量关系。在数理逻辑中，“关系”被解释为含有两个可填入个体名称的空位的命题。如(　　)∶(　　)＝3∶2 表示一个关系。这个关系要用含有两个空位的命题来表示，不能仅仅用“3∶2”来表示。因此，说“比是一种关系”属于对“比”的误解。比是一种运算，不是一种关系。

体育比赛中的比分（如 2∶0），仅仅表示按照比赛规则两队所得分数的对比，它的表达方式像“比”，但实质上并不是数学里的“比”。数学名词“比”要求比的后项不能为零。但比分的双方都可以是零。在数学教学中，要注意区分数学语言与生活语言，不能把它们混在一起。

55. 用温度计引进负数有没有科学性问题？

许多教师包括一些课本编者都认为用日常生活常见的温度计引进负数比较理想。温度计横过来就是数轴，0 度是原点，左边是正数，右边是负数。

认真分析以上引进负数的方法，存在科学性问题。因为负数是“负的实数”的简称，可见负数是实数的一部分，它首先必须是实数。

温度计的＋5 ℃、－5 ℃并不是实数，只能算作两个相反意义的量。在日常生活中，也不会读作正 5 度、负 5 度，一般读作 5 度、零下 5 度。

因此，用温度计引入负数，无法反映负数的本质属性。其实，可以用购物的生活实例引进负数。例如，身边有 50 元钱，要买一个 75 元的书包，还缺多少元钱？

50－75＝－25（元）

这样引进，通俗易懂。以前是大数减小数，现在要小数减大数，怎么办？必须引进新的解决方法。这样，从数学本身发展的需要引进负数，揭示负数的本质，“－25”是一个实实在在的“实数”。

56. 怎样使学生认识“一一对应”呢？

在小学数学教材里，对于“一一对应”的概念没有进行深入讲解，仅向儿童渗透“对应”思想而不讲解它的意义。通过一些插图和简单的事例，使学生初步接触并有所体会就可以了。例如：

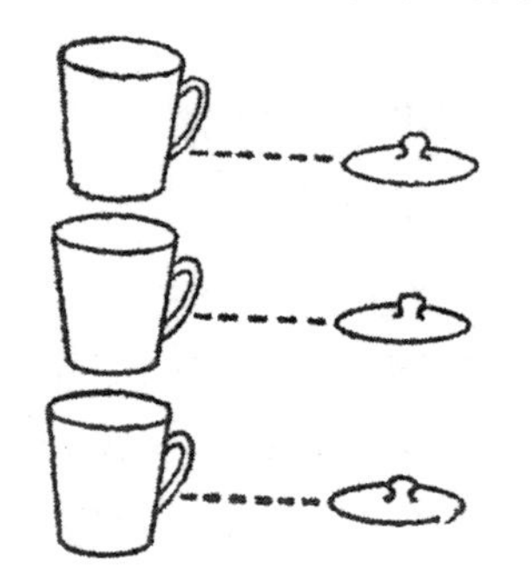

图中左边是杯子的集合，右边是杯盖的集合。如果把杯盖盖在杯子上，一对一地盖上，可以看出，每个杯子都能盖上一个杯盖，同时，每个杯盖也都能盖着一个杯子。这就是说，杯子和杯盖一一对应。还可以看出，杯子和杯盖的数是相等的。

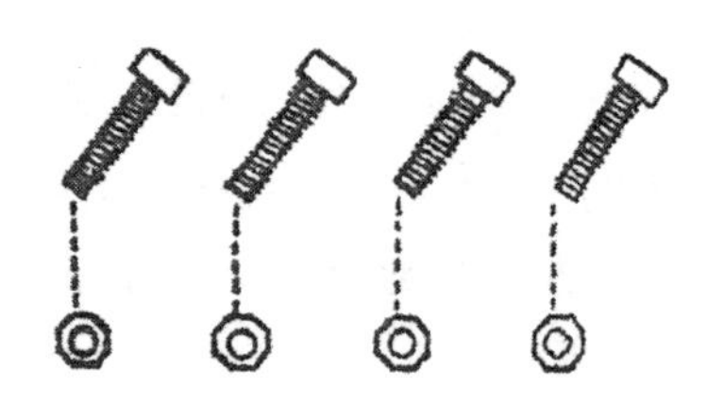

图中上面是螺丝钉的集合，下面是螺丝帽的集合。把螺丝钉一对一地拧在螺丝帽上，可以看出，每个螺丝钉都能拧在一个螺丝帽上，而每个螺丝帽都能拧上一个螺丝钉。这就是说，螺丝钉和螺丝帽一一对应。这时，我们可以说，螺丝钉和螺丝帽的个数是相等的。

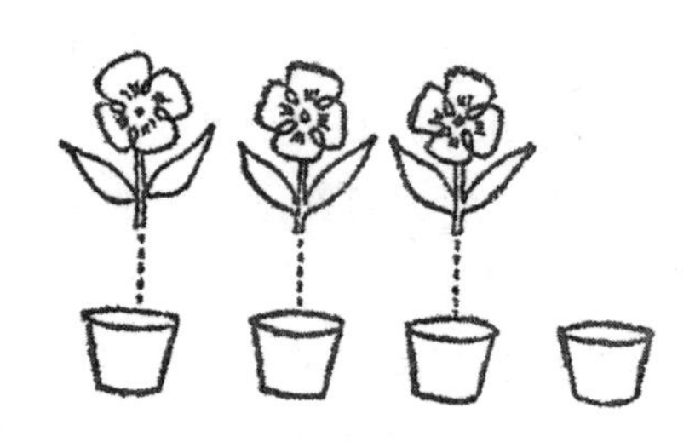

图中上面是花的集合，下面是花盆的集合。把每棵花一对一地栽在每个花盆里，可以看出，每棵花都能栽在一个花盆里，而每个花盆里不可能都栽上一棵花。这就说明了花和花盆不是一一对应的。我们可以说，花的棵数比花盆的个数少，花盆的个数比花的棵数多。

57. 怎样使学生认识“集合”呢?

采用结合教材内容，举出一些实例的方法，使儿童对“集合”有个初步的了解就可以了。例如：

（1）一个班的所有学生可以作为一个集合。

（2）所有在礼堂听报告的人可以作为一个集合。

（3）某运输队的所有卡车可以作为一个集合。

（4）某村的所有绵羊可以作为一个集合。

使学生初步体会到，集合是指具有明确范围的一些确定的对象的全体。集合也简称为“集”。

在认识集合的同时，还要认识一下“元素”。为了说明什么是元素，还是举出一些实例为好。

（1）一个班的每个学生是这个班集合的元素。

（2）在礼堂里听报告的每一个人是这个集合中的一个元素。

（3）某运输队的每辆卡车是这个运输队的卡车集合的一个元素。

（4）某村的每只绵羊是这个村的绵羊集合的一个元素。

使学生初步体会到，集合里的每一个对象，都叫作集合的元素。元素也简称为“元”。

一辆卡车也可以作为一个集合，这个集合只有一个元素，就是这辆卡车；一个人也可以作为一个集合，这个集合也只有一个元素，就是这个人。

集合中的元素可以是有限多个，也可以是无限多个。像前面所举的四个例子，这些集合中的元素都是有限多个。但是，所有自然数的集合，它的元素就有无限多个。

下面再讲一讲集合的表示法。在小学数学教材中，采用的是画圈的方法，我们把这种表示集合的方法叫作韦恩图（韦恩是英国的一个数学家）。它是在一个集合的所有元素外面画一个圈，直观地表示这个集合，也可以叫作画圈法。例如：

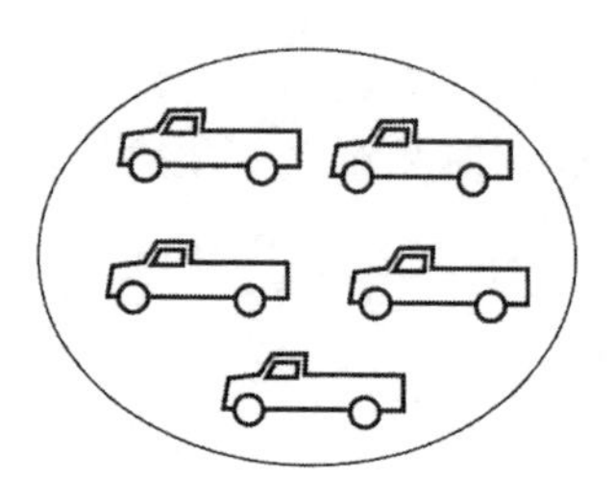

表示五辆卡车的集合。
它的元素是每一辆卡车。

表示四只绵羊的集合。
它的元素是每一只绵羊。

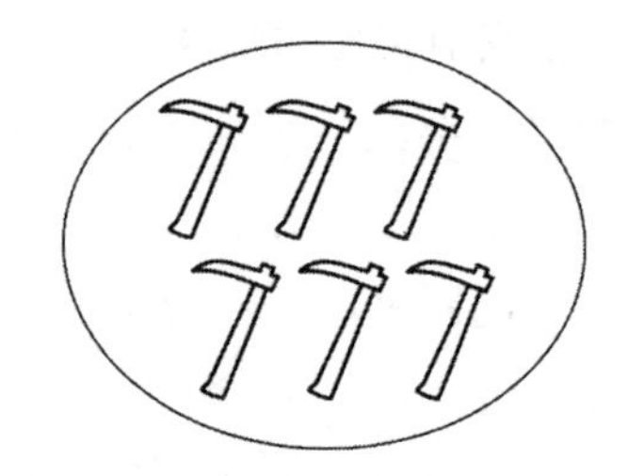

表示六把镰刀的集合。
它的元素是每一把镰刀。

58. 怎样使学生认识“函数”呢？

在小学数学教材里，不讲函数概念，只是通过一些事例和计算题，使学生初步体会数量之间的依赖关系和变化规律，向学生渗透“函数”思想。例如：

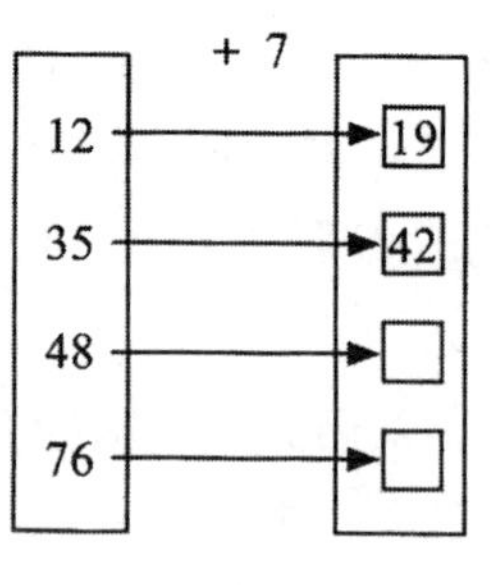

左边集合中的数，分别加上 7 之后，得出右边集合中相对应的结果。在这一组加法题里，一个加数“7”是不变的，而另一个加数有变化，于是，它们的和也要随着变化。这就是说，“和”要随着“加数”的变化而变化。

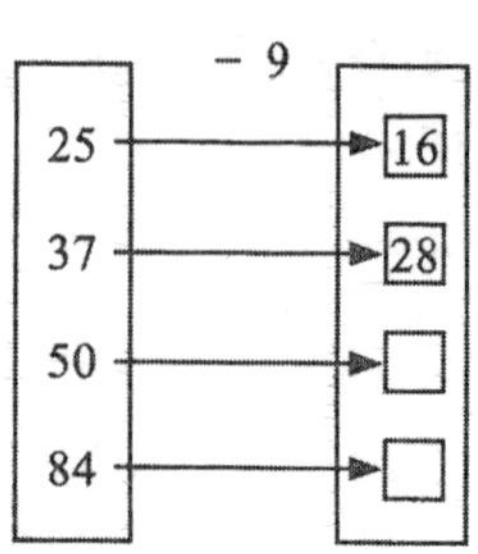

左边集合中的数，分别减去 9 之后，得出右边集合中相对应的结果。在这一组减法题里，减数“9”是不变的，而被减数有变化，于是，它们的差也要随着变化，这就是说，“差”要随着“被减数”的变化而变化。有时，“差”也随着“减数”的变化而变化。

59. 跷跷板和秋千的运动是不是旋转?

这个问题在教师中有争论，一部分教师对跷跷板和秋千的运动是旋转百思不得其解，认为这两种运动并没有做完整的圆周运动，只能叫作摆动。

旋转是一个数学概念，同生活上所说的“旋转”有区别。如果用生活上的“旋转”，就无法理解数学上的“旋转”概念。

作为教师，必须理解“旋转”的定义，掌握它的本质属性，才能理直气壮地做出正确判断。小学数学课本中，可找到关于“旋转”的定义：“把一个图形绕着某一个点 O 转动一个角度的图形变换叫作旋转。点 O 叫作旋转中心，转动的角叫作旋转角。”

跷跷板和秋千的运动，既有旋转中心 O，又有旋转角，满足定义的要求，应该理直气壮地说，它们的运动是旋转。

60. 买一种奖券若干张，是买连号的奖券中奖的可能性大，还是买号码分散的奖券中奖的可能性大?

这个问题争论很大，有的说买连号的中奖可能性大，有的认为买号码分散的中奖可能性大。这种分歧主要由于对概率的意义还没有真正理解。其实，两种情况中奖的可能性一样大，因为每一张奖券中奖的概率都是一样的。比如一组奖券有 100 张，其中一等奖有 2 张，那么，不论摸哪一张，中奖的概率都是一样的。

第四编

提高儿童计算能力的奥秘

中国儿童计算能力之高，已引起国际数学教育专家们的震惊，大家都在研究，在提高儿童计算能力方面，中国教师有什么高招，有什么奥秘。

60 多年来，我一直在探寻提高儿童计算能力的奥秘。20 世纪 50 年代我当农村小学教师时，就创造设计了小学口算表。60 年代在华东师大任教时，进行了基本口算和笔算相关的研究，提出了“口算是笔算的基础”“计算要过关，必须抓口算”的观点。80 年代进行大规模的小学生口算能力的调查，并制定出我国第一套小学生口算能力量表，对小学生计算错误进行系统研究，探寻小学生发生计算错误的规律。

一、基本口算与笔算相关的研究

20 世纪 60 年代开始，我从理论角度对口算教学进行深入研究，探索基本口算与笔算相关的奥秘，根据研究结果，提出“口算是笔算的基础”的科学结论，破解了基本口算与笔算相关的奥秘。

口算内容较多，泛泛而谈口算与笔算的关系是不科学、不确切的。因此，这项研究首先要解决什么是口算、口算与笔算有什么区别、口算包括哪些内容。

（一）口算与笔算的区别

研究口算与笔算相关问题，必须弄清楚口算与笔算的区别。有人以为用笔写就是笔算，用口说就是口算，这是不准确的。一般来说，这两者有三方面的区别。

1. 形式上的不同

用笔在纸上列出竖式，并写出计算过程进行计算，这叫作笔算。不借助任何工具，直接说出或写出计算结果，这叫作口算。例如：25＋48，通过思维直接写出结果 73，这是口算；列出竖式，从低位算起，写出每一步的计算过程，最后算出结果，这是笔算。列竖式计算是笔算重要的标志。

$$\begin{array}{r} 2\ 5 \\ +\ 4\ 8 \\ \hline 7\ 3 \end{array}$$

先算 5＋8＝13

再算 2＋4＋1＝7

2. 运算方向不同

笔算（加、减、乘）是由低位算到高位，而口算一般是从高位算到低位。如 25＋48 先算 20＋40＝60，再算 5＋8＝13。

3. 思考方法不同

笔算是严格按照计算法则进行，如上例，从低位算起，满十进一；先算个位，再算十位。

而口算则可依据数据的性质和特点，应用不同的思考方法进行。像上面的例题，有下面各种不同的思考方法：

$25+48=(20+40)+(5+8)=60+13=73$

$25+48=(25+40)+8=65+8=73$

$25+48=(25+5)+43=30+43=73$

$25+48=(25+45)+3=70+3=73$

……

由此可见，口算能使算法多样化，促进学生的思维发展，培养学生的注意力、记忆力和理解力。除实用价值外，口算具有更高的教育价值。

（二）口算教学内容的分类与编排

小学数学中的口算内容可分为基本口算、一般口算、特殊口算和其他口算四类。

第一类：基本口算。包括 20 以内加减法、表内乘除法以及百以内的乘加、乘减、除加、除减两步计算等，这是口算教材中的基础，因而称作“基本”口算。

第二类：一般口算。包括可以归纳为百以内的整数四则计算（如 $2500+3500$、240×3、$120\div6$ 等）以及简单的小数、分数计算（如 $2.5+3.5$、$2.5-1.2$、1.5×3、$\frac{1}{2}+\frac{1}{4}$、$\frac{1}{3}\times\frac{1}{2}$等）。

第三类：特殊口算。包括利用运算定律和运算性质以及一些特殊法则进行的速算（如 $152+98$、125×8、$25\times13\times4$ 等）。

第四类：其他口算。它是指结合其他教学知识，采用口算的形式进行的口算练习。包括文字题口算、计量单位换算、简单的求积计算以及应用题。

这四类口算中，以第一类基本口算为主，它是口算教学的主要内容。教学中应根据各类口算的特点，提出不同的教学要求。基本口算必须要求熟练，其他三类只要求学会或比较熟练。

在教材编排上，先学基本口算，在掌握基本口算的基础上再学习笔算，其他三类口算则配合着笔算的发展以教学知识的学习穿插进行，体现口算与笔算的结合。

（三）基本口算与笔算相关的研究

由于口算内容较多，本项研究仅限于基本口算与笔算相关的研究。研究方法主要是通过广泛地调查检验，并结合对个别学生的观察进行。

编制测验试卷是整个研究的重要工作之一。试卷分基本口算和笔算两套。其中，口算试题是从百以内的四则计算中，选择主要的10种不同类型的题目编成一组，全套有24组，共计240道题，每一组的难度基本相同。笔算试题是多位数的四则计算，按加、减、乘、除四道题为一组，全套有4组，共16道题。基本口算是定时测验（10分钟）；笔算分定时测验（10分钟）和测验（16道题）两种。

参加调查测验的有来自上海市、安徽省、湖北省、广东省、河南省的39所学校158个班级的7134名学生（包括四、五、六年级）。同时，在上海华东师大附小和建襄小学做个别学生观察实验。

大量的测验材料证明：基本口算速度快，笔算速度也快，正确率也高；反之，基本口算速度慢，笔算速度也慢，正确率也低。选择四年级班级差距统计和个别学生差距统计，就可以清楚地看出这个规律。

四年级计算能力个别学生差距统计

类别	基本口算（定时：10分钟）			笔算（定量：16道题）	
	所做题数	做对题数	正确率	完成时间	成绩（百分制）
最好	200	184	92%	6′30″	94
最差	18	13	72.1%	30′	55
差距	182	171	19.9%	23′30″	39

我们从158个班级中，四、五、六年级各抽10个班级（包括各种不同水平的班级）进行统计，结果表明：基本口算与笔算有极显著的正相关关系。统计结果见下表：

基本口算与笔算的相关系数

年级	人数	相关系数
四	445	0.760
五	420	0.723
六	429	0.763

（注：相关系数是数理统计中表示两个随机变量之间相关程度大小的一个量，它的绝对值在 0～1 之间，当两个量之间相关的程度愈大，相关系数的绝对值就愈接近 1）

把学生的笔算错误加以分析，也能揭示基本口算与笔算的相互关系。笔算中绝大部分的错误是由于基本口算发生错误而造成的。见下表：

笔算错误类型分析（%）

错误类型	加法	减法	乘法	除法
基本口算错误	96.5	82	90.7	73.2
计算法则错误	2.5	18	7.6	15.7
未做完	1	0	1.7	11.1

基本口算与笔算的正相关现象，从学生的练习过程中也能明显体现出来。我们对 6 个中等水平的四年级学生进行基本口算的训练，结果表明，随着基本口算能力提高，笔算能力也相应地提高。见下图：

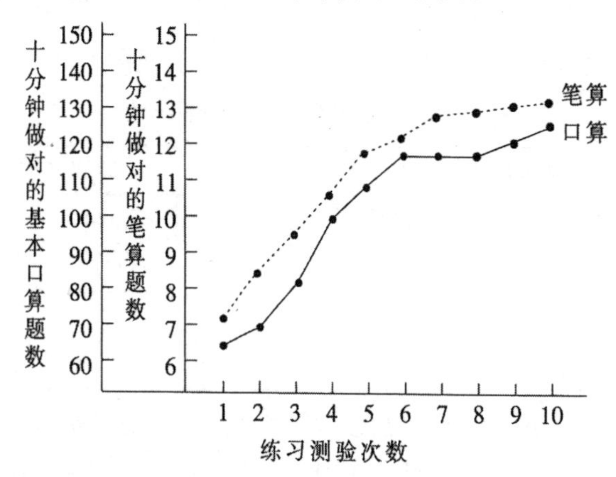

以上各方面的材料，都充分表明基本口算与笔算有显著的正相关的关系，口算是笔算的基础，笔算四则计算的熟练程度是受基本口算的熟练程度制约的。

我们在分析笔算的计算过程中，也能证明口算是笔算的基础。若把多位数笔算进行分解，它的基本运算部分就是基本口算。如：

$$\begin{array}{r} 3789 \\ +\ 2358 \\ \hline 6147 \end{array} \longrightarrow \begin{array}{|l|} \hline 9+8=17 \\ 1+8+5=14 \\ 1+7+3=11 \\ 1+3+2=6 \\ \hline \end{array}$$

上面这道多位数加法实际上是分解成 4 道 20 以内加法进行计算的。又如：

$$\begin{array}{r} 468 \\ \times\ 389 \\ \hline 4212 \\ 3744 \\ 1404 \\ \hline 182052 \end{array} \longrightarrow \begin{array}{|l|} \hline 8\times9=72 \\ 6\times9=54 \\ 54+7=61 \\ 4\times9=36 \\ 36+6=42 \\ \cdots\cdots \\ \hline \end{array}$$

上面这道多位数笔算乘法，实际上是分解成 22 道 100 以内口算题进行的，只要其中有一道基本口算发生差错，这道笔算乘法也就错了。从上面两例中可以清楚地看出：任何笔算四则计算实际上都能分解成一组基本口算进行运算。从这个意义上说，笔算是把一些基本口算的计算过程用笔记录下来的运算。

基本口算的熟练程度必须达到自动化，如看到或听到“54＋7”，不假思索地立即反应出“61”。这样才能保证在笔算过程中，按照计算法则从一个环节顺利地过渡到另一个环节，而不会在某个环节上稍事停留，这样才能减轻学生在笔算运算过程中智力活动的负担，并保证计算的正确和迅速。

我们观察口算水平差的学生，在笔算运算过程中常常停留在基本环节的运算上，如计算 6×9＋7，不能立即反应出 61，而要列出 54＋7 的竖式再计算，即笔算外再做“小笔算”，这样就会使整个计算的思维过程中断，或者顾此失彼，影响计算的正确和迅速。

上述研究结果表明，基本口算是笔算的基础，基本口算的熟练程度制约着笔算运算能力的高低，这是一个科学结论，也是小学数学教学中的一条规律。所以，小学数学教学必须十分重视基本口算训练。不但低年级要训练，中高年级也要训练。用一句通俗的话来说，“计算要过关，必须抓口算”。

（四）历次教学大纲（课程标准）对口算教学的要求

新中国成立后，历次的教学大纲都强调口算的重要性，指出口算是笔算的基础：要求算得正确、迅速，还要注意计算方法合理、灵活。特别是2000年《数学课程标准（实验稿）》，指出了对口算的量化标准。

1956年 小学算术教学大纲 （修订草案）	口算在日常生活中有广泛的用途。它可以发展儿童的思维、机智、注意力和记忆力。它是笔算的基础。因此，发展儿童口算的技巧具有重要的意义。
1963年 小学算术教学大纲 （草案）	笔算和口算之间有着密切的联系。在计算的时候，笔算和口算往往结合着运用。因此，笔算和口算应该结合起来教学。
1978年 小学数学教学大纲 （试行草案）	在四则计算中，笔算是重点，口算是笔算的基础。要使学生先学好20以内口算加减法、表内乘法和相应的除法，要求准确、熟练。
1986年 小学数学教学大纲	小学数学教学的一项重要任务是培养计算能力，这对以后进一步学习和参加生产劳动都是十分必要的。应该要求学生算得正确、迅速，同时还应注意计算方法合理、灵活。为此，必须重视基本的口算训练，重视使学生掌握计算方法和演算方法。
2000年 数学课程标准 （实验稿）	应重视口算，提倡算法多样化；……20以内的加减法和表内乘除法口算，每分8～10题；三位数的加减法，每分2～3题。

二、　小学生口算能力的调查与口算量表的制定

（一）为什么要制定口算量表

20 世纪 60 年代，我在研究口算与笔算相关问题时，已经提出基本口算的训练指标问题。那是从理论上研究的，根据口算与笔算成绩的资料，进行统计处理，算出回归方程，再由回归方程定出回归线。如下图：

基本口算在多位数四则计算上的回归

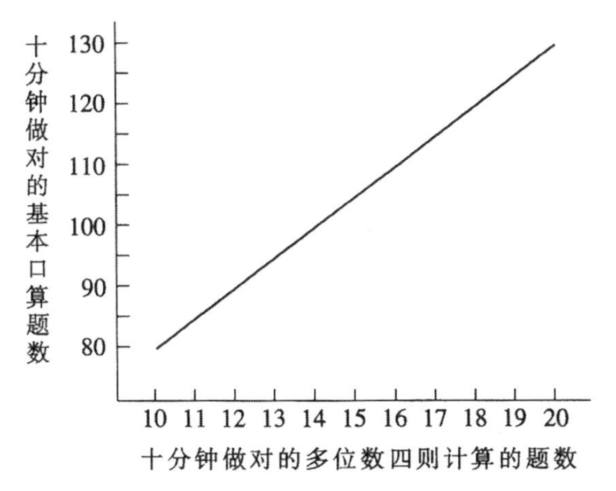

按照对笔算能力的要求，在回归线上找到对应基本口算的指标。例如，要求在 10 分钟内做多位数四则计算 12 道题，在回归线上找到相应的基本口算应做 90 道题。这种研究看上去是科学的，但是它脱离了实际，是不全面的。这是应该继续研究的，但因“文革”而中断。

“文革”后，我继续这方面的研究。当时，有些学校受“三算结合”教学的影响，对口算速度提出高指标，认为越快越好，导致加重学生的负担。学生口算能力的高低应该有一个尺度来衡量，也就是要制定出一个标准。有了

一个标准，学生就有了奋斗目标，教师也能做到心中有数。学生的口算能力没有达到标准，应该加强练习；已经熟练了，口算基本训练的时间就可以适当减少，把剩下的时间用于其他方面的训练。如果已经熟练了，再提出过高的要求，就会造成多余的重复，既浪费教学时间，又加重学生的负担。因此，编制一套小学生口算能力量表，是口算教学中迫切需要解决的实际问题和理论问题。

研究的方法应该从实际出发，既要考虑必要性，也要考虑可能性。研究过程大致分三步：第一步，先制定口算能力的量表；第二步，在全国范围内进行调查测验；第三步，根据调查测验的资料制定各张口算量表的标准。可见工作量相当大。

我根据小学数学教学大纲中对口算教学的要求，按口算内容归类，编拟了 11 张量表。这 11 张量表编排顺序如下：

第 1 号：10 以内加减法　　第 2 号：20 以内加减法

第 3 号：100 以内加减法（一）　　第 4 号：100 以内加减法（二）

第 5 号：表内乘除法　　第 6 号：100 以内四则计算

第 7 号：两位数乘以一位数　　第 8 号：除数是一两位数的除法

第 9 号：100 以外四则计算　　第 10 号：小数四则计算

第 11 号：分数四则计算

每张量表选择主要的 10 种不同类型的题目，编成一组，有 16 组，共计 160 道题，每一组的难度大致相等，每次测验，16 组的次序可以相互调换。

（二）全国范围小学生口算能力的调查

制定口算量表的标准，既要照顾到培养学生良好计算能力要求，又不能脱离学生的实际情况；既要考虑必要性，也要顾及可能性。标准定得太高，学生无法达到，同样是不科学的。因此，应该把这 11 张口算量表，在全国范围内进行广泛的调查测验，了解学生当前的达到度，这是制定每张口算量表极其重要的依据。

全国范围的小学生测验规定为 5 分钟定时测验，以 5 分钟内做对的题目数作为衡量指标。调查测验的地区有：北京、上海、天津、江苏、浙江、山东、福建、安徽、河南、河北、湖南、湖北、黑龙江、陕西、内蒙古、新疆等 16 个省、市、自治区、直辖市，受测学生达 72 000 多人次。

各年级的测验内容，根据该年级口算教学的要求，选择相应的量表。分配如下：

一年级：第 1、2、3 号　　二年级：第 2、4、5 号

三年级：第 6、7、8 号　　四年级：第 8、9、10 号

五年级：第 9、10、11 号

测验时间：1979 年底到 1980 年初。测验结果见下表：

口算能力平均值统计

序号	内容	参加人数	平均成绩
1	10 以内加减法	7175	86.7
2	20 以内加减法	7017	76.1
3	100 以内加减法（一）	7718	57.6
4	100 以内加减法（二）	6064	51.3
5	表内乘除法	7110	93.3
6	100 以内四则计算	9021	44.5
7	两位数乘以一位数	6542	53.6
8	除数是一两位数的除法	5532	43.5
9	100 以外四则计算	5349	36.7
10	小数四则计算	5190	43.5
11	分数四则计算	5866	38.4
	参加人次（合计）	72 584	

从上表看出，每一张量表受测学生在 5000～9000 人之间，样本比较大，学生中既有城市学生，又有农村学生，既有沿海发达地区，又有边远山区，具有代表性。因此，这个调查数据基本能表示 20 世纪 80 年代初小学生的口算能力水平。“文革”中，各学科教学都受到破坏，但小学数学使用的是三算结合教学的教材，学生的计算能力还是相当高的。

（三）制定小学生口算能力的标准

制定一套测定小学生口算能力的标准，是一件极其复杂的工作，不能太高，也不能过低。太高了，会加重学生负担，浪费教学时间；太低了，不符合教学的需要，必须建立在科学研究的基础上。

根据大量的调查研究和测验统计资料，着手制定口算能力的标准。主要依据是：

（1）小学生口算能力的一般水平（依据是全国调查测定的数据）。

（2）口算与笔算的相互关系。口算能力只要达到顺利解决一般计算问题的水平，就已基本达到要求，不必提出过高要求。

（3）通过一定训练，学生口算能力的频率分布。

口算能力的一般水平，就依前面 72 000 多人次的调查数据。第一，口算与笔算的相互关系，20 世纪 60 年代已经做了研究，已有大量数据。第二，经过一定的训练，学生能够达到的水平，也是制定标准的重要依据。江苏省常州市钟楼区各学校仅用三个月时间训练，学生的口算能力有显著的提高。训练前后全区的平均成绩见下表：

训练前后成绩比较（五分钟内做对题数）

量表序号	内容	测验年级	训练前	训练后	相差	后者比前者提高的百分比
1	10 以内加减法	一	66.8	99.5	32.7	48.9%
2	20 以内加减法	一	49.5	78.2	28.7	57.9%
5	表内乘除法	二	65.9	114	48.1	72.9%
6	100 以内四则计算	三	27	60.9	33.9	125.5%

将常州市钟楼区各小学训练三个月以后的成绩进行统计处理，画出频率分布图。下面是第 2 号量表（20 以内加减法）成绩的频率分布图，成绩是五分钟做对的题数，参加测验人数为 1523 人。

口算成绩频率分布图

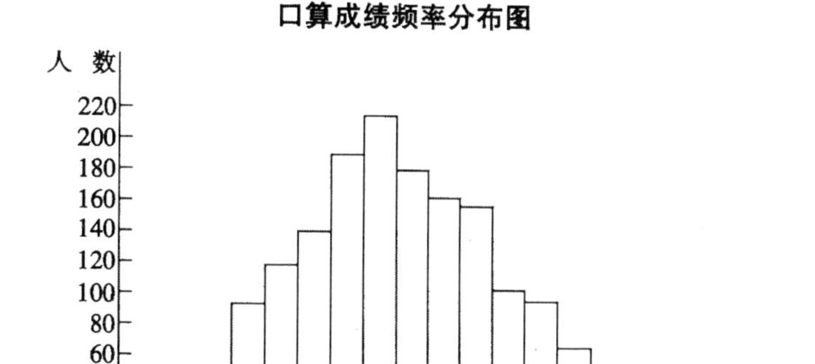

从频率分布图上可以看出，成绩在60～90题之间的机会最大。这就给制定口算能力标准提供了重要的依据。常州市钟楼区各小学生的口算水平原属中等水平，经过三个月的训练，口算能力有显著的提高。参加测验的人数，每一张量表都有1500人左右。测验都严格控制条件，比较可靠。这样得到的频率分布图，对制定口算能力的标准是有参考价值的。

每张量表需要定出两个标准：及格标准和优秀标准。及格标准表示学生这方面的口算能力已经基本达到要求；优秀标准表示学生这方面的口算能力已经达到熟练。

1980年第一次制定的标准较高，后来又逐步修改，降低要求。由于我国幅员辽阔，各地教学水平和学生基础不一，制定口算能力标准可以有一个幅度，例如20以内加减法量表的及格标准是60～70，优秀标准是80～90。各地要应根据具体情况灵活应用。边疆山区可取下限，沿海发达地区可取上限。

根据上述认识，我们制定了口算能力测定标准，见下表。

口算能力标准

量表号别	口算内容	五分钟做对的题数	
		及格标准	优秀标准
第1号	10以内加减法	70～80	90～100
第2号	20以内加减法	60～70	80～90
第3号	100以内加减法（一）	45～55	60～70

续表

量表号别	口算内容	五分钟做对的题数	
		及格标准	优秀标准
第 4 号	100 以内加减法（二）	40～50	55～65
第 5 号	表内乘除法	80～90	100～110
第 6 号	100 以内四则计算	35～45	50～60
第 7 号	两位数乘以一位数	45～55	60～70
第 8 号	除数是一两位数的除法	35～45	50～60
第 9 号	100 以外四则计算	35～45	50～60
第 10 号	小数四则计算	35～45	50～60
第 11 号	分数四则计算	35～45	50～60

这套口算量表经过实际运用，教学效果很好，有如下优越性：

（1）每一张量表的标准，就是一个奋斗目标。学生有了明确的奋斗目标，能够提高他们的学习兴趣，发挥他们的主动性和积极性，从而促进练习，提高效率。

（2）考察学生的口算能力有了一个客观标准，能促使教师重视口算训练，提高教学质量。

（3）有了一个客观标准，教师可以做到心中有数，能够合理安排教学时间，避免片面追求高速度、高要求，加重学生负担。

口算量表的研究成果在《人民教育》上发表后，引起全国小学数学教育界很大的反响，当时，我曾收到几百封读者来信，纷纷要求了解详细情况，索取 11 张口算量表。为了满足大家的要求，我把研究成果写成《小学生口算能力测定》一书，由福建教育出版社出版。为了方便大家，以下登载 11 张口算量表，供大家参考。

五分钟	及格标准	70～80
	优秀标准	90～100

第 1 号　10 以内加减法

1+1= 5+2= 7−3= 9−6= 3+7= 9+1= 3−2= 10−2= 1+2+5= 9−7−0=	5−1= 2+1= 4+3= 9−7= 8+2= 7+0= 5−3= 10−4= 7−3−2= 4+2+4=	5−2= 10−8= 7+3= 1+2= 2+6= 3+4= 8−3= 9−4= 3+2+5= 9−6−3=	2+5= 6+4= 5−3= 9−8= 3+1= 9−0= 2+3= 10−5= 6+1+3= 9−3−4=
4+4= 2+8= 5−4= 4+6= 8−1= 2+2= 3−1= 10−6= 10−5+2= 3+3+3=	1+3= 3+5= 5+5= 8−2= 2−1= 2+4= 4−4= 10−1= 8−4−1= 2+0+6=	3+7= 4+1= 10−2= 6−1= 2+6= 4+5= 8−3= 7−4= 2+3+4= 6−2−2=	1+7= 2+8= 8−4= 6−2= 3+2= 9−5= 10−7= 0+5= 3+2+5= 9−2−5=
6−6= 10−3= 2+3= 8+1= 8−5= 7−3= 3+5= 1+9= 1+0+8= 9−1−5=	5+3= 1+4= 6−3= 10−4= 7+2= 1+9= 8−6= 9−6= 7−1−4= 5+1+4=	6−4= 2+7= 4+4= 8−0= 5+1= 6+3= 8−7= 10−3= 1+7+2= 8−4−3=	5+4= 4−2= 1+6= 10−5= 2+5= 4+2= 9−1= 7−6= 2+5+2= 8−5−3=
3+3= 7+1= 6−5= 10−6= 4+5= 9−2= 4+0= 7−5= 10−6−2= 3+3+4=	3+6= 2+4= 4−3= 6+2= 10−7= 4+6= 9−3= 7−4= 10−3−7= 1+4+4=	2+7= 5+5= 7−1= 10−8= 1+5= 3+6= 9−4= 8−5= 3+4+1= 10−7−2=	7−2= 6+1= 3+4= 10−9= 0+9= 4−1= 9−5= 1+8= 9−7−1= 4+3+2=

五分钟	及格标准	60～70
	优秀标准	80～90

第2号　20以内加减法

13－6＝	15－8＝	4＋7＝	13－6＝
9＋8＝	8＋8＝	6＋8＝	6＋7＝
8＋7＝	5＋9＝	16－9＝	11－2＝
16－9＝	12－6＝	12－3＝	14－8＝
5＋8＝	9＋7＝	8＋9＝	4＋8＝
14－5＝	7＋8＝	9＋6＝	7＋4＝
12－7＝	13－4＝	11－5＝	9＋5＝
7＋9＝	11－9＝	14－7＝	12－8＝
4＋4＋9＝	2＋6＋8＝	16－8－4＝	2＋6＋3＝
14－6－7＝	11－7－2＝	4＋3＋9＝	13－7－6＝
8＋3＝	13－7＝	5＋6＝	8＋4＝
2＋9＝	8＋4＝	7＋4＝	5＋7＝
17－9＝	7＋5＝	14－9＝	15－6＝
14－8＝	11－8＝	8＋5＝	12－5＝
6＋8＝	17－8＝	16－7＝	3＋9＝
8＋9＝	6＋9＝	4＋9＝	8＋6＝
11－8＝	3＋8＝	15－8＝	11－5＝
18－9＝	12－9＝	12－6＝	13－8＝
6＋2＋9＝	3＋4＋8＝	11－6－5＝	16－9－6＝
18－9－4＝	15－7－3＝	6＋3＋5＝	5＋2＋7＝
14－9＝	14－6＝	6＋6＝	12－5＝
7＋7＝	4＋8＝	8＋6＝	16－8＝
15－7＝	11－7＝	15－7＝	8＋5＝
13－5＝	16－8＝	12－8＝	7＋6＝
7＋9＝	6＋5＝	9＋8＝	13－9＝
4＋7＝	8＋7＝	5＋7＝	11－6＝
9＋6＝	17－9＝	13－9＝	6＋7＝
11－7＝	9＋7＝	11－4＝	9＋9＝
5＋4＋5＝	4＋5＋8＝	15－8－3＝	17－8－1＝
18－9－9＝	17－9－4＝	8＋2＋8＝	9＋1＋6＝
9＋2＝	15－6＝	3＋9＝	7＋8＝
11－3＝	9＋3＝	5＋8＝	14－6＝
4＋9＝	7＋6＝	12－7＝	18－9＝
16－7＝	12－4＝	11－9＝	13－8＝
7＋5＝	3＋8＝	9＋4＝	5＋6＝
15－9＝	5＋9＝	7＋7＝	9＋5＝
6＋9＝	12－9＝	13－5＝	15－9＝
13－7＝	11－6＝	17－8＝	2＋9＝
7＋2＋4＝	13－5－5＝	2＋5＋6＝	5＋2＋8＝
12－6－3＝	3＋1＋8＝	16－8－3＝	12－7－4＝

第3号　100以内加减法（一）

五分钟	及格标准	45～55
	优秀标准	60～70

40＋50＝ 92＋6＝ 78－50＝ 93－7＝ 8＋57＝ 30＋68＝ 59－3＝ 41－2＝ 87－8－60＝ 65－7＋10＝	80－70＝ 64－8＝ 70＋9＝ 66＋8＝ 89－4＝ 6＋69＝ 73－4＝ 30－3＝ 9＋33＋6＝ 29＋30－4＝	20＋80＝ 2＋35＝ 62－20＝ 85－9＝ 46＋5＝ 20＋74＝ 99－6＝ 25－6＝ 79－8－4＝ 42＋40－4＝	70－40＝ 21－4＝ 2＋90＝ 49－7＝ 9＋23＝ 37－8＝ 21＋7＝ 60－2＝ 5＋51＋4＝ 30－3＋50＝
70＋20＝ 63＋5＝ 82－40＝ 43－8＝ 6＋77＝ 20＋35＝ 18－3＝ 44－6＝ 90－5－80＝ 80－8＋20＝	50－10＝ 84－9＝ 20＋5＝ 37＋4＝ 48－5＝ 2＋18＝ 55－7＝ 90－5＝ 70＋20＋9＝ 35＋30－8＝	60＋40＝ 3＋26＝ 97－70＝ 21－5＝ 78＋3＝ 10＋84＝ 78－6＝ 66－8＝ 93－70－4＝ 73－50＋7＝	90－60＝ 42－6＝ 4＋40＝ 27＋9＝ 39－2＝ 7＋69＝ 37－9＝ 40－4＝ 9＋21＋60＝ 84－60＋70＝
30＋40＝ 41＋5＝ 91－60＝ 72－8＝ 6＋54＝ 35＋30＝ 96－4＝ 76－9＝ 81－7－70＝ 36＋40－8＝	80－50＝ 83－9＝ 9＋50＝ 58＋4＝ 57－3＝ 8＋88＝ 91－3＝ 70－7＝ 27＋50＋3＝ 96－80＋9＝	80＋10＝ 5＋54＝ 74－20＝ 61＋20＝ 76＋4＝ 64＋20＝ 47－5＝ 32－40＝ 45－10－6＝ 68－50＋8＝	60－30＝ 92－7＝ 6＋60＝ 48＋7＝ 88－2＝ 5＋48＝ 53－5＝ 80－6＝ 50＋4＋40＝ 59－7＋30＝
20＋60＝ 52＋7＝ 69－40＝ 51－9＝ 3＋37＝ 24＋50＝ 34－2＝ 72－5＝ 65－30－2＝ 46－4＋40＝	90－40＝ 41－8＝ 30＋8＝ 49＋4＝ 25－2＝ 7＋25＝ 63－6＝ 50－9＝ 15＋8＋6＝ 50－5＋50＝	50＋20＝ 4＋44＝ 85－70＝ 32－9＝ 39＋5＝ 16＋70＝ 65－3＝ 94－7＝ 53－6－9＝ 49＋20－5＝	70－20＝ 61－7＝ 40＋7＝ 69＋8＝ 76－2＝ 3＋68＝ 35－8＝ 60－8＝ 37＋5＋40＝ 60＋18－9＝

五分钟	及格标准	40～50
	优秀标准	55～65

第4号　100以内加减法（二）

61＋31＝	22＋62＝	89－63＝	13＋45＝
32＋18＝	54＋46＝	29－34＝	69＋16＝
43－31＝	47－22＝	44＋53＝	98－75＝
41－12＝	52－24＝	80－27＝	100－58＝
25＋31＝	26＋72＝	63＋14＝	69－26＝
38＋37＝	65－33＝	38＋25＝	19＋39＝
73－22＝	17＋34＝	78－44＝	41＋17＝
92－75＝	83－65＝	76－29＝	71－36＝
27＋9＋5＝	74－50－8＝	9＋38＋40＝	92－60－6＝
44－6＋40＝	60－4＋20＝	37＋30－8＝	40＋12－3＝
85－11＝	68－52＝	25＋43＝	64＋25＝
42＋41＝	13＋62＝	18＋59＝	48＋23＝
23＋47＝	29＋71＝	85－74＝	99－65＝
86－38＝	61－24＝	70－32＝	100－72＝
26＋51＝	37＋22＝	34＋34＝	32＋17＝
93－46＝	47＋36＝	49＋47＝	97－49＝
54－42＝	96－43＝	79－34＝	88－37＝
56＋15＝	57－38＝	82－66＝	9＋12＝
54＋7＋30＝	62－9－4＝	16＋40＋7＝	71－7－30＝
76＋10－9＝	96－80＋7＝	88－50＋9＝	70－8＋20＝
13＋51＝	54＋12＝	56＋23＝	52＋36＝
56＋34＝	53＋47＝	59＋33＝	29＋55＝
37－21＝	79－62＝	56－24＝	97－36＝
31－18＝	64－48＝	35＋54＝	50－18＝
37＋61＝	72＋23＝	100－21＝	21＋18＝
74－36＝	87－23＝	67＋25＝	44－17＝
75－52＝	25＋18＝	46－15＝	89－57＝
27＋49＝	58－29＝	42－28＝	37＋17＝
62＋9－20＝	55－20－6＝	38＋7＋7＝	84－40＋50＝
71－7＋30＝	25＋20－7＝	72－50＋9＝	35－6＋50＝
54＋41＝	25＋22＝	12＋34＝	43＋26＝
59－31＝	71＋19＝	60－24＝	38＋46＝
35＋65＝	64－13＝	97－54＝	98－86＝
53－29＝	81－49＝	58＋28＝	100－37＝
38＋41＝	13＋83＝	42＋35＝	72－17＝
86－42＝	16＋46＝	64－25＝	25＋27＝
38＋54＝	68－43＝	97－25＝	29－18＝
84－39＝	62－43＝	49＋18＝	11＋14＝
6＋38＋8＝	71－7－6＝	70＋20＋3＝	45－5－2＝
58＋7－40＝	62＋30－5＝	40－7＋8＝	83－50＋7＝

五分钟	及格标准	80～90
	优秀标准	100～110

第 5 号　表内乘除法

<table>
<tr><td>18÷9=
3×2=
7×4=
5÷5=
7×6=
3×5=
56÷8=
42÷6×
6×9=
27÷3=</td><td>5×3=
6×4=
40÷8=
2×4=
56÷7=
9×9=
63÷7=
6÷1=
10÷2=
4×8=</td><td>8×4=
3×6=
7÷7=
27÷9=
9×8=
4×2=
2÷1=
45÷5=
8×6=
32÷8=</td><td>14÷2=
4×9=
7×8=
36×4=
6×3=
6×9=
8÷1=
72÷8=
63÷9=
2×5=</td></tr>
<tr><td>10÷5=
8×9=
2×3=
24÷4=
4×3=
8×6=
56÷7=
6×7=
36÷4=
4÷1=</td><td>2×2=
3×4=
3÷3=
40÷5=
6×6=
32÷4=
49÷7=
24÷3=
6×8=
5×9=</td><td>1×1=
9÷3=
2×6=
72÷9=
5×5=
4÷2=
7×8=
42÷6=
7×3=
20÷4=</td><td>5×2=
9×6=
24÷8=
9÷9=
3×7=
8×8=
16÷4=
36÷6=
9×4=
25÷5=</td></tr>
<tr><td>7×2=
3×9=
24÷4=
15÷3=
5×7=
8÷2=
1×4=
30÷5=
7×9=
48÷8=</td><td>7×5=
2×8=
14÷7=
9×3=
15÷5=
18÷2=
8×9=
5×1=
54÷6=
42÷7=</td><td>24÷6=
4×4=
1×6=
35÷5=
8×2=
5×8=
18÷3=
81÷9=
9×7=
16÷2=</td><td>18÷6=
7×1=
30÷6=
8÷4=
4×7=
2×9=
4×5=
28÷4=
8×5=
54÷9=</td></tr>
<tr><td>3×8=
1×2=
36÷9=
12÷3=
6×2=
16÷8=
7×7=
45÷9=
5×6=
6÷3=</td><td>6÷2=
6×5=
8×7=
48÷6=
3×1=
2×7=
12÷4=
63÷9=
8×3=
20÷5=</td><td>9×2=
21÷3=
1÷1=
5×4=
1×8=
4×9=
48÷6=
5×9=
28÷7=
24÷8=</td><td>3×3=
9×5=
10÷2=
64÷8=
7×9=
9×1=
12÷6=
35÷7=
21÷7=
4×6=</td></tr>
</table>

五分钟	及格标准	35～45
	优秀标准	50～60

第 6 号 100 以内四则计算

13＋48＝ 81÷3＝ 50÷9＝ 65－35－7＝ 17×5＝ 6×2×5＝ 0÷2÷6＝ 7×7＋2＝ 37＋7＋40＝ 40－6×6＝	100－23＝ 72÷2＝ 40＋18＋7＝ 72÷4＝ 50÷8＝ 6×4÷8＝ 29×3＝ 7×9＋7＝ 22－3×6＝ 81－40－6＝	74－45＝ 99÷9＝ 16×5＝ 46÷6＝ 78－30－20＝ 8×3×3＝ 5×7＋5＝ 8＋46＋5＝ 4×3÷2＝ 41－7×5＝	95÷5＝ 98－68－2＝ 88÷8＝ 100－44＝ 49×2＝ 41÷9＝ 6＋29＋30＝ 42÷7÷6＝ 4×8＋8＝ 60－9×6＝
12×8＝ 92－27＝ 78÷6＝ 57－30－8＝ 26÷3＝ 8×1×9＝ 52－5×9＝ 4×6＋3＝ 9×4÷6＝ 5＋4＋81＝	81－46＝ 58÷1＝ 32－0－28＝ 84÷7＝ 15×5＝ 58＋8＋5＝ 32÷7＝ 43－9×4＝ 36÷9÷9＝ 2×9＋5＝	45＋55＝ 13×7＝ 96÷8＝ 61÷8＝ 39＋3×7＝ 5×6×3＝ 71－8×8＝ 0×8÷6＝ 74－50－5＝ 6×6＋8＝	100－82＝ 15＋9＋8＝ 19×5＝ 84÷2＝ 90÷6＝ 7×8＋4＝ 32÷5＝ 69－29－3＝ 55－8×6＝ 54÷6÷9＝
15×6＝ 65＋18＝ 9＋9＋9＝ 39÷3＝ 26÷6＝ 42－8－20＝ 6×9×0＝ 70－9×7＝ 56÷7×6＝ 4×7＋8＝	4＋9＋9＝ 84÷6＝ 61－54＝ 75÷5＝ 74÷9＝ 6×8＋4＝ 24×4＝ 97－8－9＝ 72÷8÷3＝ 62－7×8＝	34＋29＝ 68÷4＝ 27×3＝ 6＋6＋8＝ 20÷3＝ 3×9×2＝ 72÷8×4＝ 9×3＋8＝ 53－7×7＝ 51－11－1＝	53－36＝ 96÷4＝ 80÷5＝ 58÷7＝ 94－50－5＝ 14×4＝ 7＋5＋9＝ 48÷6÷2＝ 9×4＋6＝ 32－4×7＝
48＋16＝ 18×4＝ 87÷3＝ 30÷4＝ 4×0×8＝ 41－5－3＝ 49÷7×9＝ 35－3×9＝ 9＋8＋4＝ 5×5＋7＝	90－78＝ 91÷7＝ 25×3＝ 42÷3＝ 9＋7＋7＝ 35÷4＝ 30－8×3＝ 82－6－5＝ 8×3＋6＝ 28÷7÷2＝	28＋72＝ 17×4＝ 86－7－50＝ 7＋8＋6＝ 72÷6＝ 15÷2＝ 5×8×2＝ 9×5＋7＝ 25－9×2＝ 63÷7×5＝	5＋6＋9＝ 38－8－7＝ 12×6＝ 38÷2＝ 56÷4＝ 100－79＝ 44÷5＝ 7×5＋6＝ 15÷3÷5＝ 34－8×4＝

第7号　两位数乘一位数

五分钟	及格标准	45～55
	优秀标准	60～70

32×3= 60×3= 49×2= 12×7= 43×4= 72×5= 62×8= 82×6= 14×9= 17×8=	20×4= 42×3= 35×2= 14×6= 38×5= 87×9= 37×4= 85×8= 18×7= 37×3=	13×3= 80×5= 26×3= 37×2= 29×6= 78×4= 57×7= 92×9= 13×8= 27×4=	30×3= 94×2= 19×4= 13×5= 26×7= 48×8= 64×6= 96×9= 19×8= 18×9=
21×4= 70×9= 14×4= 19×5= 24×8= 97×2= 86×3= 84×7= 17×6= 39×3=	10×8= 71×6= 16×5= 17×4= 32×9= 38×3= 59×2= 84×4= 17×7= 14×8=	11×8= 90×4= 16×6= 24×4= 94×3= 65×9= 94×5= 79×2= 19×6= 16×7=	90×1= 81×5= 14×7= 28×3= 75×2= 45×6= 39×7= 97×8= 25×4= 19×9=
44×2= 50×6= 48×2= 12×8= 43×9= 83×5= 78×3= 96×4= 15×7= 15×9=	40×2= 71×9= 29×3= 13×6= 36×8= 42×7= 55×4= 98×5= 12×9= 25×8=	23×3= 40×8= 25×3= 12×5= 86×2= 69×4= 68×7= 84×9= 18×6= 10×7=	30×2= 53×3= 18×4= 18×5= 36×7= 58×6= 73×8= 53×9= 36×3= 17×9=
11×7= 50×8= 13×4= 27×3= 32×6= 78×2= 47×5= 93×7= 16×9= 28×4=	10×7= 62×4= 14×5= 15×5= 65×3= 59×8= 66×2= 95×6= 38×3= 18×8=	87×1= 70×7= 15×6= 23×4= 56×5= 47×3= 59×3= 88×2= 15×8= 26×4=	20×3= 61×8= 13×7= 36×2= 65×4= 65×5= 76×6= 94×3= 29×4= 35×3=

第8号　除数是一两位数的除法

五分钟	及格标准	35～45
	优秀标准	50～60

54÷2= 60÷4= 65÷5= 85÷7= 97÷8= 624÷3= 780÷6= 900÷30= 72÷24= 60÷12=	84÷3= 85÷5= 78÷6= 91÷4= 73÷7= 706÷2= 855÷9= 300÷60= 90÷15= 560÷14=	56÷4= 92÷2= 96÷8= 58÷3= 47÷5= 756÷9= 892÷4= 460÷20= 57÷19= 116÷58=	90÷5= 54÷3= 42÷3= 55÷2= 92÷6= 508÷4= 856÷8= 350÷70= 72÷18= 0÷96=
72÷6= 74÷2= 76÷4= 63÷5= 85÷3= 768÷8= 609÷7= 350÷50= 84÷21= 42÷14=	84÷7= 52÷4= 38÷2= 74÷6= 61÷2= 700÷5= 705÷3= 400÷80= 70÷14= 600÷15=	86÷2= 84÷6= 81÷3= 92÷3= 66÷4= 980÷7= 710÷2= 420÷10= 91÷13= 125÷25=	69÷3= 77÷7= 84÷4= 85÷8= 37÷2= 618÷6= 650÷5= 990÷90= 85÷17= 900÷45=
76÷2= 60÷6= 57÷3= 74÷4= 93÷2= 721÷7= 905÷5= 800÷40= 87÷29= 126÷63=	75÷3= 80÷8= 90÷2= 92÷5= 73÷6= 819÷3= 924÷4= 650÷50= 68÷34= 960÷16=	92÷4= 70÷2= 78÷3= 89÷6= 86÷8= 540÷5= 952÷2= 560÷70= 84÷12= 52÷13=	75÷5= 48÷3= 68÷4= 79÷2= 97÷7= 840÷6= 573÷3= 920÷40= 64÷16= 690÷23=
90÷6= 72÷4= 96÷4= 71÷3= 84÷5= 603÷9= 840÷7= 640÷80= 51÷17= 105÷35=	91÷7= 66÷2= 96÷6= 94÷9= 47÷3= 720÷4= 696÷8= 750÷30= 90÷18= 980÷14=	98÷2= 80÷5= 99÷9= 94÷7= 58÷4= 960÷8= 981÷9= 720÷40= 76÷19= 96÷12=	72÷3= 64÷4= 95÷5= 93÷8= 83÷4= 634÷2= 900÷6= 580÷20= 75÷15= 200÷25=

第9号　100以外四则计算

五分钟	及格标准	35～45
	优秀标准	50～60

25×4= 780－250= 3600＋2400= 714＋45= 458÷2= 2600－800= 460×200= 108÷18= 50×20÷100= 180÷6－30=	280＋420= 450＋920= 270×3= 600÷5= 940－70= 125×8= 172－32= 2700÷100= 30×5－50= 20＋60×3=	86×4= 80×50= 820－170= 190－89= 105÷3= 112÷16= 1900＋4500= 353＋26= 560÷7＋40= 300÷30×10=
960÷4= 7500＋1500= 915＋82= 880－530= 58×3= 117÷13= 4100－700= 12×1000= 280÷7－25= 40×20×30=	360＋190= 240＋850= 420－80= 320×5= 4900－2700= 426÷3= 125×4= 8200÷20= 40×9－30= 700－20×30=	750÷5= 810＋960= 640－470= 67×7= 4600＋2800= 102＋17= 384－61= 1200×50= 800÷20÷4= 250÷5＋60=
846÷6= 800÷16= 530＋270= 620＋730= 180×4= 9500－8500= 790－140= 43×60= 750÷3－50= 40×10÷8=	5900＋2700= 620－50= 295－55= 35×6= 740＋530= 720＋6= 40×700= 2310÷30= 60×8－70= 30＋70×6=	1000＋5= 430－350= 130×7= 680＋320= 115÷23= 28×70= 720＋190= 444－33= 600÷6÷25= 320÷4＋25=
490－250= 260＋370= 370×8= 1048÷8= 900÷15= 6400－1600= 460×8= 770＋230= 640÷8－80= 10×100×7=	19×9= 764÷4= 6500＋1700= 600－60= 208＋23= 5100÷50= 180－12= 1400×30= 60×6－40= 800－40×5=	2000÷4= 200÷25= 243＋57= 950－780= 690＋180= 530×9= 620×90= 275－25= 360÷9＋37= 900÷100÷3=

第10号 小数四则计算

<table>
<tr><td rowspan="2">五分钟</td><td>及格标准</td><td>35～45</td></tr>
<tr><td>优秀标准</td><td>50～60</td></tr>
</table>

<table>
<tr>
<td>2.3÷100=
10.7÷0.01=
9.94−0.4=
11.1−5=
2.1×70=
1.5×0.6=
0.09+1.9=
4.1+9=
9÷5=
1−0.07=</td>
<td>1−0.99=
0.16÷8=
0.54+0.22=
5+2.5=
12÷8=
0.6÷0.15=
0.97−0.87=
6.6−6=
1.5×600=
3.4×0.6=</td>
<td>4.1+3.7=
0.61+0.39=
0.125×8=
5.4×0.3=
9.6−3.6=
8.7−0.9=
8.1÷9=
2÷4=
1−0.1=
0.201÷0.1=</td>
</tr>
<tr>
<td>0.5÷10=
21÷5=
5.55−0.5=
13.8−8=
480×0.02=
2.9×0.3=
0.03+1.5=
5.2+8=
4.2÷0.6=
1−0.11=</td>
<td>1−0.06=
0.054÷9=
0.17+0.61=
7+0.3=
7÷2=
1.8÷0.2=
3.25−0.25=
5.3−3=
80×0.5=
1.7 ×0.6=</td>
<td>0.2+0.7=
1.4+0.6=
4×1.25=
0.3×0.32=
7.3−2.3=
4.3−0.8=
5.4÷6=
9÷5=
1−0.4=
0.14+0.7=</td>
</tr>
<tr>
<td>0.32÷4=
9÷6=
1.16−1.6=
16.4−9=
3.6×200=
1.6×0.5=
0.16+0.6=
11+9.9=
0.3÷0.15=
1−0.94=</td>
<td>1−0.38=
0.21÷3=
0.32+0.06=
5.7+3=
1÷8=
2.1÷0.3=
0.98−0.94=
4.1−1=
2.5×100=
1.3 ×0.6=</td>
<td>0.4+0.4=
0.7+0.8=
1.88×0=
0.1×0.01=
5.6−4.6=
5.4−0.8=
5.0÷8=
7÷5=
1−0.8=
0.27÷0.3=</td>
</tr>
<tr>
<td>0.35÷5=
6÷4=
0.53−0.3=
12.7−7=
240×0.03=
4.5×0.2=
0.54+0.2=
6+4.4=
8.9÷8.9=
1−0.41=</td>
<td>1−0.65=
0.36÷2=
0.45+0.21=
0.4+6=
5÷2=
1.6÷0.8=
0.78−0.37=
7.4−4=
60×0.05=
12.5×0.8=</td>
<td>0.3+0.6=
6.5+0.5=
0.9×6=
1.2×0.3=
0.8−0.3=
3.6−0.7=
2.8÷7=
1÷4=
1−0.3=
0.48÷0.4</td>
</tr>
</table>

五分钟	及格标准	35～45
	优秀标准	50～60

第11号　分数四则计算

$\frac{1}{8}+8=$	$2\frac{4}{7}+1\frac{2}{7}=$	$\frac{2}{3}\times6=$	$6-2\frac{5}{9}=$
$\frac{2}{7}+\frac{2}{7}=$	$\frac{5}{12}+\frac{1}{12}=$	$\frac{34}{35}\times\frac{4}{17}=$	$6\frac{8}{9}-3\frac{5}{9}=$
$\frac{2}{5}\times2=$	$\frac{18}{19}\times\frac{2}{9}=$	$6+\frac{1}{3}=$	$2\times\frac{2}{7}=$
$\frac{4}{5}\times\frac{5}{12}=$	$1\frac{1}{2}\times\frac{2}{3}=$	$\frac{1}{3}+\frac{2}{3}=$	$\frac{2}{3}\times\frac{4}{5}=$
$3\frac{7}{8}-3=$	$7\frac{7}{8}-\frac{5}{8}=$	$\frac{5}{6}-\frac{1}{3}=$	$1\frac{6}{13}+\frac{5}{13}=$
$\frac{4}{5}\times\frac{3}{5}=$	$\frac{6}{7}\div2=$	$1\frac{1}{6}\times2=$	$1\frac{5}{8}+\frac{1}{8}=$
$1\frac{1}{5}\times2=$	$\frac{1}{2}+\frac{1}{3}=$	$\frac{3}{8}+\frac{1}{2}=$	$0\times1\frac{5}{9}=$
$\frac{1}{3}\times\frac{1}{5}=$	$2-1\frac{4}{7}=$	$1\div\frac{3}{4}=$	$\frac{1}{2}-\frac{1}{3}=$
$\frac{1}{2}+\frac{1}{4}=$	$\frac{1}{2}-\frac{1}{4}=$	$1-\frac{1}{5}=$	$\frac{3}{5}\div\frac{2}{3}=$
$3\div\frac{1}{5}=$	$1\times\frac{7}{8}=$	$\frac{13}{21}-\frac{13}{21}=$	$\frac{3}{7}+\frac{1}{4}=$
$\frac{4}{5}+3=$	$2\frac{4}{9}+\frac{5}{9}=$	$\frac{2}{7}\times14=$	$10-6\frac{1}{2}=$
$\frac{1}{4}+\frac{3}{4}=$	$2\frac{2}{9}+1\frac{4}{9}=$	$\frac{8}{11}\times\frac{3}{4}=$	$1\frac{9}{10}-\frac{7}{10}=$
$\frac{3}{22}\times11=$	$\frac{3}{16}\times\frac{4}{5}=$	$5+\frac{1}{2}=$	$60\times\frac{1}{5}=$
$\frac{1}{2}\times\frac{3}{5}=$	$\frac{4}{5}\times1\frac{1}{4}=$	$\frac{1}{2}+\frac{1}{2}=$	$\frac{7}{51}\times\frac{17}{20}=$
$9\frac{2}{15}-6=$	$6\frac{4}{7}-2\frac{4}{7}=$	$\frac{7}{10}-\frac{2}{5}=$	$1\frac{1}{6}+\frac{1}{6}=$
$1\frac{4}{5}+7=$	$1\frac{7}{8}+\frac{3}{8}=$	$\frac{2}{3}\times4=$	$1-\frac{5}{7}=$
$\frac{3}{10}+\frac{9}{10}=$	$\frac{11}{24}+\frac{11}{24}=$	$\frac{1}{4}\times\frac{2}{5}=$	$\frac{5}{12}-\frac{1}{12}=$
$\frac{7}{9}\times0=$	$\frac{8}{9}\times\frac{5}{7}=$	$4+2\frac{5}{6}=$	$50\times\frac{3}{10}=$
$\frac{19}{20}\times\frac{7}{57}=$	$2\frac{1}{3}\times\frac{6}{7}=$	$\frac{5}{8}+\frac{5}{8}=$	$\frac{11}{12}\times\frac{5}{44}=$
$7\frac{1}{3}-2=$	$3\frac{14}{15}-2\frac{4}{15}=$	$\frac{2}{5}-\frac{3}{10}=$	$4\frac{1}{3}+1\frac{2}{3}=$

续表

$\frac{7}{10}-\frac{7}{10}=$	$\frac{5}{8}\div 2=$	$3\frac{1}{3}\times 9=$	$3\frac{3}{10}+1\frac{3}{10}=$
$5\times 1\frac{1}{10}=$	$\frac{1}{5}+\frac{1}{6}=$	$\frac{2}{3}+\frac{4}{9}=$	$7\times 1\frac{1}{7}=$
$\frac{5}{6}-\frac{5}{12}=$	$10-3\frac{14}{15}=$	$1\div\frac{2}{9}=$	$\frac{3}{8}-\frac{1}{3}=$
$\frac{3}{16}+\frac{1}{8}=$	$\frac{1}{3}-\frac{2}{7}=$	$1-\frac{1}{4}=$	$\frac{2}{3}\div\frac{1}{2}=$
$12\div\frac{3}{4}=$	$40\times\frac{3}{8}=$	$1\frac{5}{6}-\frac{1}{6}=$	$\frac{2}{9}+\frac{1}{2}=$
$\frac{5}{7}-\frac{3}{7}=$	$\frac{3}{5}\div\frac{3}{5}=$	$5\frac{1}{8}\times 0=$	$1\frac{3}{4}+1\frac{1}{4}=$
$6\times 2\frac{1}{12}=$	$\frac{1}{3}+\frac{1}{4}=$	$\frac{7}{10}+\frac{2}{5}=$	$9\frac{1}{3}\times 1=$
$\frac{7}{9}-\frac{2}{3}=$	$9-8\frac{3}{10}=$	$1\div\frac{3}{7}=$	$\frac{1}{3}-\frac{1}{4}=$
$\frac{2}{3}+\frac{1}{6}=$	$\frac{1}{6}-\frac{1}{7}=$	$1-\frac{3}{8}=$	$\frac{1}{2}\div 3=$
$6\div\frac{6}{7}=$	$3\times\frac{3}{4}=$	$\frac{3}{4}-\frac{1}{4}=$	$\frac{1}{2}+\frac{2}{7}=$

三、小学生口算能力的再调查

（一）再调查的起因

1980年前后，我们在全国范围内，对小学生的口算能力进行了广泛的调查测验：

1. 测验的目的，是了解学生当前的口算能力，作为制定小学生口算量表标准的重要依据；

2. 测验的内容，是根据小学口算教学的要求编制的11张口算量表；

3. 测验的标准，是五分钟做对的题数；

4. 测验的地区，有北京、上海、江苏、浙江、内蒙古、新疆等16个省、市、自治区，受测学生达72 000多人次；

5. 测验的结果，是制定了我国第一套小学生口算量表标准，写成《小学生口算能力的研究》一文在《人民教育》（1980年第12期）上发表，《小学生口算能力测定》一书由福建教育出版社（1983年）出版。

时隔多年，小学生口算能力有什么变化，特别是新世纪开始的新课改10年，小学生的口算能力是提高了，还是下降了，是目前大家争论的热点问题。

为此，我在2010年11月启动了“小学生口算能力的再调查”，测验的内容和标准同1980年第一次调查测验相同，这样可以用1980年测验的结果为参照点，进行前后比较才有科学依据。测验的范围，由于条件所限，仅有9个省、市、自治区18所学校21 182人次参加，包括沿海和边疆、城市和农村的学校，仍有一定的代表性。

（二）再调查的结果

2010年第二次全国调查测验的结果

序号	内容	人数	五分钟做对题数				测定年级
			最高	最低	平均	正确率	
1	10以内加减法	1624	160	19	82.1	96.6%	一年级
2	20以内加减法	1717	158	4	49.1	95.9%	一年级
3	100以内加减法（一）	1840	112	12	45.4	94.7%	二年级
4	100以内加减法（二）	1631	80	12	31.2	82.1%	二年级
5	表内乘除法	1581	159	13	74.8	95.6%	二年级
6	100以内四则计算	2187	85	9	31.6	89.2%	三年级
7	两位数乘以一位数	1641	110	6	41.3	93.3%	三年级
8	除数是一两位数的除法	1696	148	4	40.7	92.2%	四年级
9	100以外四则计算	2425	120	12	36.2	89.2%	四年级
10	小数四则计算	2473	120	11	42.7	87.2%	五年级
11	分数四则计算	2367	119	5	37.3	91.1%	六年级

从上表信息可知：

①10以内加减法、20以内加减法、表内乘除法的计算速度较快，100以内加减法（二）、100以内四则计算、100以外四则计算的速度较慢。

②个别差异较大，最高做对题数与最低做对题数会相差十几倍甚至几十倍。个别差异的原因除计算熟练与否外，还涉及思维能力、反应能力、意志能力、动作灵巧能力等。这里往往凸显一部分专家和教师认识上的误区，他们往往把口算能力的高低归结为计算技巧的熟练与否，其实应该同个体的思维敏捷性、准确性、动作的灵巧性密切相关。因此，对学生进行口算训练，不仅是为了提高口算的熟练技巧，更重要的是，还能发展学生的思维能力、动作灵巧能力和意志力。

③小学生数学能力的两极分化，从口算教学中就开始了，提高后进生的口算能力也是解决两极分化问题的重要措施。

④正确率都较高，最高有 96.6%，最低也有 82.1%，一般都在 90%以上，说明学生的口算能力水平较高。

（三）两次调查的结果分析

当前小学生的计算能力是否下降了？我们把 1980 年和 2010 年两次测验结果进行对比，就能得到结论。

序号	内容	五分钟做对题数			口算能力标准	
		1980 年	2010 年	下降百分比	及格标准	优秀标准
1	10 以内加减法	86.7	82.1	5.4%	70～80	90～100
2	20 以内加减法	76.1	49.1	35.5%	60～70	80～90
3	100 以内加减法（一）	57.6	45.4	21.2%	45～55	60～70
4	100 以内加减法（二）	51.3	31.2	39.2%	40～50	55～65
5	表内乘除法	93.3	74.8	19.9%	80～90	100～110
6	100 以内四则计算	44.5	31.6	29%	35～45	50～60
7	两位数乘以一位数	53.6	41.3	23%	45～55	60～70
8	除数是一两位数的除法	43.5	40.7	6.5%	35～45	50～60
9	100 以外四则计算	36.7	36.2	1.4%	35～45	50～60
10	小数四则计算	43.5	42.7	1.8%	35～45	50～60
11	分数四则计算	38.4	37.3	2.9%	35～45	50～60

由于 1980 年和 2010 年两次测验的内容和办法都相同，但测验的范围和

对象有所变动，又由于教学大纲（或课程标准）几经变动，对口算、教学要求有所变化，因此，所得数据仅有参考价值。

根据以上统计表的信息，可以看出以下几点趋向：

①从整体上看，小学生口算能力有所下降，这是不争的事实，其中第2、4表下降30%左右，第3、5、6、7表下降20%左右，其他差距不大，都在5%左右及以内。

②1980年制定的小学生口算能力标准有两个：一个是及格标准，一个是优秀标准。由于我国地域辽阔，地区之间有差异，因此每个标准都有上限和下限。依此标准衡量2010年测验结果，大都能达到及格标准的下限，也就是说，大都能达到基本要求，说明下降幅度在控制范围内，不值得大惊小怪。

（四）感悟与反思

1. 这次小学生口算能力的再调查，用统计数据说明当前的小学生口算能力有所下降，这是不争的事实。但大多数学生都能达到基本要求，并不像想象中的那么差，不要过分担忧。现在需要实事求是、心平气和地分析下降的原因，采取一定的教学措施来补救。

2. 我们应该充分认识口算教学在小学数学教学中的重要作用，它不仅有实用价值，更重要的是还有教育价值，能够有效地发展学生的思维敏捷性和准确性，提高动作反应的灵巧度，并培养意志力。

3. 当前应该大兴调查研究之风，对新课改中的一些争论问题，采用摆事实、讲道理的办法百家争鸣，要少说空话，少唱高调。

4. 教学工作中要提倡用科学发展观分析问题和解决问题，用辩证唯物主义观点正确处理数学“双基”与发展智力的关系。小学生口算能力不是可有可无的技巧问题，它涉及一个人的数学基础，会影响学生后继中学数学的学习，也涉及一个人的思维能力、反应能力和意志力的发展。中国的口算教学经验受到国际数学教育界的重视，我们应该继续总结、提高，促进中国的数学教育走向世界。

本研究有全国19所学校参与调查测验，有江苏省常州市博爱小学、溧阳市天目湖学校、昆山市巴城中心小学，广东省深圳市松坪学校、珠海市香洲区第一小学、东莞市南开实验学校、江门市新会红卫小学、广州市海珠区梅园西路小学、广州市花都区棠澍小学、广州市花都区田美小学，内蒙古自治区土默特右旗党三尧中心小学，西藏自治区拉萨市雪小学，天津市南开区中心小学，浙江省宁波市万里国际学校，四川省眉山师范附小，福建省泉州市南少林学校，重庆市南岸区珊瑚小学、渝中区人和街小学等，他们做了大量工作，在此表示衷心感谢。

附：中国教育学会数学教育研究发展中心主任、首都师范大学数学教育科学学院方运加教授评论

邱学华先生于2010年组织对我国小学生口算能力进行了调查。十分可贵的是，由他主持的同样的调查在1980年也进行过。这两次间隔了30年的调查用的都是由他在1980年主持编制的口算量表。同30年前的调查相比，虽然规模小了一些，但基本保持了区域或学校类型的代表性，同时也保持了调查结果的客观性、调查结论的准确性以及调查分析的科学性。

这里暂不讨论调查的成果问题，仅仅是用相同的口算量表进行时隔达30年的有规模的数学学习状况调查本身，就是一件应该载入中国教育史册的事。所获结论，弥足珍贵。邱学华教授以罕有的韧力，用足够长的时间、足够多的事实、足够大的耐心、足够强的责任心来做教育的事，来追求科学严谨的教育教学研究，当为教坛楷模。

四、要不要学生熟记加法口诀

(一)提出熟记加法口诀的起因

1979～1980年，我们在16个省、市、自治区对小学生口算能力进行调查，结果发现：20以内加减法的计算速度不如表内乘除法。见下表：

口算内容	参加人数	平均成绩（五分钟内做对题数）
20 以内加减法	7017	76.1
表内乘除法	7110	93.3
后者比前者快（%）	22.6	

从上表看出，计算“表内乘除法”的速度超过“20 以内加减法”22.6%。按理说，20 以内加减法简单，计算结果大都是一位数，书写方便，而表内乘除法复杂，计算结果大都是两位数，书写也费时，为什么表内乘除法的计算速度反而要快 22.6%呢？究其原因，主要是表内乘除法用口诀，学生看到两个数相乘（除）能立即反应出结果，而 20 以内加减法没有口诀，学生看到两个数相加（减）必须在头脑里有一个思考过程，反应就慢了。

从笔算计算的错误分析中，也可以发现：乘除法一般不会算错，大都错在 20 以内加减法上。

2010 年，我们对小学生的口算能力再调查，测试题和评分标准与 1980 年相同，结果见下表：

口算内容	参加人数	平均成绩（五分钟内做对题数）
20 以内加减法	1717	49.1
表内乘除法	1581	74.8
后者比前者快（%）	52.3	

从上表看出，虽然 2010 年与 1980 年相比，小学生口算能力有所下降，但是表内乘除法的计算速度大大超过 20 以内加减法的趋势没有改变，而且差距越来越大。其主要原因是，表内乘除法有乘法口诀，下降幅度小，20 以内加减法不用加法口诀，下降幅度大。

实践是检验真理的唯一标准，事实证明：由于学生熟记乘法口诀，运用口诀计算乘除法，大大提高了计算速度，为什么计算加减法就不可以用加法口诀呢？

（二）怎样运用加法口诀

大家只知道有乘法口诀，不知道还有加法口诀。古人流传下来只有乘法口诀，目前尚未查到有加法口诀，大概以为加减法比较简单就不需要口诀了。小学教科书中也从来没有出现过加法口诀。我是在 1980 年前后对小学生口算能力的调查中，发现 20 以内加减法的计算速度大大慢于表内乘除法的现象，从中得到启示，才提出引进加法口诀的设想，并付诸实践，取得了意想不到的教学效果。

加法口诀局限在 20 以内进位加法，因为 20 以内不进位加法，由于数目小，一般掌握了数的组成分解，经过反复练习，可达到熟练计算的程度。20 以内进位加法口诀一共才 20 句，如下：

20 以内进位加法口诀

九二 11	八三 11	七四 11	六五 11
九三 12	八四 12	七五 12	两个六 12
九四 13	八五 13	七六 13	
九五 14	八六 14	两个七 14	
九六 15	八七 15		
九七 16	两个八 16		
九八 17			
两个九 18			

口诀的写法做了改革，采用前面两或三个汉字表示加数，后面阿拉伯数字表示和的形式。这样可以分清哪是加数，哪是和。最后一句不用九九 18，而用两个九 18，同乘法口诀统一起来。20 句加法口诀中包含了 4 句乘法口诀，可以减轻以后熟记乘法口诀的负担。

有人担心加法口诀会同乘法口诀混淆，其实不必担心。因为：

（1）学 20 以内加减法要时隔半年后再学表内乘除法；

（2）两者形式不同，加法口诀是大数在前小数在后（如九四 13），乘法口诀是小数在前，大数在后（如四九 36）；

（3）两者的得数相差甚大（如八六 14，六八 48）。

实验班中很少有学生产生两者混淆的现象。

应用口诀时看到两个数相加，不分前后都用同一句口诀，如：

8+6=　　6+8=　　都用同一句口诀“八六 14”

6+7=　　7+6=　　都用同一句口诀“七六 13”

今后在乘法中也采用同样的思路，看到两个数相乘，不分前后，都用同一句口诀，如：7×9、9×7 都用“七九 63”这句口诀。这样，加法和乘法都采取同样的思路运用口诀，以减轻学生思维的负担。

熟记加法口诀不能要求学生死记硬背，可以利用数的组成的知识来帮助记忆。例如：把 6～9 四个数分解成：6＝5＋1、7＝5＋2、8＝5＋3、9＝5＋4，计算的时候先要求学生思考分解数，然后分别相加，很快就能算出结果。例如：

$7^{5}_{2}+8^{5}_{3}=15$　两个 5 得 10，只要算 2＋3＝5，因此结果是 15。

$8^{5}_{3}+9^{5}_{4}=17$　两个 5 得 10，只要算 3＋4＝7，因此结果是 17。

事实上，这同算盘上的上珠和下珠关系是一致的，我们可以借助算盘的直观形象来帮助学生，先把 7 和 8 拨在算盘上，一看就知道结果了。

不用算盘可以用“双手助记法”帮忙。一只手表示一个数，大拇指表示 5，其他四指各表示 1。例如 7＋6，按照规定伸出双手，一看即知，7＋6＝13。经常练习后，

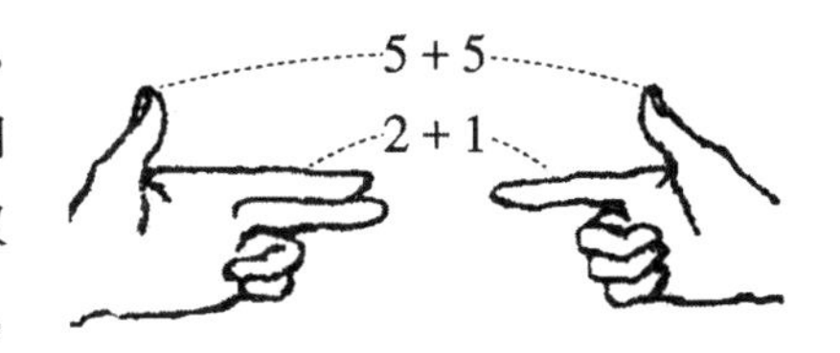

学生看到算式，即在头脑中呈现双手的表象，借助表象，学生便可立即算出得数。这也可以说，一双手是一个简单的数学模型。这同数手指头不同，数手指头是逐一计数，水平较低，而“双手助记法”属于按群计算了，达到高一层次。

利用加法口诀做 20 以内退位减法。根据实验研究结果，我主张先形成减法的概念，再用“破十法”说明 12－8＝4 的道理，然后用加法口诀做减法：

12－8＝4（想八四 12）

对刚入学的一年级儿童来说，20 以内退位减法是个难题，用“破十法”，思维过程比较复杂；用加法口诀做减法，想加做减，立即反应出计算结果，这就化难为易了。

这样，把做加减法的思路同做乘除法的思路统一起来。用加法口诀做减

法，想加做减；用乘法口诀做除法，想乘做除。所以说，熟记了加法口诀，大有用处，不但解决了进位加法的问题，连退位减法的难点也迎刃而解了，真是一箭双雕的好办法。

运用加法口诀计算笔算加减法，更显示出它神通广大的作用。它既能提高计算速度，又能防止错误。我们用最难的连续进位加法和连续退位减法举例：

1. 进位加法的难点是学生往往会把进位数忘了。因为课本上采用的是“后加法”，也就是十位上两个数相加以后再加个位上的进位数，从而使进位的思维暂时停顿，容易把进位数遗忘，造成差错。为此，我们可以做小小的改革，把“后加法”改成“先加法”。

“先加法”是把进位数直接加到下一位的第一加数上，保持进位的思维连续性，也就不会把进位遗忘了。计算时再用加法口诀，就如虎添翼了。

$$\begin{array}{r} 789 \\ +\,567 \\ \hline 1356 \end{array}$$

个位：九七 16，写 6 进 1；

十位：先把进位数 1 加到 8 上成 9，九六 15，写 5 进 1；

百位：先把进位数 1 加到 7 上成 8，八五 13，写 13。

2. 笔算退位减法，原来的方法思维过程比较复杂，如果采用加法口诀，想加做减，就非常简捷。例如：

$$\begin{array}{r} 724 \\ -\,289 \\ \hline 435 \end{array}$$

个位：九五 14，写 5，前一位退 1；

十位：2 退 1 成 1，八三 11，前一位退 1；

百位：7 退 1 成 6，6－2＝4。

以后小数加减法、分数加减法以及中学数学运算中的数值计算，加法口诀都有用武之地。

（三）熟记加法口诀的实验案例

早在 1961 年，我曾在华东师大附属小学做过对比教学实验，一个班不教加法口诀，一个班要熟记加法口诀，试验结果表明，要求熟记加法口诀的这个班教学效果显著。

1964 年，我又在上海市徐汇区建襄小学做过一次有趣的实验，对象是三年级学生，他们原来按照课本不教加法口诀，实验时用一周时间让学生熟记加法口诀后，学生再做 20 以内加减法的计算速度立即提高 32%。

2011 年，四川省眉山师范附小参加全国第二次小学生口算能力的调查测定后，接着做前后对比实验。选择一、二、三年级各 1 个班级，要求学生熟记加法口诀，一周后再进行测定。结果表明，后者比前者提高 35.7%～50%。见下表：

背诵加法口诀前、后的计算能力测定统计

年级	内容		人数	五分钟平均做对题数
一	20 以内加减法	前	53	48.4
		后	53	67
		后者比前者提高（%）	38.4	
二	100 以内加减法（一）	前	72	56
		后	72	76
		后者比前者提高（%）	35.7	
三	100 以内四则计算	前	63	36
		后	63	54
		后者比前者提高（%）	50	

四川省眉山师范附小　测试责任人：万照红　李志军　时间：2011 年 3 月 1 日

这里再介绍一个发人深省的个例。1983 年，我在江苏省常州师范学校任校长，有一位教师向我求教，他的孩子暑假后将要进小学读一年级，问我孩子学数学要不要做些什么准备。我回答他不需要做什么准备，如果孩子有兴趣，可以教他背加法口诀。这位教师带孩子散步时，像唱山歌一样每天教两句，没有多久，20 句加法口诀孩子就会背了。开学后，孩子拿到新书特别兴奋，一口气把书上的计算题做完了。因为有了加法口诀，20 以内加减法对这个孩子来说，真是小菜一碟。这个案例值得我们深思，应该重新考虑一年级教材内容的安排。

熟记口诀是中国数学教育的优良传统之一，借助汉字一字一音的发音优点，背诵朗朗上口，这是中国儿童的计算能力优于外国儿童的重要原因之一。乘法既然可以背诵乘法口诀，为什么加法就不可以背加法口诀呢？最近看到报刊上介绍，现在英国要向中国学习，要求小学生背乘法口诀，可是英语中的数字，一字多音，背起来有点麻烦。

加法口诀只有20句，对低年级儿童来说不是难事。背会了不但能提高计算速度，防止差错，更重要的是一生有用，何乐而不为呢？加法口诀和乘法口诀好比鸟的两个翅膀，原来只有一个翅膀，现在有了两个翅膀才能飞得更高、更远。

在课本中出现加法口诀，看来并非易事。教师可以先用起来，加法口诀无非是一种方法、一种手段，并没有更改教材体系和教学内容，试试无妨。教师在小学数学教学改革中作为一种尝试，指导学生背会加法口诀，使学生多学会一种本领，我想是没有错的。我期待着大家去尝试，并把实验的结果告诉我。

五、乘法口诀的熟记方法

中国学生的计算能力远远高于外国学生，对此，外国人一直觉得是个谜。其实，奥秘就在于中国学生有乘法口诀这个法宝，提高了乘除法计算速度。外国学生把7×8作为难题，求助于计算器，离开了计算器就寸步难行了。

乘法口诀是我们祖先留给我们的宝贵财富。我国古代不叫乘法口诀而称作“九九数”，因为乘法口诀从“一一得一”到“九九八十一”。我国早在2500多年前的春秋时代，已经有了齐国东野人献九九数给齐桓公的故事，说明当时已经流行乘法口诀。从湖南省湘西土家族苗族自治州里耶镇出土的战国简牍中发现乘法九九口诀，找到了实物证明。乘法口诀在我国源远流长，是中国传统文化中光辉灿烂的一颗明珠。

从小学数学教材体系上来看，表内乘除法是笔算乘除法的基础。乘法又是除法的基础，所以，熟练掌握乘法口诀是学习乘除法的基础，可见乘法口诀的重要地位了。

表内乘除法的教学，关键在于熟记乘法口诀。怎样使学生熟记乘法口诀，是一个极为重要的问题。

在学生理解的基础上，要求学生熟记乘法口诀，但要防止死记硬背。有些学生背口诀就像“小和尚念经”，背的时候非常熟练，但实际应用时就不行了。有的学生计算一道乘法题，要把该段口诀从头背到要用的那一句，如计算 6×4，从一六得 6 背到四六 24，然后才能确定 6×4=24，这样计算，速度就太慢了。

在长期的教学实践中，在让学生熟记乘法口诀方面积累了丰富的经验，有许多绝招。下面介绍主要的方法：

1. 逐段过关滚雪球

教完一段口诀，要求学生跟着熟记一段口诀，教新的口诀带着复习旧的口诀，采用滚雪球的方法。

2. 多算题，多应用

不能叫学生单背口诀，而应该让学生多算题，在应用口诀的过程中进一步熟记口诀。要采取多种形式练习，避免单调乏味。如：填口诀上的括号、对口令、抽算式卡片、填表计算、计算箱、计算盘等。在应用中熟记口诀，这是非常重要的一条经验。

3. 双手助记法

其实一双手也就是一架乘法计算器，随身带，不会丢，十分方便。

（1）适用于 9 的乘法口诀。练习时，举起双手，手心朝外，乘几就把从左到右第几个手指向前弯曲，以此为界，可得到结果：左边的手指数是十位数，右边的手指数是个位数。如：

9 × 3 = 27

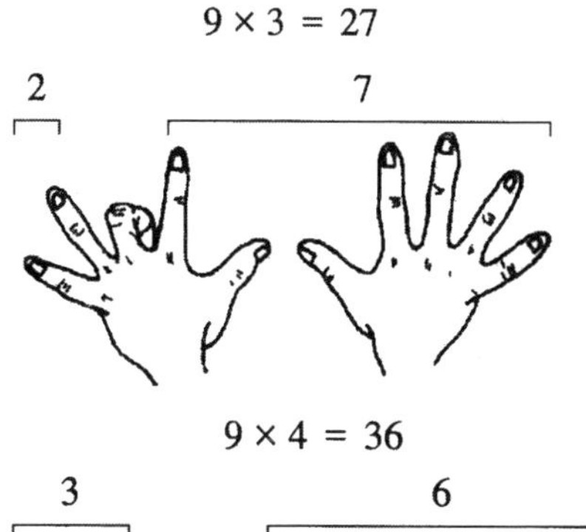

从左至右第 3 个手指向前弯曲，左边 2 个手指表示 20，右边 7 个手指表示 7，所以，9×3=27。

9 × 4 = 36

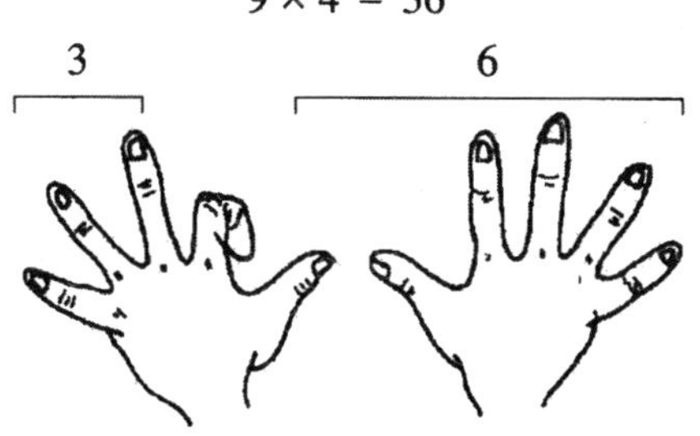

从左至右第 4 个手指向前弯曲，左边 3 个手指表示 30，右边 6 个手指表示 6，所以，9×4=36。

（2）适用于两个乘数都超过 5 的乘法（如 6×8=48、8×8=64、7×9=63 等）。

这里要用到在加减法口算教学中介绍到的 6=5+1、7=5+2、8=5+3、9=5+4 的分组方法。乘数是 6 伸出 1 个手指，乘数是 7 伸出 2 个手指，乘数是 8 伸出 3 个手指，乘数是 9 伸出 4 个手指。练习时，举起双手，手心朝外。

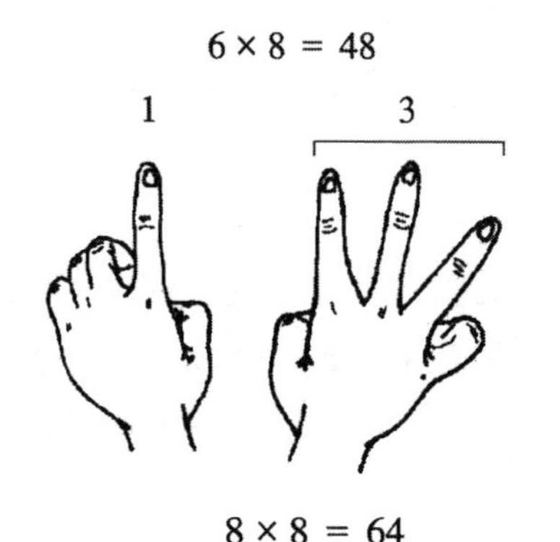

左手伸出 1 个手指表示 6，右手伸出 3 个手指表示 8。伸出的手指数表示结果的十位数，双手握住的手指数相乘表示结果的个位数。

伸出 4 个手指表示 40，左手握住 4 个手指，右手握 2 个手指，4×2=8 表示结果的个位数是 8，所以结果是 48。

8 × 8 = 64

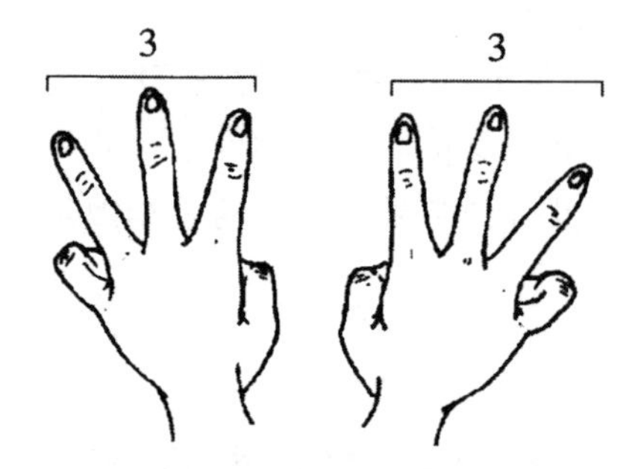

伸出的 6 个手指表示 60，双手握住的手指 2×2=4，所以，8×8=64。

这种表内乘法的双手助记法，十分有趣，好似在做游戏，学生在游戏中愉快地熟记了乘法口诀。如果忘了口诀，用双手助记法得出结果，会给学生留下深刻的印象。

4. 从默念口诀到脱离口诀

开始练习的时候，学生一定要读出声音念口诀，以后要求不要读出声音，默念口诀。到相当熟练以后，见到 9×4，立即反应 36，头脑里已不念四九 36 这句口诀。做到“眼看两个因素，立即反应得数”。学生达到这种水平，就能使表内乘除法计算达到滚瓜烂熟、脱口而出的程度了。从有口诀到无口诀是一次质的飞跃，学生达到了更高的境界。

为了有意识地进行训练，可用“倒三角练习法”，就是画一个倒立的三角形，三个角上写上数，教师盖住任何一角，要学生立即反应出这个数，使相关的三个数（如“8、4、32”）形成一组牢固的联系。

5. 难记的口诀要重点练习

练习时不要平均使用力量，对于难记、容易混淆的口诀，要有重点地反复练。经过调查，45 句乘法口诀有不同的难易程度。如下三类口诀比较容易记：

得数不满十	二二得 4、二三得 6、二四得 8 等
得数是整十	二五得 10、四五 20、五八 40 等
前两数相同	四四 16、五五 25、七七 49 等

最难记的是 7 和 8 的口诀。俗话说，“搞七搞八”，七和八的计算最容易混淆。如七八 56、六七 42、六八 48 等。最容易混淆的两句口诀是：五九 45、六九 54，因为这两句口诀的得数 45、54 太相近了。

6. 多做为除法做准备的练习

除法是乘法的逆运算，用乘法口诀做除法计算最为简便。因此，在做乘法练习时，必须考虑为除法做准备，让学生练习填口诀或用口诀填算式中的括号。如：

四(　　)24　　　　五(　　)35　　　　六(　　)54

(　　)×8＝32　　　6×(　　)＝42　　　5×(　　)＝45

让学生填不等式中的括号，如：下面括号内最大可填几

(　　)×6＜26　　29＞(　　)×4　　56＞7×(　　)

这种练习可以为教学有余数的除法做准备，同时也为以后学习除数是一位数的除法打基础。

7. 游戏化方法练习

练习乘法口诀的数学游戏有很多，这里介绍几则：

(1) 拍手代数游戏

全班学生围成一圈，老师宣布从 1 开始依次报数，但 3 和它的倍数不报，用拍手来代替。如果有的学生报出了口或不拍手，要请他表演一个节目。拍 3 以后，可改为拍 4 或拍 5 等。

(2) 抢卡片游戏

把45句乘法口诀的得数写在卡片上，另外做1～9九张数字卡片。游戏时，把45张得数卡片放在桌上，然后两人轮流抽数字卡片，一次抽两张，如抽“3”和“8”，就把桌上“24”的得数卡片“吃”进，最后看谁“吃”进的卡片多，谁就获胜。

(3) 争地盘游戏（也称数学围棋）

画一个棋盘（见下页图）。制作若干张数字卡片（0一张，1～8各两张）及圆形、三角形硬纸片各若干张。游戏时，两人轮流抽数字卡片，每次抽两张组成一个数。如抽的是“3”和“7”，只能组成“37”或“73”，找不到相应的方格；如抽的是“1”和“2”可组成“12”或“21”，可在相应的方格里放上自己的圆片（或三角形纸片）。最后看谁占的地盘多，谁就获胜。

×	1	2	3	4	5	6	7	8	9
1									
2									
3									
4			●						
5									
6						▲			
7									
8									
9									

六、小学生计算错误的研究

学生为什么会算错？很多教师都会说，是学生粗心大意造成的。果真如此吗？为什么教师千叮万嘱、严加训斥后，学生还是会算错？考试时，学生都会认真对待，生怕自己做错，可是还是会做错！对教师来说，这是一个谜，也一个非常令人头疼的问题。

怎样防止和纠正学生的计算错误，是数学教育中的一个重要问题。我从20世纪60年代就开始研究，“文革”中我还继续进行研究，大量搜集学生的错例并进行分析，从中找规律，探寻奥秘。“文革”后，我就着手撰写《小学生计算错误的研究》，1979 年由江苏人民出版社出版，第一次就印了 20 万册，受到广大教师和家长的欢迎。

（一）研究学生计算错误的作用

为了消灭错误，必须认真分析错误，找到发生错误的原因，以便对症下药。当学生已经发生了错误，我们再去纠正，就被动了。对待计算错误，也要像治病一样采取预防为主的方针。通过分析计算错误，可以掌握学生发生错误的规律；这样就能够预先知道学生在哪些地方，在什么情况下容易发生错误，在以后教学中就可以事先采取措施，防止发生错误。这种情况在反馈原理中称为"前馈"，前馈就是在输出信息未出现偏差之前，控制部分即发出控制信息纠正即将发生的偏差，而不是产生了偏差之后通过反馈信息再来纠正。

许多有经验的教师就是由于能够事先知道学生在什么地方容易发生错误，在教学过程中特别加以注意，抓住要害，重点讲解，所以，学生的计算错误就会减少，教学质量就能够提高。

教师要把学生的计算错误当作一面镜子，认真分析错误，从中看出学生掌握知识的缺陷，看出自己教学上的问题，找出弥补学生知识缺陷的办法，制定出教学上的改进措施。

从教育控制论的观点分析，计算错误也是一种反馈信息，如果能及时利用这个反馈信息，就能在控制系统中起到调节作用。如下图所示：

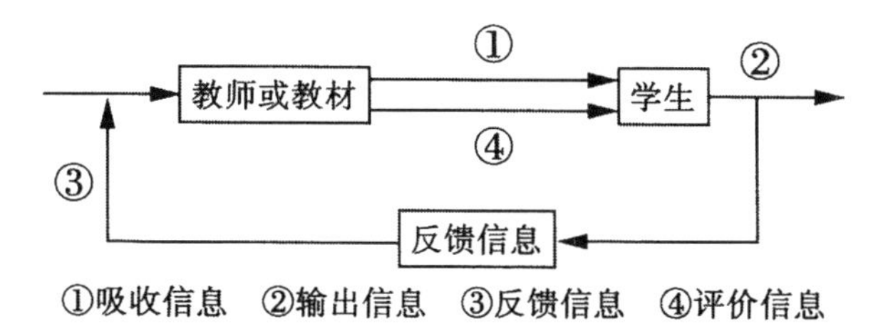

①吸收信息　②输出信息　③反馈信息　④评价信息

（二）学生发生计算错误的原因

如果反馈信息与控制信息的作用相反，则这种反馈称为负反馈。计算错误就是一种负反馈。老师根据负反馈的信息，在教学过程中采取补救措施，就能起到及时调节的作用。

我们在学生的数学作业中发现了一个奇怪又普遍的现象：虽然学生的计算错误是形形色色、各种各样的，但是有些错误，这一班有，另一班也有；今年有，往年也有；中国小朋友会这样错，外国小朋友也会这样错。这种现象就证明了发生这些错误并不是偶然的，从中可以找到规律性的东西。

在具体分析各种计算错误以前，先研究一下学生发生错误的一般原因。掌握了它的原因，再来具体分析各种计算错误，就一清二楚了。

发生错误的原因，可以从学生的角度和教材的角度这两方面进行分析。

1. 从学生方面分析原因

从学生方面分析原因，主要有知识因素和心理因素。一般有如下四个原因：

（1）数学概念模糊，知识掌握不牢固而造成错误

正确理解数学概念和牢固地掌握数学知识，是学生正确地进行数学练习的必要条件。否则，就可能发生错误。例如：

$$\begin{array}{r} 38 \\ +27 \\ \hline 515 \end{array}$$

这是由于没有掌握进位的计算法则所造成的错误。

$$\begin{array}{r} 96 \\ \times 23 \\ \hline 288 \\ 192 \\ \hline 480 \end{array}$$

这是由于没有掌握两位数乘法的计算法则所造成的。

这类错误，学生往往是不承认的，自以为是对的。有一个笑话，一个学生把$\frac{1}{2}+\frac{1}{2}$算成等于$\frac{2}{4}$了。教师把这个学生叫来当面批改，指出这道题算错了，这个学生却说没有错，并且振振有词地说：“老师，你不是说过，$\frac{1}{2}$表示两个人吃一块饼，那

么$\frac{1}{2}+\frac{1}{2}$就是两个人吃一块饼加上两个人吃一块饼，不就是四个人吃两块饼吗，所以等于$\frac{2}{4}$。”原来，这个学生把分数的最基本概念搞糊涂了。

这个错误也说明了一个问题：学生的错误往往与教师的教学工作是分不开的。那位教师把$\frac{1}{2}$说成是两个人吃一块饼，在概念上是不确切的。教学上的举例不当，会造成学生概念上的模糊不清。

发现了这种错误，纠正起来比较困难，一定要及时辅导，讲清概念，弥补学生知识上的缺陷。

（2）思维不灵活，分析不全面而造成错误

数学作业是一种思考性的练习，如果思维不灵活，分析不全面就可能发生错误。

（3）基本口算不熟练而造成错误

有些学生对计算法则是能够掌握的，但由于基本口算不熟练造成了计算错误，这种错误比较普遍。例如：

$$\begin{array}{r} 27 \\ +\ 48 \\ \hline 73 \end{array}$$

7＋8＝15 误算成 13。

$$\begin{array}{r} 68 \\ \times\ \ 8 \\ \hline 524 \end{array}$$

8×8＝64 写 4 进 6；

6×8＋6＝54 误算成 52。

基本口算主要是指百以内的口算。为什么基本口算不熟练会造成算术四则计算的错误呢？这要从计算本身的规律来进行分析。算术四则计算包括整数、小数以及分数四则计算。这些内容相互之间紧密联系着，其中以整数四则计算为基础。因为小数和分数的计算只要通过某些变形，最终仍可归结为整数计算。而百以内口算又是整数四则计算的基础，因为任何多位数四则计算都可以分解成一些基本口算题。

这在前面“基本口算与笔算相关的研究”中已经分析过。

教学实践证明：基本口算熟练的学生，笔算速度快，成绩也好；基本口算不熟练的学生，笔算速度慢，成绩也差。

（4）粗心大意，不良作业习惯而造成错误

这类错误是由于学生粗心大意，在不知不觉中产生的。如：看错题目、写错数字、脱漏符号。有时把加法做成减法，减法做成加法，忘记点小数点，书写潦草，上下式没有对齐，这些也都属于这类错误。

这种错误也称无意错误，一经教师指出，学生自己也会发现和纠正。但是这类错误会不断重复出现，今天纠正了，明天又会出现同样的错误。教师们为此很伤脑筋。

其实，这类错误同儿童的心理特点有关。从儿童的心理特点上分析，计算错误可分为两类：一是视觉性错误，二是干扰性错误。

①视觉性错误

从心理学上分析，强知觉对象往往会抑制弱知觉对象，并在大脑中产生兴奋中心，造成对弱知觉对象的遗忘。例如：$8\frac{4}{5}\times3\frac{3}{4}\div0.9+1$，这道题中乘除是强知觉对象，加 1 是弱知觉对象，所以学生有时会把最后的加 1 忘记了。

再如，忘记点小数点、看错数字都是属于这类视觉性错误。

②干扰性错误

当人的感觉器官受到某一强刺激的持续作用时，神经中枢就产生兴奋中心，这种兴奋中心有时会形成干扰，使学生产生错误。例如，做了若干道加法题，再做乘法题时，往往会把乘法做成加法。

所以，对待学生的“粗心大意”，也要做具体分析，不能一概训斥了事。教师要从儿童的心理特点进行分析，在教学中要特别注意培养学生良好的作业习惯。

2. 从教材方面分析原因

教学实践表明，学生学习教材中的难点部分、相似的部分和计算过程复杂的部分容易发生错误。

（1）教材中的难点部分，学生容易发生错误

加减法中的进位和退位问题，小数除法中的小数点处理问题，分数加减法中的通分问题等，都是教材中的难点。教材中的难点，是学生感到比较难学的地方，往往也是学生容易发生错误的地方。

（2）教材中相似的部分，学生容易发生计算错误

在数学教材中，有不少相似的材料，在学生的脑子里往往互相干扰，混淆起来，由此产生计算错误。

比较突出的例子是 0 与 1 的计算问题。对任何数同 0 相乘都等于 0，0 加上一个数等于这个数，任意一个数同 1 相乘还等于这个数，学生容易混淆，往往会出现像 12×0＝12，12＋0＝0 的错误。0 与 1 的计算问题一直是学生在四则计算中不易解决的问题，甚至到中学里进行代数运算，还发生这类错误。

小数加减法同整数加减法，学生也会混淆。

如：

$$\begin{array}{r} 3.\ 5\ 6 \\ +\ 7.\ 2 \\ \hline 4.\ 2\ 8 \end{array}$$

所以，发生这样的错误，主要是受整数加减法竖式写法的影响，以为小数加减法也要末尾对齐。

这类错误，在心理学上称为“痕迹性错误”，就是受旧知识痕迹的影响而发生的错误，也是旧有的计算方法的“惰性作用”对新的计算方法产生消极的影响。两种相似的材料，学生一时不能把它们区别开来，就发生计算错误了。

（3）教材中计算过程复杂的部分，学生容易发生计算错误

多位数乘除法，计算过程比较复杂，学生这方面的计算错误较多。因为计算过程复杂，计算步骤多，造成错误的机会就多，只要在某个环节上稍一疏忽，就会使计算结果发生错误。多位数除法，在计算过程中一会儿要用乘法和加法，一会儿又要用减法，就容易发生错误。带分数除法也是这种情况。

这类错误同学生的心理特点也有关系。四则计算具有连续性和重复性的特征，这种特征会引起学生出现厌烦和紧张的心理。而这种特征又要求学生在进行四则计算时，有意注意要相对地持续一段时间，这同小学生的注意不稳定性相矛盾。

根据李昌武的研究，他以一道五步计算题，对 16 个学生的计算错误进行了统计分析，统计结果表明：开始几步由于学生的注意一般处于良好状态，错误较少；中间几步，注意的稳定性减弱，出现厌烦和紧张的心理，错误较多；最后一步，由于运算即将结束，出现兴奋，注意的稳定性又开始回升，

错误减少。

以上是从教材的角度，分析学生发生计算错误的原因，从中可以看到一些规律性的东西。了解这些规律，对我们钻研教材、备课有帮助。我们在备课时，要着重分析什么是教材的难点，哪些教材相互之间容易混淆，哪些教材计算步骤复杂。对于这些教材，我们要抓住它的主要矛盾，重点讲解，预先采取教学措施以防止学生发生计算错误。

（三）怎样防止和纠正计算错误

这里有两个问题：一个是防止计算错误的发生，一个是错误发生了怎样纠正，这两者是互相联系的。两者相比，要“防”重于“治”。下面简单讨论一下防止和纠正计算错误的几项主要措施。

1. 向学生进行学习目的性教育

防止和纠正学生的计算错误，首先要从思想教育着手，使学生明确学习数学的重要意义，树立“为祖国而学习”的思想，把学习数学同实现“建设祖国大业”的伟大目标联系起来。有些学生以为算错几道题目没有什么要紧，不是还可以得七八十分吗？这种满足于得七八十分的思想要加以纠正，要使学生懂得在社会主义现代化建设中，哪怕是百分之一、千分之一的差错，都会给建设带来损失。教学中，应该举些实例向学生进行教育。例如：农药的配方计算错了，结果庄稼“烧”坏了；技术革新中，把计算搞错了，会出现爆炸等严重事故；如果炮兵计算不正确，就打不准目标；一座南京长江大桥的设计，就有数百万次计算问题，不能有一点差错。教师可用这些材料启发学生认识计算正确的重要性，培养学生攻关不畏难的顽强斗志和勤学苦练的学习作风。同时，教师还要培养学生认真负责、书写格式符合规定以及按时独立完成作业等良好的习惯。

为了加强学生的责任感，可以要求每个学生准备一本练习簿，称为“计算错误登记簿”或称“错题本”，把自己每次做错的题目登记在上面，并加以订正。这样做，一方面可以加强学生的责任感，一方面也便于教师系统地看出每个学生计算错误的情况，从中找出原因。

教师可以仿照汽车驾驶员开展“安全公里”运动的方式，开展“千题无错误”活动。教室里贴出一张统计表，记载学生“安全计算”的进度。例如：

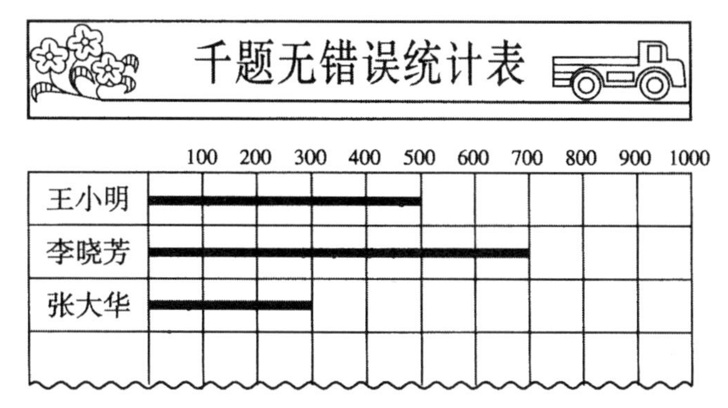

对达到“千题无错误”的学生，可以发给荣誉证书，以资鼓励，也可在座位桌边贴上“千题无错误”的荣誉标记。

2. 努力提高课堂教学质量

我们的工作重点应放在发生错误之前。这就要求我们认真备课，钻研教材，了解学生的知识缺陷和学习中的困难，讲究教学方法，提高课堂教学质量，使学生牢固地掌握计算法则，并且在计算过程中能够自觉地运用法则指导计算，避免发生错误。

教学中，特别要注意容易混淆的基本概念和运算法则的教学。这些概念和法则要努力学好，并在适当的教学阶段，把两种容易混淆的概念和法则加以对比，使学生区别清楚。但不要一开始就比较，应该等学生对两种概念、法则都有了一定的理解后，再加以对比。特别是在低年级，这个问题更要注意。因为低年级学生年龄小，能力差。一个没有学好，急于同另一个比较，反而会使学生眼花缭乱，搞不清楚。

教师不能搞“满堂灌”，要启发学生思考问题。鼓励学生多提问题。同时，必须逐步培养学生的自学能力，使学生学会独立阅读和运用课本。这样，他们在课后就能够自觉地阅读课本，复习有关知识，防止发生错误。

改革课堂教学结构，做到三个为主：以学生为主，以自学为主，以练习为主。

要重视课堂练习。课堂上要有时间让学生板演。学生当堂到黑板上演算，教师可以及时了解他们掌握知识的情况，发现错误及时纠正。这种课堂板演，要有计划地让学困生去做，以便及时发现问题。课堂上要留有充裕的时间给学生做作业。在学生做作业的时候，要进行个别辅导。有些教师老是到敲了下课铃，才匆匆忙忙地布置作业。这样，学生只能在课后慌慌忙忙地赶作业。俗话说“心慌意乱，一乱就错”，匆忙地做作业，错误一定会增多。有些教师由于不注意课堂练习，忽视课堂教学的改革，把精力大都花费在课外补漏洞上，结果是旧的漏洞还没有补好，新的漏洞又来了。

3. 认真批改作业，及时辅导

认真批改作业是防止和纠正错误的重要一环。批改作业必须及时，最好能做到当堂处理作业。学生做课堂作业时，教师要加强巡视，可以一边巡视，一边批改。学生做完课堂作业后，可以当堂校对，学生在错题上用铅笔打个小“×”。这样做，可以做到及时反馈，使学生当堂就知道哪几题做对了，哪几题做错了。要求学生当堂把错题订正好，再把练习本交给老师。教学实践证明，这种当堂处理作业的做法，大大提高了数学作业的正确率。当堂处理作业后，教师仍要认真批改作业。

批改作业不能只看得数对或错，要分析错在什么地方、为什么会错。批改时，对于学生的点滴进步，都应鼓励；对于做错的学生，要耐心启发他改正，千万不能讽刺、挖苦。

批改作业时，教师可采用一定的批改符号，做到有批有改。这些符号要能使学生清楚地看出错在什么地方，是什么类型的错误。有时可适当写上评语，鼓励学生；有时可根据错误情况，在错题旁边写上带有启发性的提示，例如：“想想看，错在哪里”、“先复习课本第×页，再把错误订正”、“先订正错误，再算下面几题”（根据错题重编题目）、“用××方法验算一遍，然后想一想为什么会算错”，等等。对于个别错误较多又无法独立订正的学生，最好采用面批的方法，一面批改，一面辅导，使学生懂得错误的地方、错误的原因以及订正的方法。

批改过程中，教师要随时把一些典型的错例记录下来，从中研究发生错误的规律，防止以后类似的错误再发生。同时，可以根据错误的情况，组织有针对性的单项练习，弥补知识缺陷。

分清一般性错误和个别性错误很重要。一般性错误带有普遍性，应该在全班进行解决；个别性错误没有代表性，只要个别辅导，不需要在全班解决。教师在全班讲个别性错误，往往会造成学生错误的印象，使本来计算无误的学生也弄得糊涂起来。

4. 加强基本功的训练

在小学数学教学中，必须加强口算基本训练，学生的计算错误大都是由于基本口算不熟练造成的。因此，扎扎实实练好基本口算这个基本功，对防止计算错误有很大的作用。

练好基本功，首先必须在低年级打好基础，特别对 20 以内加减法和表内乘除法，一定要达到不假思索、脱口而出的熟练程度。

口算是笔算的基础，口算不过关，笔算也就困难。因此，小学数学教学中必须把基本口算训练放在一个极重要的地位，“计算要过关，必须抓口算”。

基本训练应该做到制度化、序列化、科学化，各年级都应该有基本训练的材料。基本训练是一个长期的过程，要细水长流、持之以恒。

5. 教会学生验算方法，培养学生的验算习惯

教学中，应该有计划地教会学生几种不同的验算方法，使他们能从各个不同的角度进行验算，防止发生错误。

四则计算常用的验算方法有以下几种：

（1）估计法验算

验算一道题目得数是否正确，可以采用估计的方法。例如：$412\times45=1854$，验算这道题，先估计一下 $400\times40=16000$，积是一个五位数。现在这道题目的积只有四位数，那肯定是错了。又如，$4280\div4=170$，用估计的方法可以立即发现计算有错误。因为 4280 除以 4，被除数的首位够除，商一定是四位数。再如，$150\times\frac{4}{5}=200$ 这道题目，用估计的方法也能立即发现错误。因为 150 的$\frac{4}{5}$不会比 150 大。

积、商位数估计法在小数运算中也能适用。但这种验算法只能估计得数的位数对不对，不能检验得数对不对，是有局限性的。

（2）互逆法验算

加法和减法、乘法和除法之间是互逆关系，可以用减法来验算加法，用加法来验算减法，用除法来验算乘法，用乘法来验算除法。

①用减法验算加法

根据减法的定义，从和里减去一个加数，所得的差必须等于另一个加数（或者等于其余各加数的和），加法的演算才是正确的。

②用加法验算减法

根据减法的定义，把减数与差相加，所得的和必须等于被减数，减法的演算才是正确的。

③用除法验算乘法

根据除法的定义，把积除以被乘数（或者乘数），所得的商必须等于乘数（或者被乘数），乘法的演算才是正确的。

④用乘法验算除法

根据除法的定义，把除数和商相乘（如果有余数，还要加上余数），所得的结果必须等于被除数，除法的演算才是正确的。

（3）交换位置验算

加法：把加数的位置交换后再相加，和应该相等。原理是加法交换律。减法：被减数减去差，应该等于减数。

乘法：调换乘数与被乘数的位置再乘，所得的积应该是相等的。原理是乘法交换律。

除法：用商去除被除数，所得的商应该等于除数。如果有余数的话，就从被除数里减去余数再被商去除，所得的商应该等于除数。

互逆法验算和交换位置验算，不但能纠正错误，而且能帮助学生理解四则计算之间的相互关系，进一步掌握计算法则。

（4）弃九法验算

弃九法是一种特殊的验算方法。例如：$564\times79=44556$。用弃九法验算的方法是：先把被乘数的各位数字相加，一直加到一位数为止，$5+6+4=15$，$1+5=6$；接着把乘数的各位数字相加，$7+9=16$，$1+6=7$；再把两个相加出来的得数相乘，$6\times7=42$，42 再加成一位数，$4+2=6$。把题目中的积也用同样的方法加成一位数，如果也是 6，一般来说，这道题目计算是正确的。如果两个数目不相同，肯定是错了。我们来看这道题的积，$4+4+5+5+6=24$，再 $2+4=6$，所以这道题计算是正确的。为了看得清楚，可以写成图解式如右：

╲6╱
6 ‖ 7
╱6╲

把被乘数和乘数的各位数字相加的得数写在左右两边，把两个得数相乘的积的各位数字相加的得数写在上面，再把题目中积的各位数字相加的得数写在下面。如果上下一样，表示计算是正确的。

除法也可用同样的方法验算，不过要用逆运算方法把位置调换一下。先把除数和商中的各位数字相加，然后把两个得数相乘，所得的积的各位数字相加的得数，如果和被除数用数字相加所得的数字相同，那么这道题目计算是正确的，否则就错了。写成图解式如右图。

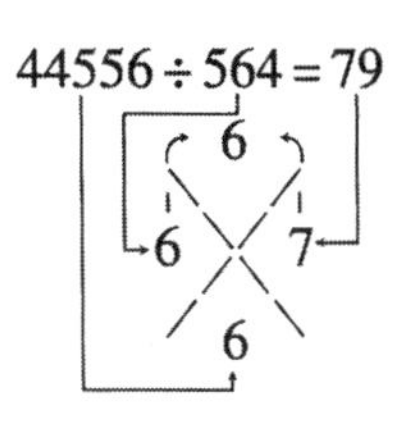

弃九法验算有两个缺陷：一个缺陷是得数中少一个零或多一个零的错误是检验不出来的，这个缺陷可用估计法验算来弥补；另一个缺陷是得数中数字的次序如果前后调换了，也检验不出来。例如上面一题的积 48，如写成 84，也检验不出来。这些必须向学生说清楚。

教学中应向学生指出，以上几种验算方法要根据具体情况灵活运用。有时候，也可以两种验算方法并用，以保证验算无误。

教学中，不仅要使学生掌握验算方法，还要注意培养学生的验算习惯。教师可通过一些具体事例向学生说明验算的意义和作用，使学生认识验算的重要性；要训练学生自觉地进行验算，把验算当成作业练习中不可缺少的步骤，正如工厂里的质量检查是整个生产过程中不可缺少的一个环节一样。教师的示范作用对学生的影响很大。教师在板演时，无论是计算式题还是解答应用题，都要加以验算，这比教师把验算的重要性说上一千遍的效果还要好。

第五编
破解儿童掌握解题思路的奥秘

应用题教学历来是小学数学教学中的老大难问题，教师难教，学生难学。60 多年来，我不断思索研究，寻找破解儿童学习应用题困难的奥秘。本编从“为‘应用题’正名”开始，介绍破解应用题困难的两个秘诀：1. 应用题要过关，必须抓审题；2. 应用题教学重在掌握解题思路。

一、为“应用题”正名

应用题历来是小学数学的主要内容，古今中外的数学书上都有应用题。“应用题”这个名称起得好，一看就明白，顾名思义，就是应用数学知识解决实际问题的题型。这个名称在国外用了几百年，在中国也用了 100 多年，如果追溯到古代《九章算术》，全书有 246 道应用题，那已有近 2000 年的历史。

从新世纪开始的数学新课改中，取消了“应用题”的提法，《数学课程标准（实验稿）》和小学数学课本都不出现“应用题”的名称，改为“解决问题”（有时又叫“问题解决”），作为一项重大的改革。这种做法，近十年来，教师迷茫，争论不休。为什么通俗易懂、大家都明白的“应用题”，非要改成深奥莫测、大家很难弄明白的“解决问题”呢？据说主要原因有二：一是同国际接轨，因为美国人提“解决问题”，我们也得跟着改；二是原有应用题太陈旧，非得改。

稍有点儿逻辑常识的人都会看出：“解决问题”是一种领域，好比“数与代数”“空间与图形”“统计与概率”等；应用题是一种题型，好比计算题、文字题、图形题。两者之间不是并列关系，而是从属关系。应用题属于“解决问题”领域中的一种题型，这样就能说得通了，大部分教师也会接受。应用题无非是一种题型，为什么非得“斩尽杀绝”，把它逐出小学数学之外呢？

说原有应用题教学太陈旧，这也不符合事实。改革开放以后，经历了 1978 年大纲、1986 年大纲和 1992 年大纲。20 多年来，对应用题教学进行不断改进、不断完善、不断创新，取得了令世人瞩目的发展。当时有十多种义务教育实验课本，各个编写组都在尽力改革原有的应用题体系，设计各种新型应用题内容和形式。广大教师也在教学实践中不断改革教法，逐渐形成一套行之有效的解题策略，有力地促进了学生的数学思维能力的发展。

改革是为了更好地前进，不能对过去全盘否定，特别不能全盘否定改革开放 40 多年来数学教学改革的辉煌成就。改革并不是一味地向外国看齐，而是要很好地总结改革开放 40 多年以来小学数学改革的经验，走自己的路。

我是亲自参与实践和研究的，是一个见证人。根据儿童学习数学的规律，提出“应用题要过关，必须抓审题”的观点，提高学生分析问题和解决问题的能力。20 世纪 80 年代，我主持了应用题基本训练的研究，对常用的数量关系、解题思路、题目结构以及解题方法进行经常性训练，每堂课只用 5 分钟，用分散性训练方法，解决应用题难点问题。后来集中了许多优秀教师的力量，编写了全套（1～6 年级）《应用题基本训练册》，把应用题基本训练序列化、科学化。应用题解题策略的研究，把数学思想方法引进到应用题教学中，特别重点研究了线段图的作用和使用。

这个时期，全国各地的研究风气很盛，涌现出了大量应用题教学的研究成果，这些研究成果推动了中国小学数学教育科学的发展。我们应该认真总结改革开放 40 多年来的经验，在此基础上继续新的改革，走自己的路，而不是按照国外的理论和做法推倒重来，重砌炉灶。

数学课程标准和教科书中“应用题”的名称消失了，许多杂志刊登的文章也回避“应用题”三个字，似乎担心会惹上“走老路”之嫌。但是事实上，教科书中还是有许多应用题出现，不过只能说“问题解决”，不能说“应用题”，教师上课实在太别扭。

“解决问题”是目标，从广义上来说，任何学科的学习都是为了“解决问题”，应用题是一种题型，是为了培养学生解决问题的能力所采用的一种训练手段。这里不存在哪个先进，哪个落后的问题。原本是一个很容易说清楚的简单问题，非要上纲上线，弄得玄而又玄，使教师不知所措。

实践是检验真理的唯一标准。我们反思走过二十年的小学数学新课改之路，应该认识到，现在该是为“应用题”正名的时候了。

现在应该理直气壮地提“应用题”，既然有“应用题”，就存在研究“应用题教学”的问题。事实上，目前课本中存在大量的应用题，这是不可否认的事实。

新课改冲破了原有的应用题教材体系，对应用题的内容进行了调整充实，并且丰富了应用题的呈现形式，这是好事。现在不要回避“应用题”三个字，在此基础上应该继续深入研究应用题的教学问题。

二、应用题形式设计的研究

以前，应用题形式比较单一，大都是文字叙述的形式，经过不断地研究与改革，特别是新世纪开始的课改，在《数学课程标准（实验稿）》中虽然没有专门列出应用题内容，但应用题作为一种题型，散见于每个领域，并增加了许多应用题的新形式，从多方位、多角度发展学生思维，提高分析问题和解决问题的能力。

应用题由事件、条件、问题等形式以及它们之间的关系所组成，一般由图画、语言、文字、表格叙述出来。它的形式多种多样，主要有如下几种：

(一)图画式应用题

例 1

1 幅图就是 1 道应用题，根据所求问题，要在图中寻找条件。例 1 中，所求问题是“她们一共拾了多少个鸡蛋?”应该观察图中两个小女孩各拾了几个鸡蛋，右边女孩篮中有 5 个鸡蛋，左边女孩篮中有 7 个鸡蛋，手中又拿了 1 个，应该是 8 个鸡蛋，列成算式是：

8+5=13（个）

上面这类题目比较简单，复杂一点的题目也可用图画形式。利用图画说明应用题的场景和物品，用画中的人物说出题目的条件和问题。如例 2 中，从图画中看出，应用题的场景是学生做狗熊玩具，从学生说话中得出两个应用题条件：一共做了 48 个，送给幼儿园 15 个。提出的问题是：剩下的平均分给一年级 3 个班，每班可分得几个？

例 2

剩下的平均分给一年级 3 个班，每班可分得几个？

例 3

每个小足球多少元？

根据例 3 的图画所传递的信息，改成文字叙述应用题为：

小华到商店买 3 个小足球，付 100 元，找回 4 元。每个小足球多少元？

（二）连环画式应用题

采用连环画的形式，故事情节更为丰富。随着故事的发展，逐步提出应用题的条件和所要求的问题。

例 4　最合理的工资

这道题很有趣，如果按照常规计算，先求出每天的平均工资：50÷30＝1.666…，结果是一个循环小数，只能大约是1.66元或1.67元，但是毛毛熊不同意，一定要精确计算。按照常规思路行不通，应换一个角度思考：先把50元分成10份，每份是5元，再把每月30天也分成10份，每份3天；因为21天里有7个3天，所以5×7＝35（元），狐狸会计算出来的35元钱是对的。

（三）卡通画式应用题

采用卡通画的形式，讲述一个故事，故事情节中包含数量关系，故事结尾提出问题。这种应用题生动有趣、具体形象，如下题：

例5　大米换南瓜

（1）动物城没有货币，大家都是以物换物。4 个南瓜可以换 1 只鸡。

（2）2 个南瓜和 1 只鸡可以换 3 条鱼。

（3）1 只鸡和 1 箩米可以换 5 条鱼。

（4）牛大叔想用 1 箩米换南瓜。请你帮它算一算，可以换到几个南瓜？

解题时，依次观察图画，认真思考图下说明中所提供的数量关系，注意最后一幅图下提出的问题。“大米换南瓜”这道题，可以这样思考：

①4 个南瓜　＝　1 只鸡

②2 个南瓜　＋　1 只鸡　＝　3 条鱼

（4 个南瓜）

思考：因为 1 只鸡换 4 个南瓜，也就是 6 个南瓜换 3 条鱼，由此推出 1 条鱼换 2 个南瓜。

③1 只鸡　＋　1 箩米　＝　5 条鱼

（4 个南瓜）　　（10 个南瓜）

思考：因为 1 条鱼换 2 个南瓜，5 条鱼换 10 个南瓜，又 1 只鸡换 4 个南瓜，由此推出 1 箩米换 6 个南瓜。

（四）表格式应用题

在实际中，许多计算问题都采用表格形式，如各年级学生出席人数表、生产报表、销售报表等。因此，在数学课本中出现了许多表格式的应用题。

例 6　班级图书馆买了下面的图书。你会算出每种书的单价吗？

书名	单价	数量	总价
计算机天地	（　　）元	5 本	80 元
童话故事大王	（　　）元	6 本	72 元
科学趣谈	（　　）元	4 本	56 元

例 7　下面是新苗书店四、五、六月图书的进货情况。

	四月	五月	六月
儿童图书	2000 本	3000 本	4000 本
成人图书	3000 本	4000 本	5000 本
合计			

（1）算出每个月进书的合计数，填在表中。

（2）算出每个月成人图书比儿童图书多进多少本。

（3）你还能提出哪些问题？

例 6 比较单一，例 7 复杂多了，既要算出合计数，又要算出相差数，还要自己提出问题自己计算。可以提的问题比如：第二季度儿童图书进书数、成人图书进书数，第二季度进书的总数，第二季度每月进书的平均数等。

（五）歌谣式应用题

我国古代算书中经常用诗歌形式提出算题，如明代数学家程大位在《算法统宗》里记载有这样一道题：

一百馒头一百僧，

大僧三个更无增，

小僧三人分一个。

大小和尚各几丁？

这是一首七言诗，意思是说100个和尚吃100个馒头，大和尚1人吃3个，小和尚3人吃1个，大小和尚各有多少？

《一千零一夜》是古代阿拉伯民间故事集，在该书第458夜的故事里，有一道用诗歌叙述的题目：

一群鸽子飞过一棵树，

一部分落在树上，一部分落在树下，

一只落在树上的鸽子对落在树下的鸽子说：

“如果你们当中的一只飞到树上来，你们余下的数目就是整个鸽群的$\frac{1}{3}$；

如果我们中的一只飞到地上，我们余下的数目就和你们相等。”

原来树上、树下各有多少只鸽子？

现在有些课外数学书中，有用歌谣出的算题，如：

我问开店李三公，

众客来到此店中，

一房七客多七客，

一房九客一房空，

细细想来细细算，

房间、客人各几多？

由于诗歌、歌谣的语句简练，读来朗朗上口，增加了算题的文学色彩，但也增加了理解题意的难度，必须把每一句话、每一个词的含义搞清楚，才能列式计算，解决问题。

（六）开放式应用题

应用题中的条件或问题不是固定的，可以变化，也就是开放的。这类题目要求高，必须自己先提出问题、寻找条件再计算。

例 8

根据所给的条件可以提出很多问题：

（1）梨树有多少棵？

（2）苹果树有多少棵？

（3）桃树和梨树一共有多少棵？

（4）桃树和苹果树一共有多少棵？

（5）桃树、梨树和苹果树一共有多少棵？

（6）梨树比桃树多多少棵？

（7）苹果树比桃树多多少棵？

……

问题确定后，再选择条件，列式计算。

例 9

图中三种物品只是标出单价，钢笔 5 元，笔记本 4 元，皮球 10 元，没有标出数量，小孩手中是 1 张 50 元人民币。这道题条件更加开放，可以提出很多的问题。

(七)文字叙述应用题

用文字叙述的方式，提出应用题的条件和问题。解题时，首先要认真读题，理解文字所包含的意思，弄清数量关系，然后才能列式计算，解决问题。如例 9 可以编成许许多多文字叙述应用题：

(1) 小明到商店买 2 支钢笔，每支 5 元，买 3 个皮球，每个 10 元，付 50 元，应找回多少元?

(2) 小明到商店买 6 本笔记本，每本 4 元，买 5 个皮球，每个 10 元，付 2 张 50 元的人民币，应找回多少元?

文字叙述应用题是常见的应用题形式，又有许多难题，因此，一般书中重点讨论的是文字叙述应用题。

三、应用题要过关，必须抓审题

应用题教学历来是小学数学教学中的老大难问题，学生难学，教师难教。许多数学后进生差就差在应用题上。

60 多年前，我在农村当小学教师时，遇到这个老大难问题只知道给后进生补课，反复给学生讲解，但是收效甚微。后来我考进了华东师范大学教育系深造，专攻小学数学教学法，特别是改革开放后，我对应用题教学开展全方位的研究，探寻应用题教学的奥秘。

20 世纪 80 年代，我首先提出“审题是基础，应用题教学必须在审题上下功夫”。必须对过去刻板、烦琐的应用题教学进行改革，提出“应用题要过关，必须抓审题”的教学策略。

过去应用题教学历来把重点放在分析说理上，不是从问题推到条件，就是从条件推到问题，即所谓分析法与综合法。有些教师叫学生读一遍题目后就急于分析：“问题是什么?”“条件是什么?”“要求出问题，需要哪两个条件?”可是学生连题意还没有搞清楚，怎能分析推理呢，只能跟着教师的问题团团转。结果，教师讲得津津有味，学生却听得糊里糊涂。另外，学生做一道应用题，既要写数量关系式，又要讲解思路，十分烦琐。

这种陈旧的应用题教学方法，花时多，收获少，既苦了教师，又害了学生，必须进行改革。

(一)审题教学的意义

1. 先从“笨石头”的故事谈起

这是很久以前的一件事。有一次，我同教三年级数学的王老师谈起应用题教学问题。他说，学生笨得像石头一样，应用题讲了好几遍还是不会做，就连简单应用题都不会做。我请王老师把他认为最“笨”的“石头”选来。这位小朋友来了，战战兢兢地站在我的面前，我掏出 2 元钱，请这个孩子帮我买两本练习本和两支铅笔。小朋友高高兴兴地跑了出去，一会儿，他把练习本、铅笔和找回的 4 角钱放在我手里。我故意说：“怎么找我 4 角钱，应该找 5 角钱，你算错了吧?”他急得满面通红，连忙分辩说：“练习本 5 角钱一本，两本一元钱，铅笔 3 角钱一支，两支 6 角钱，一共用去 1 元 6 角，你给我 2 元钱，不是找回 4 角钱吗?”我向他道歉并拉着他的手笑着说：“我算错了，还是你算得对。”他高高兴兴地走了。

我转过身来问王老师：“你这块‘笨石头’，刚才做了一道几步应用题?”他沉思了一下，惊讶地说：“刚才的问题，不是一道四步应用题吗!”列成算式是：20－(5×2＋3×2)。

上面这件事，值得我们深思，至少可以使我们明白两个道理：一个是学生做不出应用题并不是他们的脑子笨，而是我们教学不甚得法；另一个是学生解答应用题的关键，在于理解题意。为什么“笨石头”能做实际生活中的四步应用题，而不会做课本上的一步应用题呢？原因就在于课本上的题目是书面语言，学生难以理解题意。

2. 审题是基础

审题是解答应用题的第一步工作。审题的目的在于使学生理解题意。应用题的难度是由应用题的情节和数量关系的状况所决定的。审题过程主要使学生理解应用题的情节部分，由于情节部分与数量关系部分是交织在一起的，当然，审题过程对数量关系也会做初步的了解。

理解题意，就是理解应用题的题材和内容，讲的是一件什么事情，事情的经过是怎样的，给予哪些条件，要求的问题是什么。在这个基础上，再进一步分析题目中的数量关系，不理解题意是无法弄清题目中的数量关系的。因此，审题是基础，应用题教学必须在审题上狠下功夫。也可以这样说，“应用题要过关，必须抓审题。”审题是应用题教学的重点。

现将解答应用题的几个步骤的作用图表分别说明如下：

审题是基础……通过审题，理解了题意，才能进行分析，这是整个解题过程的基础。

↓

分析是关键……分析梳理关系，才能找到解题方法，这是解题的关键。

↓

计算是目的……通过列式计算，才能算出答案，这是解题的目的。

↓

验算是保证……通过验算，检验解答的正确性，这是正确解题的保证。

教学实践证明，学生做不出应用题，主要困难在于不理解题意。“理解了题意，等于题目做出了一半”，这句话是非常有道理的。有一本《小学数学教学法》书中也有这样一段话：“当学生不能解答应用题时，只要改变一下应用题的题材使应用题更接近于学生的经验，就足以保证解答成功。”

我们曾用以下两道题（数量关系相同，情景有别）测验学生：

（1）发电厂原来用 4.5 吨煤发电 1 万千瓦时。改进设备以后，每发 1 万千瓦时电少用煤 0.5 吨。原来发 5.6 万千瓦时电所用的煤，现在可以发电多少万千瓦时？

（2）原来订一本练习簿 45 张纸，现在订一本练习簿少用 5 张纸。原来准备订 200 本练习簿的纸张，现在可以订多少本？

结果，学生解答（1）、（2）两题的正确率分别为 12.5％与 78.4％，这个差距，正是由于第（1）题较第（2）题的题意与学生的实际生活距离大，难以理解所造成。

（二）数学中的语文教学因素

审题过程中，学生首先遇到的是文字上的困难，应用题具有广泛的题材内容，用数字名词术语表述数量之间的关系，并用精练的文字写成。对低年级学生来说，一道应用题可能要比一篇语文课文难。因此，在审题教学中，必须重视词语教学，这是数学教学中的语文因素。这个问题以前不为大家所重视。

在审题教学中必须注意如下有关的词语教学：

1. 名词术语教学

在应用题的叙述中，有一些名词术语对理解题意和确定解法具有决定性作用。例如，表示数量之间关系的名词术语有：一共、共有、还剩、同样多、相差、几倍、平均、增加、增加到、缩小、减少等。反映工农业生产方面的名词术语有：亩产量、月产量、平均产量、增产、超额、原计划、实际生产、工作效率、播种面积等。

对于影响解法的名词术语要着重讲解，初教时要写在黑板上，并举例分析，有时还可指导学生用名词术语造句，可以借鉴语文中的词语教学经验。

为了使学生理解和掌握这些名词术语，可进行专门训练。例如，以下是“减少和减少到”的训练题：

（1）原来有 5 吨 600 千克，减少 1 吨 200 千克，就是减少到________吨________千克。

（2）原来有 5 吨 600 千克，减少到 1 吨 200 千克，就是减少了________吨________千克。

（3）原来有________吨________千克，减少 600 千克，就是减少到 5 吨。

2. 代词的教学

正确理解代词所表示的含义，也属于理解题意之列。审题时，要求学生弄清楚每一个代词的含意。例如：

哥哥采集树种 6 千克，他的两个弟弟各采到 4 千克，他们一共采到树种多少千克？

这道题中的“他”是指哥哥，“他们”是指哥哥和两个弟弟。另外，题中的“各”字是一个十分重要的词，表示“分别”的意思。

3. 副词的教学

在应用题中经常用副词来表示程度、范围、时间，这对理解题意也是不可忽视的。

例：两个村分别从两头挖水渠。先由第一村以每天160米的进度开挖，2天后，第二村也参加了工作，第二村每天挖190米，他们再挖7天就能完成了。求这条水渠的总长。

解答这道题，必须正确地理解副词“先、后、再”的意义，才能弄清楚事情发展经过。题中“他们”这个代词，表明2天后再挖7天，是两个村共同完成的。

4. 属种概念的教学

例：商店运来150千克橘子，橘子比梨多100千克，一共运来水果多少千克?

上题中的水果包含橘子和梨，水果是属概念，橘子和梨是种的概念。如果学生不理解属种概念的关系，解题就有困难。学生看到求的是一共运来“水果”多少千克，可是条件中没有“水果”，只有“橘子”和“梨”，他们就会不知所措。

应用题中涉及的属种关系的概念较多，例如：

大米、小麦——粮食　　　毛笔、铅笔盒——文具

鸡、鸭、鹅——家禽　　　镰刀、铁锹——农具

教师在分析应用题时，必须向学生讲清这些属种关系的概念，这一点不能疏忽。

5. 常识性概念的教学

应用题中出现某些常识性的词语，也可能成为学生解题的“拦路虎”，教师必须使学生清楚、通俗地理解这些词语。

例1　一个煤矿原计划上半年产煤66万吨，实际每月比原计划多生产2.2万吨。照这样计算，完成上半年计划要用几个月?

题中“上半年”即表示六个月的意思。不懂这个常识，解题就会发生困难。

例2　在一只底面半径为30厘米的圆柱形水桶里，有一段半径为10厘米

的圆柱形钢材放在水里，当钢材从储水桶中取出时，桶里的水面下降 5 厘米，这段钢材有多长？

解答这道题的关键，在于弄清楚水面下降所减少的体积就是钢材的体积。

例 3　李明看见远处打闪，4 秒钟后听到雷声。已知雷声在空气中的速度是每秒 0.33 千米，打闪的地方离李明有多远？

解答这道题，必须懂得光速 30 万千米/秒和声速 0.33 千米/秒的常识。

(三)审题教学的方法

在审题教学方面，总结许多优秀教师的经验，可概括成一句话：“一读、二画、三复述。”一读就是读题，二画就是在题目上面画符号，三复述就是复述题意。

1. 一读——认真读题

读题是审题教学的第一步。指导学生读题，主要用默读方式，因为默读时，可以一边读，一边思考，齐读就很难顾上思考。一开始默读有困难，可先用低声读，然后过渡到默读。读题时，不要匆忙，要让学生反复、仔细地默读几遍。

一年级开始的时候，主要由教师范读，学生跟着读，教师要慢慢地读，一字一句读清楚。以后，把生字注上汉语拼音，让学生慢慢试读，要求读得准确，不要漏字、加字。

在教学过程中，要逐步提高学生的读题能力，先要求学生逐字逐句地读，以后要求连贯地读，进而要求带有表情地读，关键的词语要加重语气地读。

2. 二画——细画符号

会读题并不等于理解了题意。为了促进学生理解题意，理解题目里每个词语的含义，可以指导学生画画点点，画上各种符号。一般用双竖线把应用题的条件与问题分开，用横线把已知条件断开，用着重点表示关键词语。如：

新光电视机厂计划 30 天制造 5400 台电视机，实际每天比计划多制造 20 台。照这样计算，要完成原定生产任务 5400 台，‖少用多少天？

这样画一画、分一分、点一点，帮助学生加深对题意的理解。

3. 三复述——复述题意

在语文教学中，用复述课文大意来检查学生是否真正弄懂课文内容，我们可以把这个经验运用到数学教学中，用复述题意来检验学生是否真正弄懂题目的意思。复述不等于背诵，可以变动字词，也不必要求说出具体的数目，但是题目的意思一定要说清楚。

例：买苹果和梨用 18 元，苹果值 12 元，1 斤梨的价格是 2 元，买了多少斤梨？

学生可以这样复述题意：买苹果和梨一共用去 18 元，其中买苹果用去 12 元，又知道 1 斤梨的价格是 2 元，求买了多少斤梨。如果学生能这样复述的话，说明他已弄懂了题意。

复述题意的能力是逐步培养起来的。一般是先按教师的提问复述，再由学生独立复述。如上题可以这样提问：

（1）题目中讲的是一件什么事？（讲买水果的事）

（2）买了哪些水果？（苹果和梨）

（3）一共付了多少钱？（一共付了 18 元）

（4）买苹果用去多少钱？（买苹果用去 12 元）

（5）一斤梨多少钱？（1 斤梨 2 元）

（6）问题求的是什么？（求买了多少斤梨）

这样按问题部分复述后，再要求学生连起来完整地复述。

复述前，教师可让学生低声说一遍或默想一遍，并要唤起他们的想象，“闭上眼睛，清楚地想象一下，题目里说的是什么？你能说一说题目的意思吗？”

除了要求学生一般复述以外，还要对关键词句重点复述。教师可提问：“这道题目里哪些词句最重要，你能说一说吗？”

对学生进行复述题意的训练，可以培养学生认真审题的良好习惯，同时还可以培养学生的数学语言表达能力以及理解力和记忆力。

审题是解题的开始，在认真审题的基础上接着就要分析数量关系。当然，有时审题和分析这两步是交织在一起的。

综上所述，应用题教学中必须重视审题教学，明确地提出数学中语文教学因素的问题，就是要把数学教学与语文教学有机地结合起来。培养学生认真审题的能力，不仅仅是为了解答应用题，更重要的是培养学生的数学阅读能力，这是一个科学技术人才必不可少的一项能力。

四、应用题教学重在掌握解题思路

应用题教学不仅要使学生学会解题，更重要的是要使学生掌握解题思路。古人云“授人以鱼，不如授人以渔”，意思是，给人几条鱼，不如教给他捕鱼的方法。同理，教学生解题方法，他只会做几道题，题目稍有变化，他又不会做了；如果使他掌握解题思路，这一类题目都会迎刃而解了。

《义务教育数学课程标准（2011 年版）》中提出了“四基”的要求，除“基本知识”和“基本技能”外，又提出“基本思想”和“基本经验”。基本数学思想，就是要学生掌握数学思想方法以及解题思路。

在《义务教育数学课程标准（2011 年版）》中列出的十个关键词，其中就有“推理能力”，指出：“推理能力的发展应贯穿在整个数学学习过程中。推理是数学的基本思维方式，也是人们学习和生活中经常使用的思维方式。”

解题思路好比是打开应用题大门的钥匙，把钥匙交给学生，让他自己去打开应用题的大门。以下介绍 12 种常用的解题思路。

（一）一目了然——排列法

应用题都是由已知条件和所求问题两部分组成的。解答一道应用题，首先要弄清有哪些条件，所求的问题是什么，再分析条件和问题之间有什么关系。

简单的题目，条件和问题一看就清楚；比较复杂的题目，往往读了几遍还弄不清楚。为了解决这个问题，这里介绍一种方法，叫“排列法”。

“排列法”就是把应用题的条件简要地排列出来，看了就能一目了然，便于进一步分析推理。这是打开应用题大门的第一把钥匙。

法国数学家笛卡尔说过：“所谓方法，就是把我们应当注意的事物进行整理和排列。”

例 1 修一条 1200 米长的公路，甲队平均每天修 56 米，乙队平均每天修 44 米。两队同时修了 6 天以后，都提高了工效，甲队平均每天可多修 12 米，乙队平均每天可多修 8 米。这样再修几天可完成任务？

这道题目很长，有些学生看到长的题目就头痛，越是怕越是弄不清楚。学生应该耐心地把题目多读几遍，再把条件简要地排列起来。

修一条公路长 1200 米

每天修 6 天以后

甲队→56 米→多修 12 米

乙队→44 米→多修 8 米

再修几天可以完成任务？

从上面的排列表上，可以清楚地看到应用题的条件和它们的相互关系，题目的结构也揭示出来了。这样就容易找到解题的路子了。

分步列式计算：

（1）两队 6 天共修米数：

(56＋44)×6＝100×6＝600（米）。

（2）修了 6 天后剩下米数：

1200－600＝600（米）。

（3）提高工效后两队每天修的米数：

(56＋12)＋(44＋8)＝68＋52＝120（米）。

（4）剩下的要修的天数：600÷120＝5（天）。

综合算式：

〔1200－(56＋44)×6〕÷〔(56＋12)＋(44＋8)〕

＝（1200－600）÷（68＋52）

＝600÷120

＝5（天）。

答：再修 5 天可完成任务。

(二)化整为零——分解法

修理工人要掌握一台机器的构造和性能，有一个好办法：把机器拆开来，对一个一个零件进行研究，再装配起来。

你可能也会有这样的经验。比如你要学会修钢笔，就可以把钢笔拆开来，对拆开来的每一件零件一个一个地进行研究，了解它们的性能，再一件一件地装配起来。

经过这样拆拆装装，就能够熟悉钢笔的构造和性能，也就能很快地学会修钢笔了。

上面是日常生活中常见的现象，我们可以从中发现“由整体到部分”，再“由部分到整体”的认识事物的规律。分析应用题也要用到这种方法。

一道多步复杂的应用题都是由几道一步的基本应用题组成的。在分析应用题的时候，可以把一道复杂应用题先拆成几道基本应用题，从中找到解题的线索。这不是同拆装机器一样吗？所以，我们把这种解题的思考方法，起名为“分解法”。

例 2　农机厂运来一批煤，原计划每天烧 500 千克，可以烧 12 天；改进烧煤技术后，每天比原计划节约 200 千克。实际比原计划多烧几天？

这道复杂应用题的题意还比较清楚。认真读题以后，我们就可以把这道题目拆成 4 道基本应用题。

1. 农机厂运来一批煤，原计划每天烧 500 千克，可以烧 12 天，这批煤有多少千克？

2. 原计划每天烧 500 千克，改进烧煤技术后，每天比原计划节约 200 千克。实际每天烧煤多少千克？

3. 农机厂运来一批煤重（　　）千克，改进烧煤技术后，每天实际烧煤（　　）千克，这批煤可以烧多少天？（把前两题的计算结果填人本题括号中）

4. 农机厂运来一批煤，原计划可以烧 12 天，实际可烧（　　）天，实际比原计划多烧几天？

以上 4 道基本应用题拼起来就是例 2。经过这样拆拆拼拼，这道复杂应用题的来龙去脉就弄清楚了。根据这 4 道基本应用题的线索，问题得到解决。

分步列式计算：

（1）这批煤的重量：

$500\times12=6000$（千克）。

（2）实际每天烧煤量：

500－200＝300（千克）。

（3）这批煤实际烧的天数：

6000÷300＝20（天）。

（4）实际比原计划多烧的天数：

20－12＝8（天）。

综合算式：

500×12÷(500－200)－12

＝6000÷300－12

＝20－12

＝8（天）。

答：实际比原计划多烧8天。

（三）动手操作——演示法

应用题大都来源于实际，解应用题就是用数学知识去解决实际问题。因此，对应用题的题意没弄清楚以前，不要急于去做；可以根据题目中的条件进行演示，弄清它们之间的数量关系。

“实践出真知”，经过亲自动手演示，好像做实验一样，能使应用题的内容形象化，数量关系具体化，做到“真相大白”。这样做不但便于找到解题的线索，而且学会了不易忘记。这种方法叫作“演示法”。

例3　邮车与货车同时由甲城开往乙城。邮车每小时行38千米，货车每小时行24千米。邮车到达乙城时，因装卸邮件停留30分钟后立即返回甲城，在返回的途中与货车相遇。两车从出发到相遇经过5小时30分钟。问：甲城到乙城的路程有多少千米?

这道题目很复杂，一时难以找到解答方法。我们可以用演示法来解决。

演示的时候，可以利用手边现成的东西，比如用卷笔刀代替邮车，用橡皮代替货车，课桌两端表示甲城和乙城。然后仔细阅读题目，按照题目给予的条件，一步一步演示。

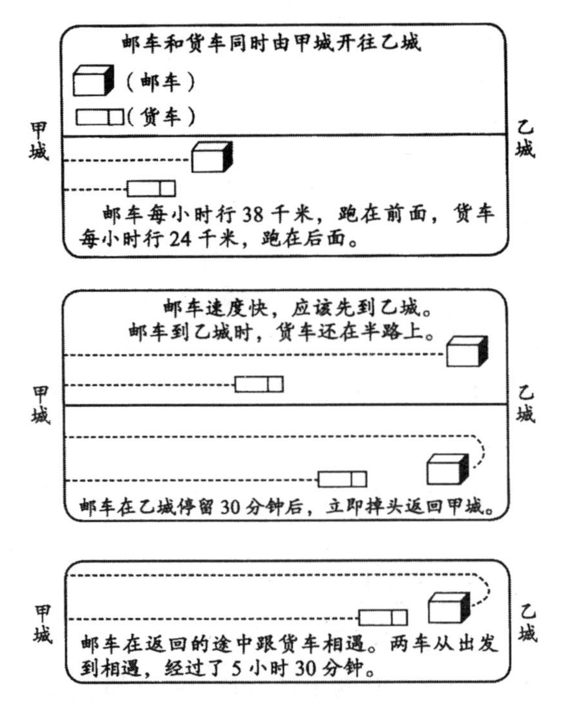

通过演示，既弄清了题目的情节，又从演示的过程中受到了启发。通过观察不难发现，邮车和货车从出发到再相遇，所行的路程恰好等于甲城到乙城路程的2倍。如果把邮车行的路程加上货车行的路程，再除以2，那就能求出甲城到乙城的路程了。

货车所行的路程：$24\times5.5=132$（千米）。

邮车所行的路程：$38\times(5.5-0.5)=190$（千米）。

甲城到乙城的路程长：

$(132+190)\div2=322\div2=161$（千米）。

列成综合算式：

$[24\times5.5+38\times(5.5-0.5)]\div2$

$=(132+190)\div2$

$=322\div2=161$（千米）。

答：甲城到乙城的路程有161千米。

解答应用题发生困难的时候，不妨用“演示法”这把钥匙试试。演示的时候，要根据题目的意思一步一步进行，一边演示，还要一边想象，这样才能豁然开朗。

(四)按图索骥——图解法

我国有句成语叫“按图索骥”，意思是按照图像去寻找好马，比喻按照线索去寻找解决问题的办法。解答应用题也可以用上这句成语。

我们先想办法把应用题的条件和问题用图表示出来，然后“按图索骥”，寻找解答应用题的方法。这种方法叫作“图解法”，是打开应用题大门的又一把钥匙。

法国数学家笛卡尔说过：“没有任何东西比几何图形更容易印入人的脑际的了，因此，用这种方法来表达事物是十分有益的。”

为什么儿童喜欢看连环画？原因很简单，因为连环画具体形象，既有趣，又看得懂。我们把应用题中的条件和问题用图表示出来，就是为了让题目里的数量关系能让人看得清清楚楚，便于找到解题的线索。下面举几道例题谈一谈。

例 4　大丰水果店运来的苹果比梨多 250 千克，当苹果卖掉一半的时候，比梨少 75 千克。问：苹果和梨各运来多少千克？

初看这道题，数量关系很乱，一会儿苹果比梨多，一会儿苹果比梨少，中间还插了一个“一半”。现在，画一个线段图试试。根据题意，先画两条线，一条线表示苹果，另一条线表示梨：

(1)“苹果比梨多 250 千克。”

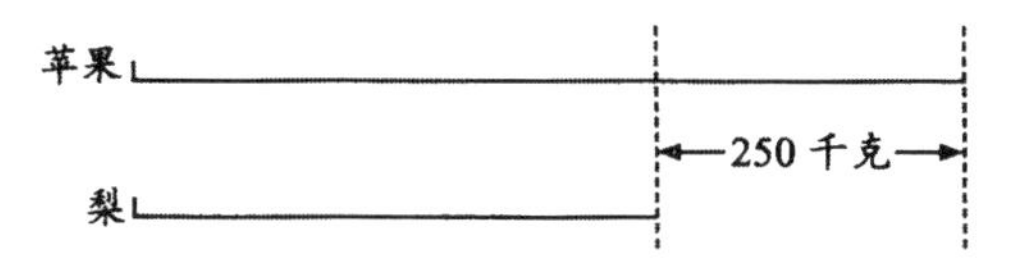

(2)“当苹果卖了一半的时候，比梨少 75 千克。”

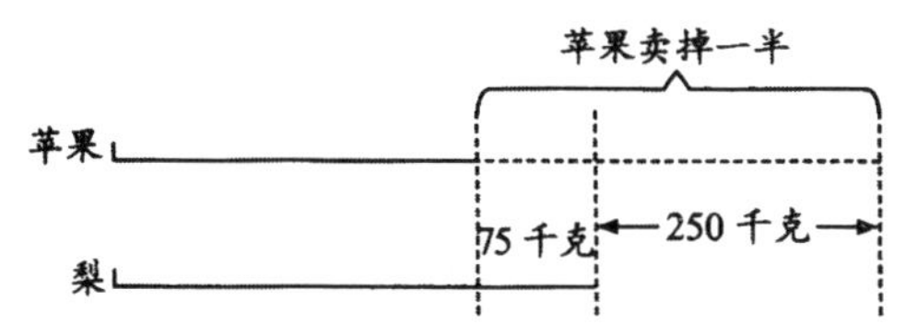

现在，从线段图上可以清楚地看到：

250＋75＝325（千克），正好是苹果数的一半。于是解决这道应用题的线索找到了：全部苹果是325×2＝650（千克）。列式计算：

运来的苹果数有：

(250＋75)×2＝325×2＝650（千克）。

运来的梨数有：650－250＝400（千克）。

答：苹果运来650千克，梨运来400千克。

原来这道题的数量关系不清，现在用线段图一画，就把数量关系清楚地表示出来了：苹果数的一半正好是325千克（250千克＋75千克）。

解答应用题必须学会图解法，这是学好数学的一种很重要的基本功。不过，一定要注意：图解之前，首先要认真读题，弄懂题意。如果题目意思还没有搞清楚，就急于画图去解，就无法找到解题的线索。

根据题意的需要选用什么形式的图解，也要认真考虑。各种形式的图解方法，必须灵活应用。

画线段图的时候，是用线段的长短表示数量的大小。因此，表示大数的线段要画得长，表示小数的线段要画得短，长短大致要合乎题意。如果画颠倒了，分析起来就会发生错觉，反而会帮倒忙。

(五)一个萝卜一个坑——对应法

“应用题难就难在分数应用题上了”，这句话是有道理的。因为复杂的分数、百分数应用题，题目结构复杂，条件变化大。我们一定要找到一把钥匙，去打开千变万化的分数应用题的大门。

分数应用题有一个特点，一个数量对应着一个分率（几分之几），即一个数量相当于单位“1”的几分之几。这种关系叫作对应关系。找对应关系的思考方法，就叫“对应法”。

例5　修筑一条公路，第一季度修了$\frac{1}{4}$，第二季度修了$\frac{1}{3}$，还剩下50千米没有修。这段公路有多少千米长？

根据上面题目里的条件，可以找到下列对应关系：

对应数量	对应分率
一条公路全长→	1
第一季度修的长度→	$\frac{1}{4}$
第二季度修的长度→	$\frac{1}{3}$
两个季度一共修的长度→	$\frac{1}{4}+\frac{1}{3}$
修了两个季度后还剩下 50 千米→	$1-\left(\frac{1}{4}+\frac{1}{3}\right)=\frac{5}{12}$

俗话说："一个萝卜一个坑。"上面表格中，一个数量对应着一个分率，好比一个萝卜一个坑。例题中还剩下的 50 千米，它的对应分率是$\frac{5}{12}$，也就是这段公路的$\frac{5}{12}$是 50 千米。根据"已知一个数的几分之几是多少，求这个数用除法"，就能求出这段公路的全长。列式计算：

$50\div\left(1-\frac{1}{4}-\frac{1}{3}\right)=50\div\frac{5}{12}=50\times\frac{12}{5}=120$（千米）。

答：这段公路全长 120 千米。

不过，"一个萝卜一个坑"，不能把位置找错了，找错了对应关系，题目就会做错。

（六）寻根究底——追根法

俗话说："牵牛要牵牛鼻子。"应用题也有"牛鼻子"，这个"牛鼻子"就是基本应用题。我们知道，任何复杂应用题都是在基本应用题的基础上发展起来的。如同一棵大树，复杂应用题好比树冠，基本应用题好比树根。

我们在分析复杂应用题的时候，要善于透过纷纭复杂的附加条件，寻根究底，找出复杂应用题中的基本问题，然后利用附加条件，最后找到解题的线索。这种解题的思考方法，我们把它叫作"追根法"。有的数学书上也叫"化归法"，意思是把新的问题化归到你熟悉的问题。

我国著名数学家华罗庚说过："善于'退'，足够地'退'，'退'到最原始而不失重要的地方，是学好数学的一个诀窍！”

例 6　货车在上午 7 时从甲站开往乙站，每小时行 35 千米；客车在上午 11 时从乙站开往甲站，每小时行 45 千米。2 小时后客车与货车相遇。两车继续向前开行，到达对方站后立即返回，第一次相遇几小时后两车再相遇？

这道题目看上去非常复杂，弯子转得很多。可是，仔细分析一下，用追根求源的办法，一下子就可以看出它的“根子”是一个基本的相遇问题，其他都是附加条件。我们把条件排列出来，就可以看得更清楚了：

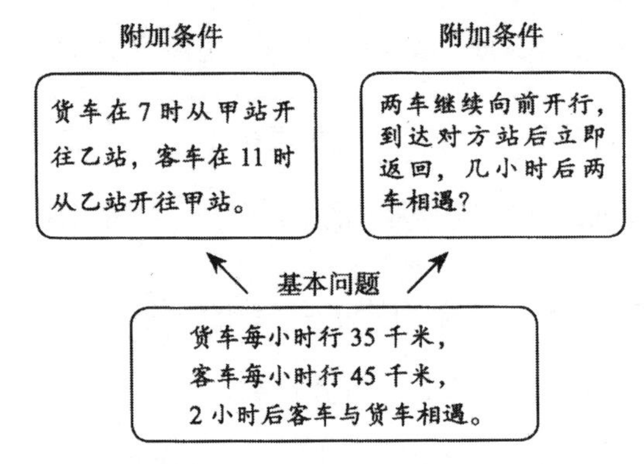

基本问题是一个相遇问题。

第一个附加条件指明，货车在 7 时开，客车在 11 时开，也就是说，货车比客车早开 4 小时。

第二个附加条件指明，两车到达对方站后立即返回，求几小时后两车再相遇。

这样把基本问题找到了，脉络就清楚了。

现在的问题是：在第二个附加条件里，什么叫“到达对方站后立即返回”，什么叫“两车再相遇”。下面，我们可以通过图解法或演示法来解决这两个问题。

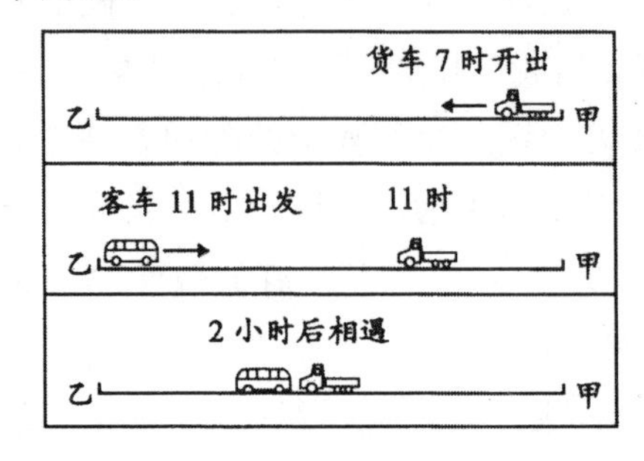

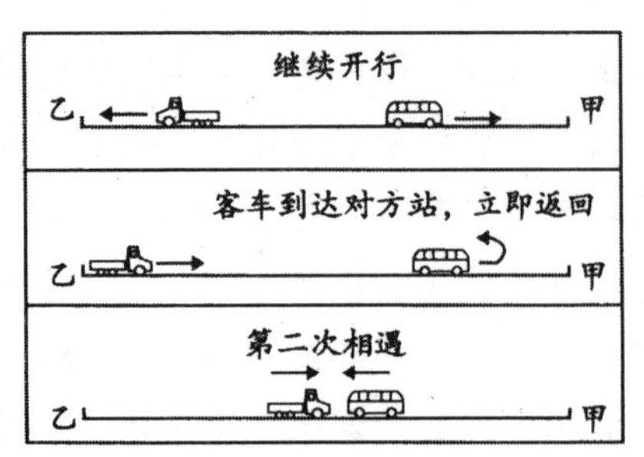

根据倒退法分析，这道应用题要求“几小时以后两车再相遇”必须具备两个条件：

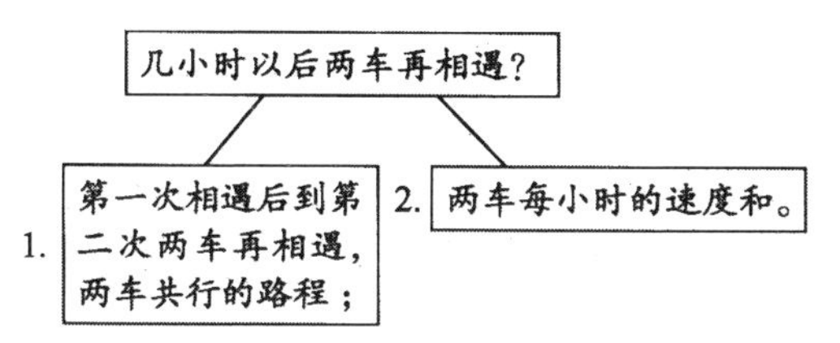

上面第二个条件是已知的，第一个条件是必须求出的。因此，求出第一次相遇后到第二次再相遇两车共行的路程，是解答这道题目的关键。

通过图解可以看出，第一次相遇后到第二次再相遇，两车共行的路程恰好等于两个甲、乙两地的全路程。这样求出甲、乙两地路程的全长又成为解题的关键。分析到这里，思路已经接通了。

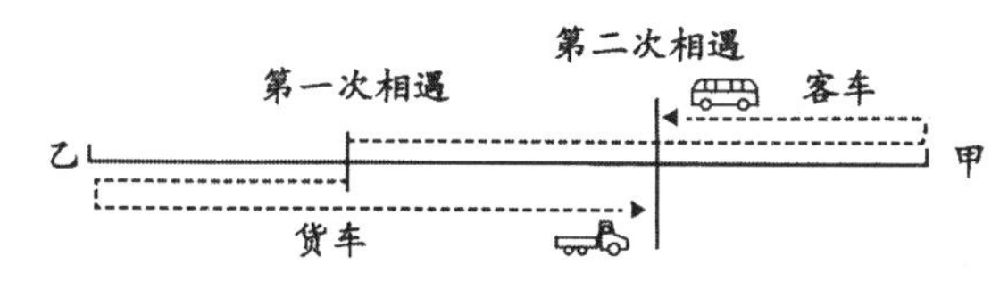

1. 甲、乙两地路程的全长：

货车先行4小时的路程	+	两车在2小时里共行的路程	=	甲、乙两地路程的全长

35×4＋(35＋45)×2＝140＋160＝300（千米）。

2. 几小时以后两车再相遇：

300×2÷(35＋45)＝600÷80

＝7.5（小时）。

答：7.5小时以后两车再相遇。

综合算式：

〔35×4＋(35＋45)×2〕×2÷(35＋45)

＝(140＋160)×2÷80

＝600÷80＝7.5（小时）。

这道题目比较复杂，先用追根法找到基本问题，再弄清附加条件，然后顺藤摸瓜，一步一步找到解题的线索。

（七）变换战术——转化法

在电影里，我们常常看到攻碉堡的场面。当正面硬攻攻不下的时候，往往就要变换方式，采取迂回战术，绕到侧面把碉堡攻下来。

解答应用题也像攻碉堡一样，如果用一般方法暂时解答不出来，就可以变换一种方式去思考，想想能不能把这种问题转化成另外一种问题，再把应用题解答出来。我们把这种方法叫作“转化法”。

恩格斯说过：“这种从一种形式到另一种形式的转变并不是百无聊赖的游戏，它是数学科学最有力的杠杆之一。”

例 7　一辆货车从甲城到乙城需 8 小时，一辆客车从乙城到甲城需 6 小时。两车同时相向而行，几小时后相遇？

这道题粗一看是“相遇问题”，但是同一般的相遇问题又不一样。你看，题目条件中并没有甲城到乙城的路程长，也没有货车与客车的速度。因此，用原来的解答方法，就行不通了。这时，我们就要另找一条路。

假设把从甲城到乙城的全路程作为“1”。

货车 8 小时行完全程，那么货车每小时行全程的$\frac{1}{8}$。

客车 6 小时行完全程，那么客车每小时行全程的$\frac{1}{6}$。

货车与客车每小时一共行全程的$\frac{1}{8}+\frac{1}{6}$。

分析到这里，大家会豁然开朗，这不是已经转化成工程问题了吗？请对照下面两道题目认真观察一下：

相遇问题	工程问题
从甲城到乙城，货车需 8 小时，客车需 6 小时。两车同时相向而行，几小时后相遇？	一项工程，甲队做 8 天完成，乙队做 6 天完成。甲、乙两队合做，几天完成？

这样，把一道相遇问题转化成工程问题，就找到了解答方法。

$1\div\left(\frac{1}{8}+\frac{1}{6}\right)=1\div\frac{7}{24}=1\times\frac{24}{7}=3\frac{3}{7}$（小时）。

答：两车在 $3\frac{3}{7}$ 小时后相遇。

（八）移花接木——假设法

我们先从一道古代算题谈起。我国明代数学家程大位写的一本书叫《算法统宗》，书中有一道“和尚分馒头”的著名题目。这道题目前面已经介绍过，是用诗歌写成的：

例 8　一百馒头一百僧，

大僧三个更无增，

小僧三人分一个，

大小和尚各几丁？

这道题目的意思是：有 100 个和尚，吃 100 个馒头，大和尚每人吃 3 个，小和尚 3 人吃一个，问大小和尚各几人？

这种题目到现在已没有实际意义，但是它的解题方法恰是数学上重要的思考方法。解答这道题目就要用假设法进行分析推理。

①假设 100 人全是大和尚，应吃馒头多少个？

$3\times100=300$（个）。

②100 人全是大和尚应吃 300 个，现在只有 100 个，少了多少个？

$300-100=200$（个）。

③为什么会少 200 个馒头呢？因为事实上 100 人不全是大和尚，其中还有小和尚，一个小和尚比大和尚少吃多少个？

$3-\frac{1}{3}=2\frac{2}{3}$（个）。

④现在用一个小和尚去调换一个大和尚，就能少吃 $2\frac{2}{3}$个，缺少的 200 个馒头必须用多少个小和尚去调换呢？

$200\div2\frac{2}{3}=75$（人）。

⑤小和尚有 75 人，大和尚有多少人呢？

$100-75=25$（人）。

列成综合算式计算，小和尚有：

$(300-100)\div\left(3-\frac{1}{3}\right)=200\div2\frac{2}{3}=75$（人）。

大和尚有：

$100-75=25$（人）。

用代入法验算：

$25\times3+75\times\frac{1}{3}=75+25=100$（个）。

答：大和尚有 25 人，小和尚有 75 人。

从上面的分析推理过程中可以看出，解答这道题目的关键，是先把 100 人全都假设为大和尚，然后才能一步一步分析下去。

“假设法”是一种常用的数学思考方法。运用假设的策略，改变题目的条件或问题，将题目简化，达到化难为易的目的。假设法的假设方式是多种多样的，有“变换条件假设”“完备条件假设”“问题假设”“情境假设”等。解答分数应用题的时候，常把总产量、路程全长、全班人数假设为单位“1”，这就是“假设法”在分数应用题中的应用。

(九)追本溯源——推理法

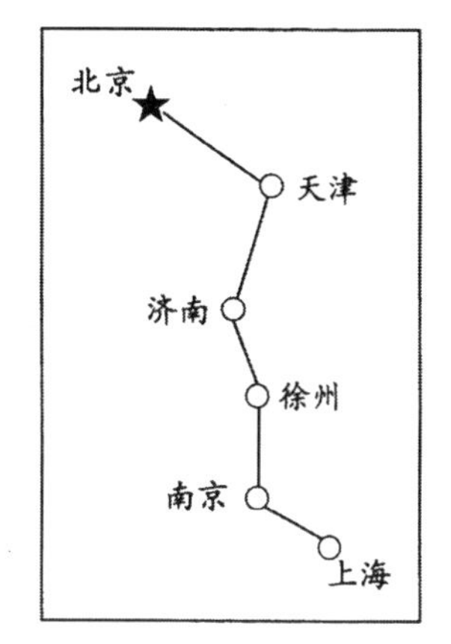

从上海坐火车到北京，要经过哪些重要城市？通常的办法是：在全国地图上，从上海开始沿铁路向北一直寻找到北京，这是“顺找”。如：

上海 → 南京 → 徐州 → 济南 → 天津 → 北京

还有一种办法：从北京开始沿铁路向南，一直寻找到上海，这是“倒找”。如：

北京 → 天津 → 济南 → 徐州 → 南京 → 上海

看地图有“顺找”和“倒找”两种办法，分析应用题也有顺推法和倒推法。

“推理法”是应用题分析思考方法中的一种。这种方法是通过对问题与条件之间的联系进行分析推理，找到解题的线索。

推理法有两种方式：一种是从条件出发推到问题，也就是从前向后推，这叫作“顺推法”（一般也叫作“综合法”）；一种是从问题出发推到条件，也就是从后向前推，这叫作“倒推法”（一般也叫作“分析法”）。但是，实际上，分析一道应用题时，这两种方式是同时使用的。一般是先用倒推法从问题向前推一步，要求出这个问题需要哪两个条件，再用顺推法从应用题所给的条件中想办法找到所需要的两个条件。

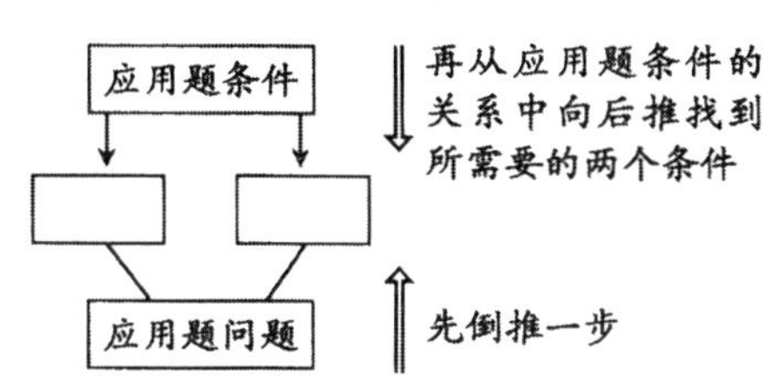

有些应用题，运用倒推法来分析比较方便。倒推法是一种很重要的数学思想方法。

例 9　我国古代数学书上有一道有趣的题目，用打油诗的形式出题，讲的是李白买酒的事：

无事街上走，提壶去买酒；

遇店加一倍，见花喝一斗；

三遇店和花，喝光壶中酒。

试问壶中原有多少酒？

李白是我国唐代的一位伟大诗人，平时喜欢喝酒。这道题目是借李白爱喝酒这件事编出来的，当然，实际上不一定会有这种事。

这道题目的意思是：李白壶中原来就有一些酒，每次遇到酒店就使壶中的酒增加一倍；每次看到花，他就饮酒作诗，喝去一斗。这样经过三次，最后把壶中的酒喝光了。问：李白酒壶中原来有多少酒？

解这道题目也要用到倒推法。下面用流向图表示倒推的过程：

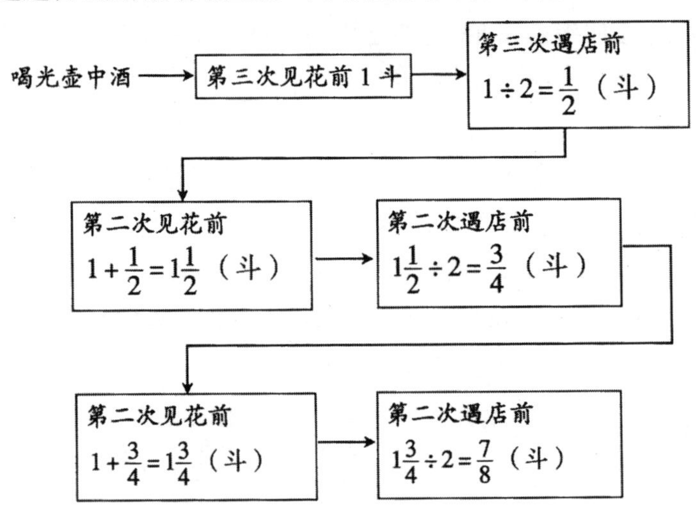

根据上向的倒推过程列出综合算式：

$[(1\div2+1)\div2+1]\div2$

$=\left(1\frac{1}{2}\div2+1\right)\div2$

$=1\frac{3}{4}\div2=\frac{7}{8}$（斗）。

答：原来壶中有$\frac{7}{8}$斗酒。

用代入法验算：

$$\left[\left(\frac{7}{8}\times2-1\right)\times2-1\right]\times2-1$$

$$=\left(\frac{3}{4}\times2-1\right)\times2-1$$

$$=\frac{1}{2}\times2-1=0$$

证明解答是正确的。

倒推推理法是一种常用的思考方法。在解答应用题时，要根据题目的特点，灵活应用这种方法，不妨经常试试，逐步自觉地掌握这种方法。

（十）投石问路——尝试法

遇到重重困难，暂时还没有找到解决问题的办法，好似“山重水复疑无路”，这时不妨试一试，寻找新的出路，可能会“柳暗花明又一村”。

“尝试法”是一种基本的数学思考策略，从不同的角度去试探，逐步逼近所求的结果。比如，做竖式除法的试商法运用的就是“尝试法”，初商小了就再大一点，初商大了就再小一点。

美国数学家波利亚说过：“一再地去试，多次变法，使我们不致错过那少许宝贵的可能性。”

有时遇到复杂的应用题，数量关系较为隐蔽，就可运用尝试法，把应用题条件所涉及的数量关系一一列举出来，一个一个地去试，逐步逼近所求的结果。

例 10　小明今年 8 岁，他父亲 38 岁。小明多少岁时，父亲的年龄正好是他的 2 倍？

这是一道思考题。题意比较清楚，但是数量关系比较隐蔽，一般不知从何下手。

遇到这种情况，按照所提供的条件，把以后几年的情况分别列举出来，一个一个地试一试。

	父亲年龄	小明年龄	父亲年龄是小明年龄的几倍
今年	38	8	4 倍多
5 年后	43	13	3 倍多
10 年后	48	18	2 倍多 12
…	…	…	…
20 年后	58	28	2 倍多 2
22 年后	60	30	2 倍

从表格中发现，22 年以后，小明 30 岁时，父亲的年龄正好是他的 2 倍。

这种方法把抽象而复杂的思考过程变得简单明了。不过，这种方法比较麻烦。我们从上面表格中发现，不管经过多少年，父亲和小明的年龄差总是 30 岁，最后可以归纳出一个简单公式：

年龄差 ÷ 倍数－1 ＝ 孩子岁数

这道题列式计算：

(38－8)÷(2－1)＝30（岁）。

经过的年数：30－8＝22（年）。

这类题目称为“年龄问题”，在课本的思考题中已经遇到过，数学竞赛中也常见。

（十一）缩小包围圈——消去法

“消去法”是对有两个未知数的问题，设法把其中一个未知数，通过转换的方式，转化成另一个未知数。这样，消去一个未知数，只留一个未知数，求出这个未知数后，再设法求出另一个未知数。

例 11　学校里第一次买了 3 支钢笔和 4 支毛笔，共付 91 元；第二次买了 3 支钢笔和 2 支毛笔，共付 83 元。求每支钢笔和每支毛笔的价格。

这道题目有两个未知数：一个是每支钢笔的价格，一个是每支毛笔的价格。根据题目的条件，要同时求出两个未知数是有困难的。怎么办？能不能像打仗一样，先缩小包围圈，设法使两个未知数中只留一个未知数，求出这个未知数后，再设法求另一个未知数？

我们就来试试缩小包围圈的办法。先把应用题条件用列表法排列起来：

3 支钢笔　　4 支毛笔→91 元

3 支钢笔　　2 支毛笔→83 元

不难看出，第一次付 91 元，而第二次只付 83 元，什么原因呢？因为第二次比第一次少买 2 支毛笔，这是解决这道题目的关键。

我们把第一次买的物品付的钱减去第二次买的物品付的钱，用图来表示：

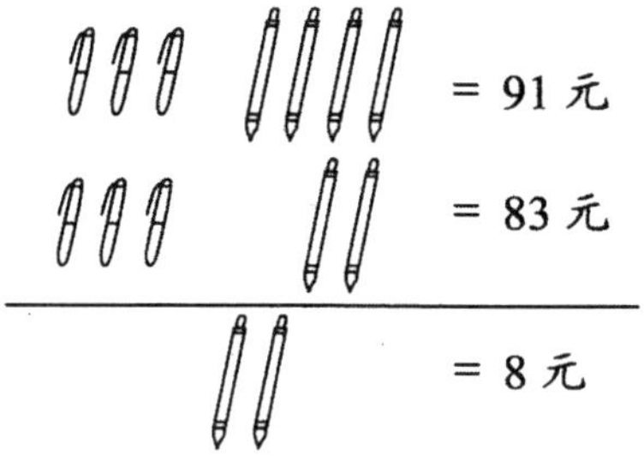

= 91 元

= 83 元

= 8 元

从图上清楚地看出，第一次比第二次多买 2 支毛笔，多付 8 元，这样一支毛笔的价格就能算出来了。一支毛笔的价格知道了，也能算出一支钢笔的价格了。

列式计算：

一支毛笔的价格：

(91－83)÷(4－2)＝8÷2＝4（元）。

一支钢笔的价格：

(91－4×4)÷3＝75÷3＝25（元）。

把计算的结果代入题目的条件中进行验算：

条件：3 支钢笔　和　2 支毛笔　共付 83 元

　　　25×3　＋　4×2　＝　83 元

答：一支毛笔 4 元，一支钢笔 25 元。

这种题目，虽然有两个未知数：一个是钢笔的价格，一个是毛笔的价格，但是根据题目的条件，两次买的钢笔都是 3 支，把第一次买的减去第二次买的，就可以消去钢笔的价格这个未知数，求出另一个未知数毛笔的价格。

这类题目到中学，可用二元一次方程解，它的思路就是“消元法”的思路。

用消去法解答的应用题，必须具备两个主要条件：一个是题中有两个未知数，另一个是题目条件中有一种物品数量相同。所以，只有具备这些条件的题目，才能用消去法来解。这就叫用什么钥匙开什么锁。

（十二）保持平衡——代数法

天平的一端放物体，另一端放砝码，要使两端保持平衡，才能正确地称出物体的重量。

列方程解应用题，也像天平称物一样，关键在于抓住数量之间的等量关系，也就是要保持平衡，根据未知数和已知数的等量关系列出方程。列方程解应用题属于用代数方法解答应用题。

用代数法能解答某些算术中不容易解或不能解的问题。因此，这种方法是打开应用题大门的又一把金钥匙。凡是用算术方法解答有困难的问题，都可以试着用代数方法来解答。这样不就能使你左右逢源，化难为易了吗?

例 12　甲、乙两个电视机厂共生产 90 万台电视机，已知甲厂生产的电视机的$\frac{2}{5}$等于乙厂生产的$\frac{1}{2}$。求甲、乙两厂各生产电视机多少台?

这道题用算术方法解答也比较麻烦。如果用代数方法解答就比较方便。

根据题意，首先抓住等量关系如下：

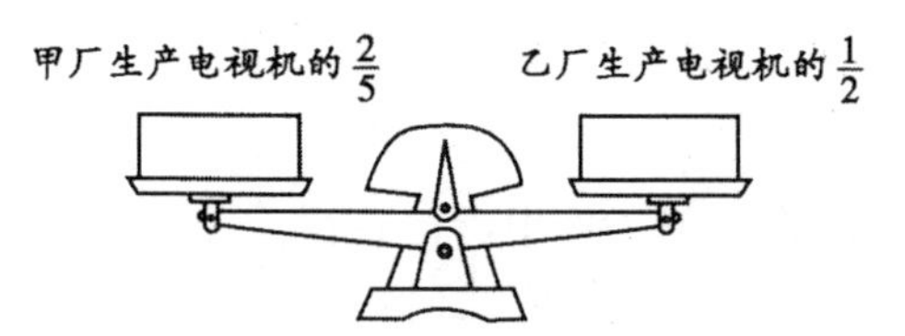

怎样设未知数呢? 甲、乙两厂生产电视机的台数都不知道，我们可以选择其中一个未知数用字母 x 表示，另一个未知数用含有 x 的代数式表示。这样，这道题目就能顺利解答了。

解：设甲厂生产电视机 x 万台，乙厂生产电视机为（$90-x$）万台。

根据题意列方程，得

$\frac{2}{5}x=\frac{1}{2}\times(90-x)$，

$\frac{2}{5}x=45-\frac{1}{2}x$，

$\frac{2}{5}x+\frac{1}{2}x=45$，

$\frac{9}{10}x=45$，

$x=50$。

90－50＝40（万台）。

答：甲厂生产电视机 50 万台，乙厂生产电视机 40 万台。

从上面两道例题的解答中，足以揭示列方程解应用题的一般规律：列方程解应用题的关键在于分析数量关系，特别要抓住数量之间的等量关系，着眼于等号两边要“平衡”。下面，我们总结一下列方程解应用题的一般步骤：

1. 明题意　　弄清题意，分析数量关系。

↓

2. 假设 x　　选择一个未知数，用字母 x 表示。

↓

3. 列方程　　根据未知数和已知数的等量关系列出方程。

↓

4. 解方程　　求出未知数的值。

↓

5. 验　算　　验算，最后写出答语。

题目的结构不同，有些题目用算术方法解方便，有些题目用代数方法解简便。因此，我们解题的时候，要见机行事，灵活运用，什么方法简便，就用什么方法。

在小学数学课本里学的都是简易方程，题目都比较简单。到了中学以后还会继续学习列方程解应用题的。

这里我们所举的例题可能难了一些，主要是为了让大家很好地去思考，用“代数法”这把钥匙去开启这些题目的大门。

第六编
形成儿童数学能力的奥秘

数学能力是一个人数学素养的重要组成部分。本编从什么是数学能力谈起，简要介绍国内外对数学能力的研究动态。数学练习是儿童形成数学能力的重要载体，因而本编列举各种有利于培养数学能力的练习设计。最后介绍小学生数学能力测验题，供参考。

一、小学生数学能力的研究

（一）什么是数学能力

能力是指进行某种特定活动所需的主观条件，它只存在于特定活动之中。学生的数学能力是在学习数学的活动中表现出来和发展起来的。所以，学生的数学能力一般可理解为学生学习数学的能力。学生学习数学的能力，包括获取数学信息、加工和运用数学信息以及保持数学信息所需要的全部能力。

数学能力和数学技能，这两者有着密切的联系。关于数学技能和数学能力的区别和联系，鲍建生、周超在《数学学习的心理基础与过程》一书第150页有精辟的论述：

“数学技能是顺利完成某种数学任务的动作或心智活动的方式。它通常表现为完成某一数学任务时所必需的一系列动作的协调和活动方式的自动化。这种协调的动作和自动化的活动方式是在已有数学知识经验基础上经过反复练习而形成的。

“至于能力，在心理学上一般是指：对保证活动顺利完成的某些稳定的心理特征的概括，它所体现的是学习者的数学学习活动中反映出来的个性特征，但在实际的研究中，能力和技能的界线并不十分清晰。

“由于能力是在获得知识与技能的基础上通过广泛的迁移，不断的概括化、系统化及类化而形成的，因此数学技能又是数学能力的形成和发展的前提条件和基础。”

鲍建生、周超的上述论述，把数学知识、数学技能和数学能力的关系说得很清楚。这说明我国数学教育界提出的“在加强双基（数学基础知识和数学基本技能）的同时，发展能力（数学能力）”的观点是科学的。

组成数学能力的结构究竟包括哪些因素，国内外数学教育界一直在研究，有各种不同的观点。简要介绍如下：

1. 国内研究

（1）20世纪80年代的《小学数学教学大纲》中认为，小学生的数学能力主要有三方面：①计算能力；②逻辑思维能力；③空间观念。

（2）原杭州大学王权等通过实验（1986年），用因素分析的方法，得出小学生数学能力主要有四个因素：①演绎推理能力，也就是把特例纳入已知概念的能力；②识别关系和模式的能力，这是一种高级的概括能力（因为解决这类问题的目标是要发现和概括出一种新的、一般化了的数量关系，所以称为识别关系和模式的能力）；③空间想象力，即根据文字材料想象事物的空间形式；④速度能力，即感知数学符号（数字和运算符号）的反应速度。

（3）原杭州上城区教研室张天孝等认为，学生的数学能力结构中起主导作用的因素，是对数量关系和空间形式的概括能力和推理能力，以及与这种能力直接相关的可逆思考能力和函数思考能力。

（4）有人提出“三维数学能力结构模型”，认为数学能力的特殊因素表现为三个方面：①内容方面，包括对数的概念、数量关系和空间关系的掌握；②思维和操作方面，包括概括推理和逆运算能力；③能量方面，包括速度、准确性和灵活性。这三方面，每个方面都可表示为一个坐标轴，从而构成一个三维的数学能力结构模型。

（5）21世纪初颁布的《全日制义务教育数学课程标准（实验稿）》中并没有提出数学能力方面的具体要求，而是列出下述六个方面的教学目标：

①数感，主要表现在：理解数的意义；能用多种方法来表示数；能在具体的情境中把握数的相对大小关系；能用数来表达和交流信息；能为解决问题而选择适当的算法；能估计运算的结果，并对结果的合理性做出解释。

②符号感，主要表现在：能从具体情境中抽象出数量关系和变化规律，并用符号来表示；理解符号所代表的数量关系和变化规律；会进行符号间的转换；能选择适当的程序和方法解决用符号所表达的问题。

③空间观念，主要表现在：能由实物的形状想象出几何图形，由几何图形想象出实物的形状，进行几何体与其三视图、展开图之间的转化，能根据条件做出立体模型或画出图形；能从较复杂的图形中分解出基本的图形，并能分析其中的基本元素及其关系；能描述实物或几何图形的运动和变化；能采用适当的方式描述物体间的位置关系；能运用图形形象地描述问题，利用

直观来进行思考。

④统计观念，主要表现在：能从统计的角度思考与数据信息有关的问题；能通过收集数据、描述数据、分析数据的过程做出合理的决策，认识到统计对决策的作用；能对数据的来源、处理数据的方法，以及由此得到的结果进行合理的质疑。

⑤应用意识，主要表现在：认识到现实生活中蕴涵着大量的数学信息，数学在现实世界中有着广泛的应用；面对实际问题时，能主动尝试着从数学的角度运用所学知识和方法寻求解决问题的策略；面对新的数学知识时，能主动地寻找其实际背景，并探索其应用价值。

⑥推理能力，主要表现在：能通过观察、实验、归纳、类比等获得数学猜想，并进一步寻求证据、给出证明或举出反例；能清晰、有条理地表达自己的思考过程，做到言之有理、落笔有据；在与他人交流的过程中，能运用数学语言合乎逻辑地进行讨论与质疑。

2. 国外研究

国外对数学能力问题的研究已有七八十年历史，有着许多学派。这里简单介绍一下欧美、日本、苏联几个学派。

(1) 欧洲心理学家（主要是瑞典心理学家韦尔德林）的研究，认为组成数学能力的因素有：

①一般因素 G（主要是指智力因素）；

②数因素 N（数概念的理解和应用）；

③空间因素 S（空间形式的理解、想象、抽象）；

④语言因素 V 和 W（语言表达数学关系的能力）；

⑤推理因素 R（在数学能力结构中起决定性作用）。

(2) 日本学者的研究，认为学生的数学思维能力包括三个方面：①数理性的领会能力；②统一发展的概括能力；③有条理的思维能力。每一种能力都有三个具体要求。

领会能力 {
①使之抽象化
②使之数量化或图式化
③使之记号化或形式化
}

概括能力：
①使之扩展
②集中起来归纳
③改变观点和变换条件

思维能力：
①有计划按步骤地进行思考
②进行类比或对比
③有根据地进行证明

（3）国际上影响较大的是苏联心理学家克鲁捷茨基的研究，他经过 12 年的实验研究，写成一本专著——《中小学生数学能力心理学》。他根据数学思维基本特征，确定数学能力结构中有如下几个组成成分：

①使数学材料形式化；

②概括数学材料的能力；

③用数字和其他符号进行运算的能力；

③连贯而有节奏的逻辑推理能力；

⑤缩短推理过程的能力；

⑥逆转心理过程的能力（从正向思维转到逆向思维）；

⑦思维的灵活性；

⑧数学记忆力（这是对概括内容、形式化结构和逻辑模式的记忆）；

⑨形成空间观念的能力。

克鲁捷茨基还进行过一次有趣的调查，用书面问卷法向数学教师进行调查，请他们回答构成数学能力的各种组成成分，按所得票数的多少排列如下：

①概括能力（98%）；

②推理的逻辑性（98%）；

③智力敏捷和机智（88%）；

④数学记忆力（82%）；

⑤抽象能力（82%）；

⑥思维的灵活性（73%）；

⑦借助形象化的方法（63%）；

⑧具有空间观念（57%）；

⑨从正向思维序列到逆向思维序列的转换能力（52%）；

⑩力求节约精力（48%）；

⑪推理过程的简缩（38%）；

⑫学习数学很少疲劳（30%）。

我国学者鲍建生、周超对克鲁捷茨基的研究工作给予高度评价，为了方便阅读，他们把克鲁捷茨基的研究结果用表格形式呈现出来：

<table>
<tr><th colspan="2">活动阶段</th><th>能力成分</th></tr>
<tr><td></td><td>1. 获得数学信息</td><td>A. 对于数学材料形式化感知的能力；对问题形式结构的掌握能力</td></tr>
<tr><td rowspan="3">必要成分</td><td>2. 数学信息加工</td><td>B. 在数量和空间关系、数字和字母符号方面的逻辑思维能力；对数学符号进行思维的能力
C. 迅速而广泛地概括数学对象、关系和运算的能力
D. 缩短数学推理过程和相应的运算系统的能力；以简短的结构进行思维的能力
E. 在数学活动中心理过程的灵活性
F. 力求解答的清晰、简明、经济与合理
G. 迅速而自如地重建心理过程的方向、从一个思路转向另一个相反思路的能力（数学推理中心理过程的可逆性）</td></tr>
<tr><td>3. 数学信息保持</td><td>H. 数学的记忆（关于数学关系、类型特征、论据、证明的图式、解题方法及探讨原则的概括性记忆）</td></tr>
<tr><td>4. 一般综合性组成成分</td><td>I. 数学气质</td></tr>
<tr><td>非必要成分</td><td colspan="2">1. 以时间为特征的心理过程的敏捷性，数学家可以慢慢地思考，却想得非常透彻和深刻
2. 计算能力，法国著名数学家庞卡莱（Poincarc）说，他自己即使做加法也要出错误
3. 对符号、数字和公式的记忆，正如柯尔莫戈罗夫（Kolmogorov）指出的那样，许多著名数学家在这方面的记忆并不突出
4. 关于空间概念的能力
5. 对抽象数学关系和相依关系形象化的能力</td></tr>
</table>

（引自鲍建生、周超，《数学学习的心理基础与过程》，第30页）

（4）国际经济合作发展组织（简称OECD）在1999年发表的PISA2000评价框架中将数学过程分为：

①数学的思考：包括形成的问题特性（如：在哪里……？如果如此……，那是多少？……我们如何发现……？）；能区分在不同种类的数学叙述（定义、定理、推测、假设、例子、条件的限制）；了解数学提供给问题的不同答案；理解和处理所给的数学概念的程度和限制。

②数学的论证：包括知道数学证明是不同于其他种类的数学推理；能评估不同类型的数学争论；拥有启发性的感觉（什么能够或不发生，为什么），并且能创造数学的辩论。

③模型化：将所架构的领域或状况进行模型化、数学化（从口语转化到数学语言）、反数学化（用口语解释数学模型）；处理模型（在数学领域之内工作）；确认模型；反应、分析、提供模型的批评和它们的结果；在模型和结果之间沟通（包括结果的局限性）；监控和控制模型化过程。

④问题的形成和解决：包括形成和阐明数学问题；以许多方法解决不同种类的数学问题。

⑤表征：包括在数学对象和情况表征的不同形式之间转化，解释和识别各种表征之间的相互关系；根据情况和目的选择不同形式并能转换。

⑥符号和公式：包括能解释符号和公式化的语言及它与一般语言的关系；从一般语言到符号、公式化的语言翻译；处理含有符号和公式的陈述和表达；使用变量解出方程式并理解计算过程。

⑦沟通：包括能用数学的许多方法来表达自己的意思，如口头的及书面的形式；理解其他类似的写法或者口头报告。

⑧辅助工具：包括知道、利用各种可帮助数学活动的辅助工具（包括信息技术工具）；了解这样的辅助工具的局限性。

（5）丹麦数学教育家尼斯（Niss，2003）主持了一项“能力与数学学习”的研究计划，目的是为丹麦数学教育的改革创造一个平台，研究结果将数学能力结构分成8个方面：

①数学思维

◎能提出有数学意义的问题，并能辨识何种答案为数学答案

◎对于给定的概念，能清楚掌握其适用范畴

◎透过抽象化与类化扩展数学概念的范围

◎辨识各类数学叙述（条件、定义、定理、假设、臆测、数量值的叙述、案例）

②拟题与解题

◎确认、提出及说明不同类型的数学问题（纯数学或应用；开放或封闭）

◎能解自己或别人提出的不同类型的数学问题

◎如果合适，能以不同方法解题

③数学建模

◎分析数学模式的性质与属性，并评估该模式适用的范畴及其效度

◎转化或解读数学模式在现实问题中的意义

◎在给定情境中建立数学模型

④数学推理

◎能理解别人论证的条理，并能评估该论证是否有效

◎知道什么是数学证明，并能区分数学证明与直观的不同

◎能从论证的条理中找到基本的想法

◎能将直观论证转化成有效的证明

⑤数学表征

◎能解读、诠释及辨识数学对象、现象、情境的各类表征

◎了解相同数学对象不同表征间的关系，并掌握不同表征的优势与限制

◎可以在表征之间进行选择与转化

⑥符号化与形式化

◎解读与诠释符号的形式数学语言，并了解它们与日常语言的关系

◎了解数学语言的语意及语法

◎日常语言与数学公式或（符号）语言间的转换

◎处理和转换包含符号与公式的叙述与表达式

⑦数学交流

◎了解别人以书面、视觉及口语所传达的数学信息

◎能使用精确的数学语言表达自己的思想（口语的、视觉的或书面的）

⑧工具的使用

◎知道已有的数学活动工具或辅助工具的性质，并清楚其功能与限制

◎能批判地使用这些工具或辅助工具

（以上④、⑤引自鲍建生、周超，《数学学习的心理基础与过程》，第 32～34 页）

（6）数学能力中极重要的组成部分是数学思维能力，国外对高层次数学思维技能的研究，应引起我们的重视。罗伯特·马扎诺（Robert MarZano）确认了 8 种高层次核心思维技能，并用图表列出，值得参考。

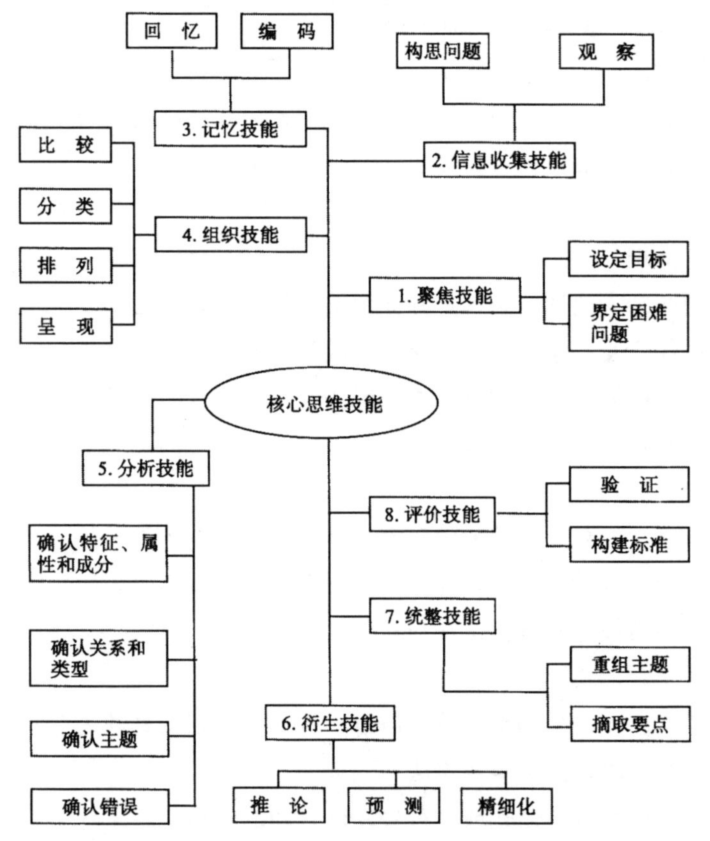

（引自鲍建生、周超，《数学学习的心理基础与过程》，第 158 页）

综上所述，国内外学者的观点尽管各不相同，但是有一个观点是相同的，就是学生数学能力的结构中，最主要的因素是对数学材料的概括推理能力。另外，对计算能力是否属于数学能力的构成成分还有争论。有些学者认为计算能力不属于数学能力的组成成分，他们发现计算上好的儿童在数学推理上并不一定好，计算能力与数学能力并没有直接关系。这一点是值得引起我们注意的。

（二）怎样培养小学生的数学能力

学生的数学能力是在学习数学的活动中表现出来和发展起来的，所以必须在数学教学活动中培养学生的数学能力。

在我国，对“加强双基”与“培养数学能力”一直有争论，有些人总以为“加强双基”会削弱“培养数学能力”，其实这两者是相互联系、不可分割的。因为数学能力不能建立在空中楼阁上，它必须在学生学习数学基础知识和数学基本技能的过程中才能逐渐形成。

杨绛在晚年写的一本书《走到人生边上》中有一段话值得我们深思：“运动员受训练，练出了壮健的肌肉筋骨，同时也练出了吃苦耐劳、坚持不懈的意志。肌肉筋骨属肉体，吃苦耐劳、坚持不懈的意志属精神，肢体能伤残，意志却和生命同存，这是不容置疑的。”

杨绛的这段话也适合用在“加强双基”与“培养数学能力”两者的关系上。不去锻炼身体，怎能培养出吃苦耐劳、坚持不懈的意志？同样的道理，学生不去认真学习数学基础知识和数学基本技能，怎能形成数学能力呢？

学生必须认真学习数学基础知识和加强数学基本技能的训练。问题在于用什么样的教学方法，使学生在加强“双基”的同时，有效地培养数学能力。针对当前情况，必须改变“四重四轻”的现象。

1. 改变“重灌输，轻自学”的现象

数学概括能力，是指在数学领域中对数量关系和空间形式的概括。对数学材料的有效概括，都必须经过积极思维，从具体内容中摆脱出来。从各种对象、关系或运算结构中，抽象出本质来。

采用注入式的教学方法，重灌输，轻自学。教师把现成的结论灌输给学生，由教师代替学生思考、概括，当然，学生的概括能力很难培养起来。

我们应该采用尝试自学的教学方法，在教师指导下让学生自己学习，要求学生对数学材料进行分析、比较，从中概括出法则、结论、规律。教师应该创造条件，引导学生有层次地进行思考，让他们自己去经历概括过程，逐步培养学生的概括能力。

课堂教学中废止注入式、满堂灌，应该体现三个为主：以学生为主，以自学为主，以练习为主。因此，为了培养学生的数学能力，首先必须改革课堂教学。

2. 克服“重计算，轻算理”的现象

有些教师只满足于学生算得对、算得快，不重视算理教学，不重视分析推理过程。这种做法，不利于培养学生的数学能力。

教师在教学中应该重视算理教学，并积极引导学生分析比较，寻找规律，提高学生概括、推理、抽象的能力。

例如复习“20以内加法”，教师先让学生自己计算并填写一张加法表，然后要求学生仔细观察，找出规律。结果学生找出了三个规律。

	1	2	3	4	5	6	7	8	9
1	2	3	4	5	6	7	8	9	10
2	3	4	5	6	7	8	9	10	11
3	4	5	6	7	8	9	10	11	12
4	5	6	7	8	9	10	11	12	13
5	6	7	8	9	10	11	12	13	14
6	7	8	9	10	11	12	13	14	15
7	8	9	10	11	12	13	14	15	16
8	9	10	11	12	13	14	15	16	17
9	10	11	12	13	14	15	16	17	18

	1	2	3	4	5	6	7	8	9
1	2	3	4	5	6	7	8	9	10
2	3	4	5	6	7	8	9	10	11
3	4	5	6	7	8	9	10	11	12
4	5	6	7	8	9	10	11	12	13
5	6	7	8	9	10	11	12	13	14
6	7	8	9	10	11	12	13	14	15
7	8	9	10	11	12	13	14	15	16
8	9	10	11	12	13	14	15	16	17
9	10	11	12	13	14	15	16	17	18

（1）横着看或竖着看，后面的数都比前面的数大1。因为一个加数不变，另一个加数每次都增加1。

（2）斜着看，得数都相同。因为一个加数增加1，另一个加数减少1，得数不变。

（3）从另一方向斜着看，一行是单数，一行是双数，后面的数都比前面的数大2。因为从这个方向斜着看，后面的数比前面的数移过两格（横、竖各移一格）位置（见上面右图）。

这堂课处理比较成功，学习内容还是“20以内加法”，算出加法表后，并不到此为止，而是让学生寻找规律，这样就升华到培养学生的思考能力上去了。

3. 克服“重结果，轻过程”的现象

目前，学生做的题目不少，但是有些教师只管“对”和“错”，不管学生的思考过程，这是很大的弊病。

几个学生做一道题目，结果虽然相同，但各人的思考方法不尽相同。例如，8+5=13，有的是扳着手指数出来的，有的是用凑十法算出来的，有的是不假思索直接报出得数，这几个学生的思维水平就不一样。克鲁捷茨基在《中小学生数学能力心理学》一书中也介绍过一个例子，三个学生同样解答一道题目：

“某一个数加上 360 等于这个数乘以 4。问：这个数等于多少?”

甲：迅速地列出方程式解答

$360+x=4x$

$3x=360$

$x=120$

乙：迅速地画出一个图解

□+360=□□□□

□=120

丙：既没有写出也没有画出任何东西，很快地回答说：“某一个数加上 360 和这个数乘以 4 的结果是一样的，所以 360 是由三个相等的因子组成的，这个数是 120。”

虽然这三个学生的解题结果和所用时间都相同，但显然他们的数学思维水平是不同的。

所以，教师不能满足于学生计算结果的正确，应该了解学生解题过程所用的思考方法，要经常问学生“你是怎么想的?”“你是怎样算出来的?”让学生说出解题过程和思考方法。

4. 改变“重数量，轻质量”的现象

有些教师只追求练习数量，搞“题海战术”“大运动量”，由于练习形式单调，虽进行了大量练习，但大都是机械重复，效果甚微。

现在要讲究练习的质量，重视练习设计，着眼于培养和发展学生的数学能力。

学生的数学能力不是靠听教师讲就可以得到的，主要靠学生动手动脑做练习，促进积极思考逐步培养而成。因此，它很大程度上取决于练习设计的好坏。一道好的习题，能够激起兴趣，促进思维，令人回味无穷。以前中科院心理研究所刘静和主编的《现代小学数学》课本，并不提高程度，但重视培养数学能力的练习设计，经过实验证明，实验班学生思维灵活，数学能力发展较快。

下面选择《现代小学数学》课本中的几道习题举例：

（1）从每列数中划去一个不合规律的数。

①17、26、35、44、47、53、62

②38、50、52、62、74、86

③7、21、63、126、189、567

（2）根据 37×3＝111 很快填出方框里的数。

①□×6＝222

②37×□＝333

③37×27＝□

（3）下面各题加数之间有什么规律？你能用乘法进行简便计算吗？在方框里填上适当的数。

［例］45＋50＋55＝50×3＝150

①34＋35＋36＋37＋38＝□×□＝□

②80＋110＋140＋170＋200＝□×□＝□

③15＋20＋25＋30＋35＋40＝□×□＝□

（4）找出一个合适的图形填在虚线空格内。

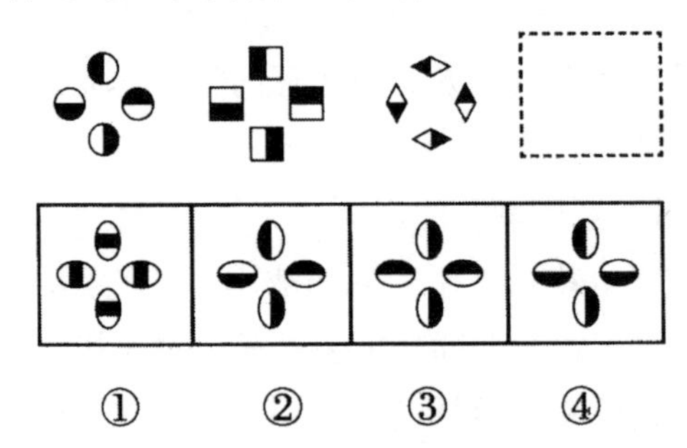

根据以上“四重四轻”的分析，培养学生数学能力，除了改进教学方法外，更重要的是改革教学内容，落实到练习设计上。

下面再举一实例，说明如何通过练习来培养学生的数学概括能力，把实际问题转换成数学问题，并使之符号化、图式化、公式化。

生活中有这样一种问题，“从甲地到乙地有几条路可走”，转换成数学问题就是“路线问题”。

[例] 从家到学校有几条路（不能绕道）可走？

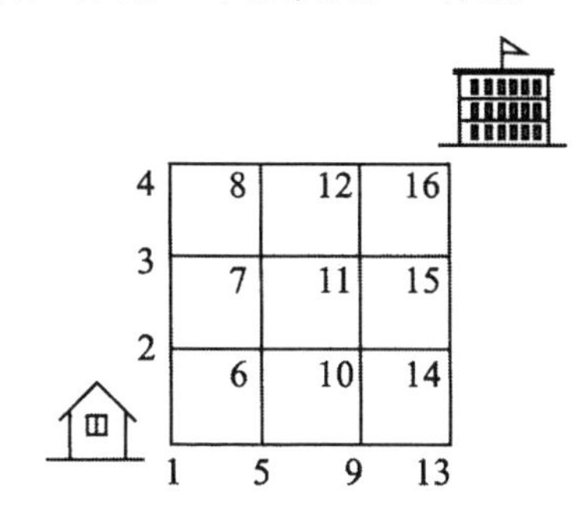

不能绕道走，就是只能向前，不能向后；只能向右，不能向左。这是路线行进的规定。有几种走法，可以指着图说，但是无法记录下来。另外，道路多了，也无法说清楚。因此，必须把这个问题符号化。

符号化　先在正方形的各个顶点上记上符号（用数表示）。行进路线通过顶点可用数字表示。例如：

第一条路线：1、2、3、4、8、12、16

第二条路线：1、2、3、7、8、12、16

第三条路线：1、2、3、7、11、12、16

第四条路线：1、2、3、7、11、15、16

……

这样把数学问题符号化了，清楚明了，便于从中找出规律。

图式化　这种数学问题还可以概括成图式表示。行进路线只有两种可能：一种是向前，一种是向右。如果向前一格用○表示，向右一格用●表示，这样就可以用图式表示行进的路线。

例如：

第一路线：1○○○●●●

第二路线：1○○●○●●

第三路线：1○○●●○●

第四路线：1○○●●●○

……

这样把数学问题图式化，更加形象，可以当作数学模型来考虑。从图式上可以清楚地看出，任何一条路线都有三个○和三个●，我们只要把三个○和三个●。进行不同的排列就可以找到所有的路线。显然，这样处理后又便于电子计算机操作。

公式化 从符号的排列和图式的排列找到行进的路线，虽然比用手指比画好得多，但还嫌麻烦，如果正方形再增加，一个一个排列太费时了。是不是有更简便的方法呢？这里可以进一步引导学生找出规律，使数学问题公式化。

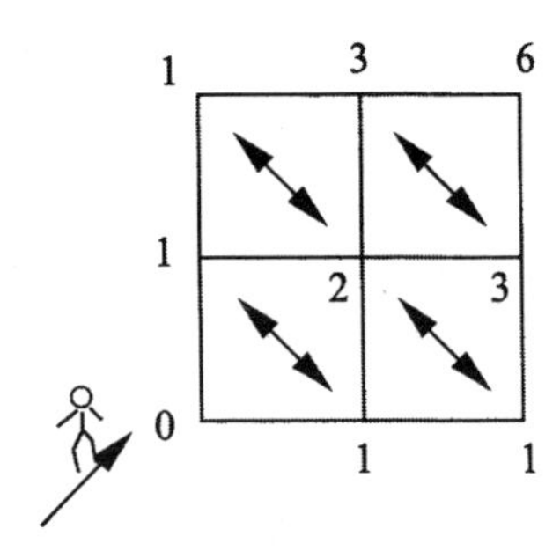

从 0 开始，写上到各个顶点的路线数。观察右图，发现一个有趣的规律：斜的两个顶点之间的数相加正好是上面一个顶点的路线数。根据这个规律，不管正方形的格子怎样增加，都能很快地算出到这个顶点的路线数。

这个例题的正确答案应该是有 20 条路线（如右图）。如果靠一个一个地去数或一个一个地去排列，既费时又容易发生遗漏。公式化还有一个优越性，不管什么图形，都能很快地算出到这个顶点的路线数，如下图。

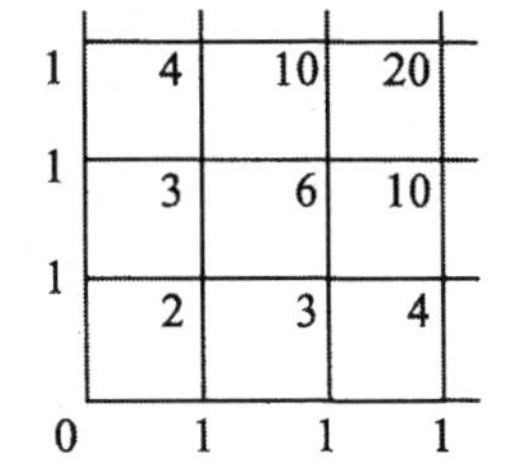

总之，按此规律，就能把复杂的问题简单化了。把复杂型问题转化成简单型问题，是一种极重要的数学思考方法，也是重要的数学概括能力。

从以上这个例子，可以清楚地看出两个重要的转化：

实际问题→数学问题

数学问题→符号化、图式化、公式化

这种“路线问题”对小学生来说既有趣味，也是能接受的。如果用这种教材教学生，就能使他们有效地提高数学概括能力，及早地接触一些重要的数学思考方法。这要比解答许多脱离实际、繁难的应用题好得多。这种数学概括能力和数学思考方法将有助于学生进一步学习中学数学和高等数学。

二、数学能力训练的练习设计

问题是数学的心脏，有了好的数学问题，才能启发思维，形成数学能力。所以，数学练习是载体，学生通过数学练习的磨炼，才能发展思维，形成能力。离开数学练习谈培养数学能力，不过是空谈而已。

教师在教学中要注意搜集能引发学生思考的数学练习，自己也要学会精心设计。以下根据资料，把搜集的练习设计分类编排，供大家参考。

(一)分类训练

1. 下面的图形有几种分法，请你分一分。

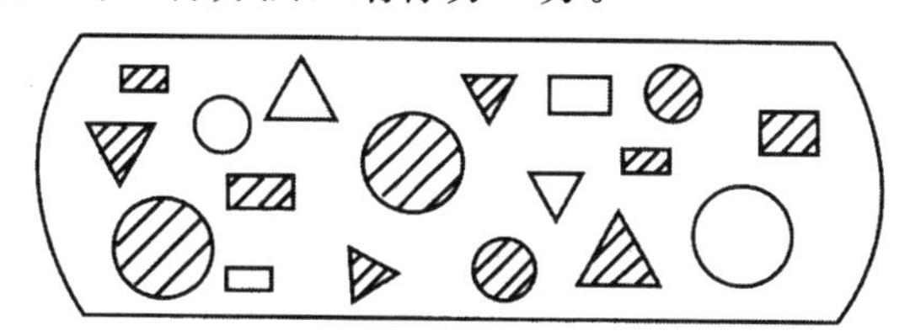

图形分类也是一种概括过程。这道题有一定的难度，先以单因素特征分类，即按颜色分，形状分，大小分；然后以双重因素特征分类，即按形状、颜色分，形状、大小分，颜色、大小分。

2. 从下面15个图形中，按规律挑出9个不同的，把它们的编号写在下面的括号里。

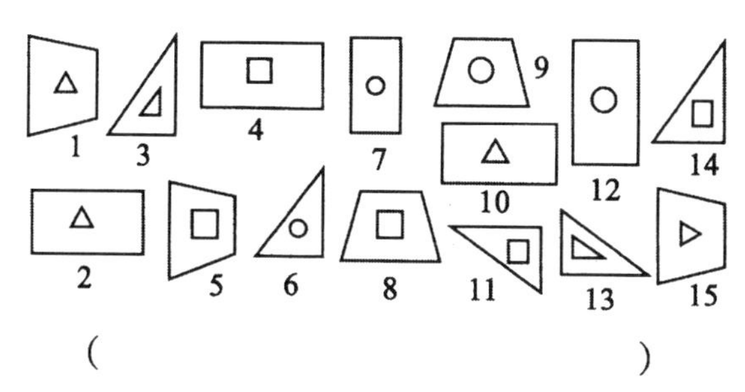

要求学生通过观察，发现图形构成的规律——每个图形都是由外框图形和内部图形构成的。根据这个规律，可以找出外框是长方形，内部分别是正方形、三角形、圆形的 3 个图形和外框是三角形、梯形，内部分别是正方形、三角形、圆形的 6 个图形，共计 9 个不同的图形。

3. 把下面图中的用品分成三堆，每一堆相同的用品用同一个数字表示。

这题按用途分类，把人的穿戴用品从头到脚分成帽子、上衣、鞋子三堆。

4. 试在下列每题的五个图形中，选出与其他四个不相同的一个，并在答案的括号里写上图形的号码。

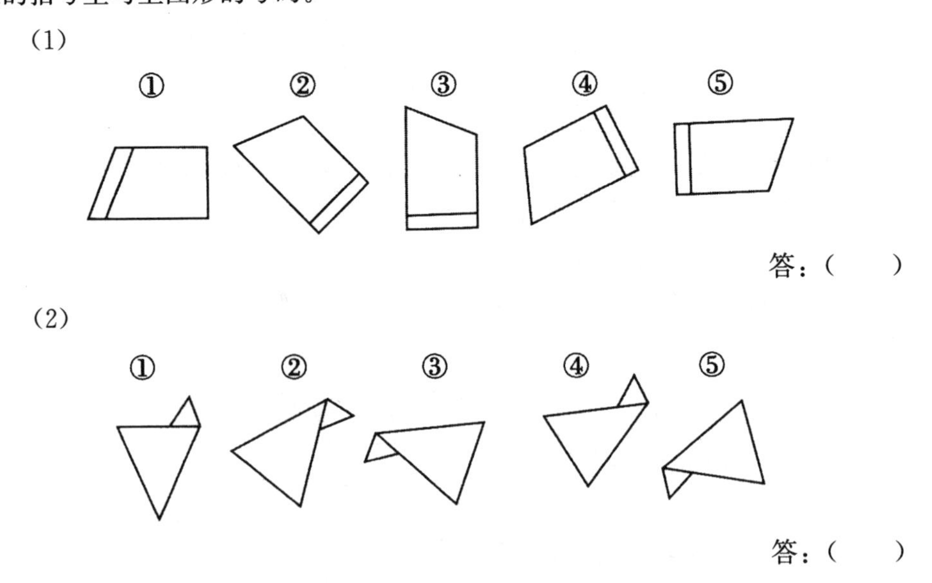

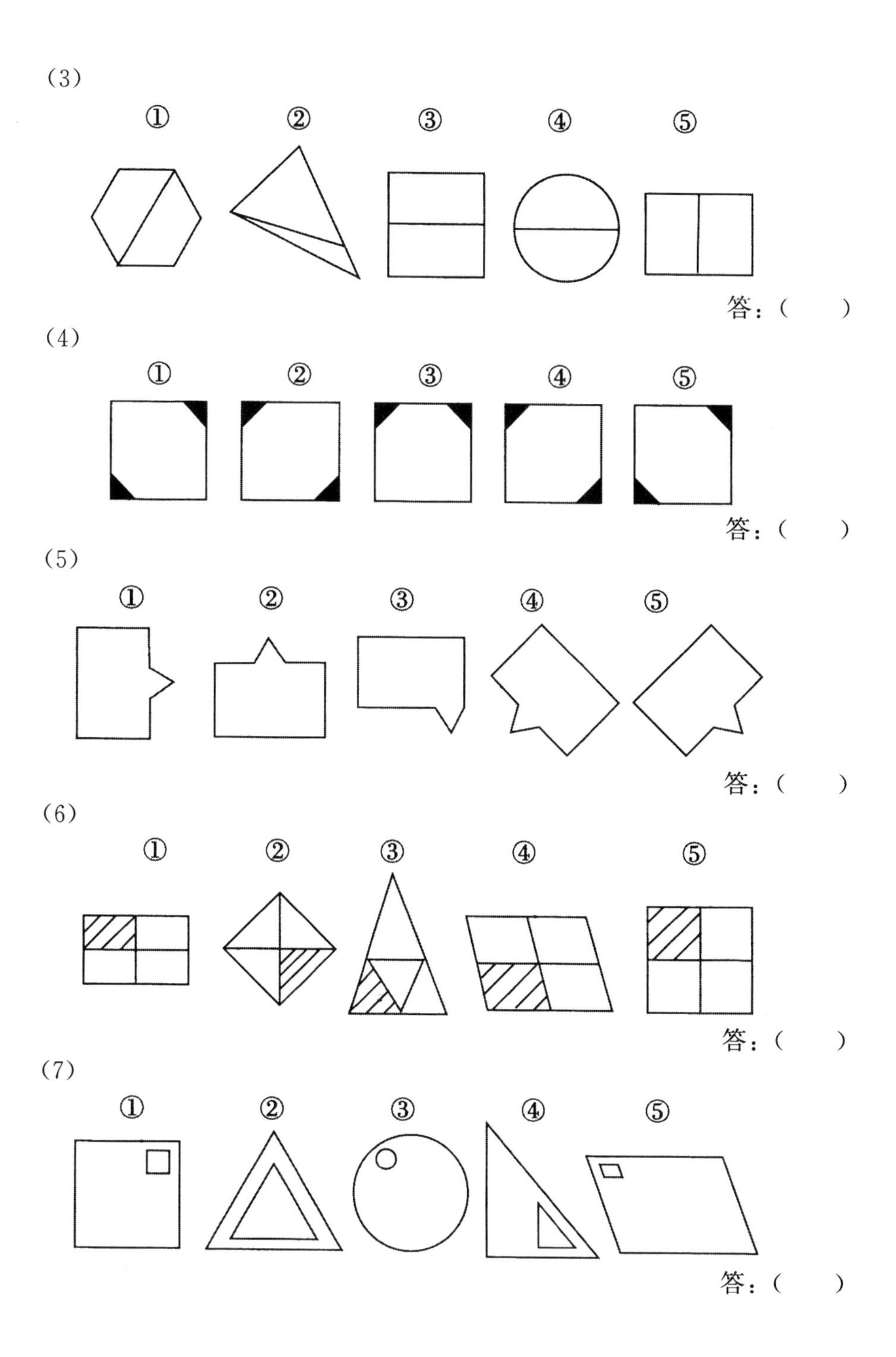
(3)
①
②
③
④
⑤
答：(　　)
(4)
①
②
③
④
⑤
答：(　　)
(5)
①
②
③
④
⑤
答：(　　)
(6)
①
②
③
④
⑤
答：(　　)
(7)
①
②
③
④
⑤
答：(　　)

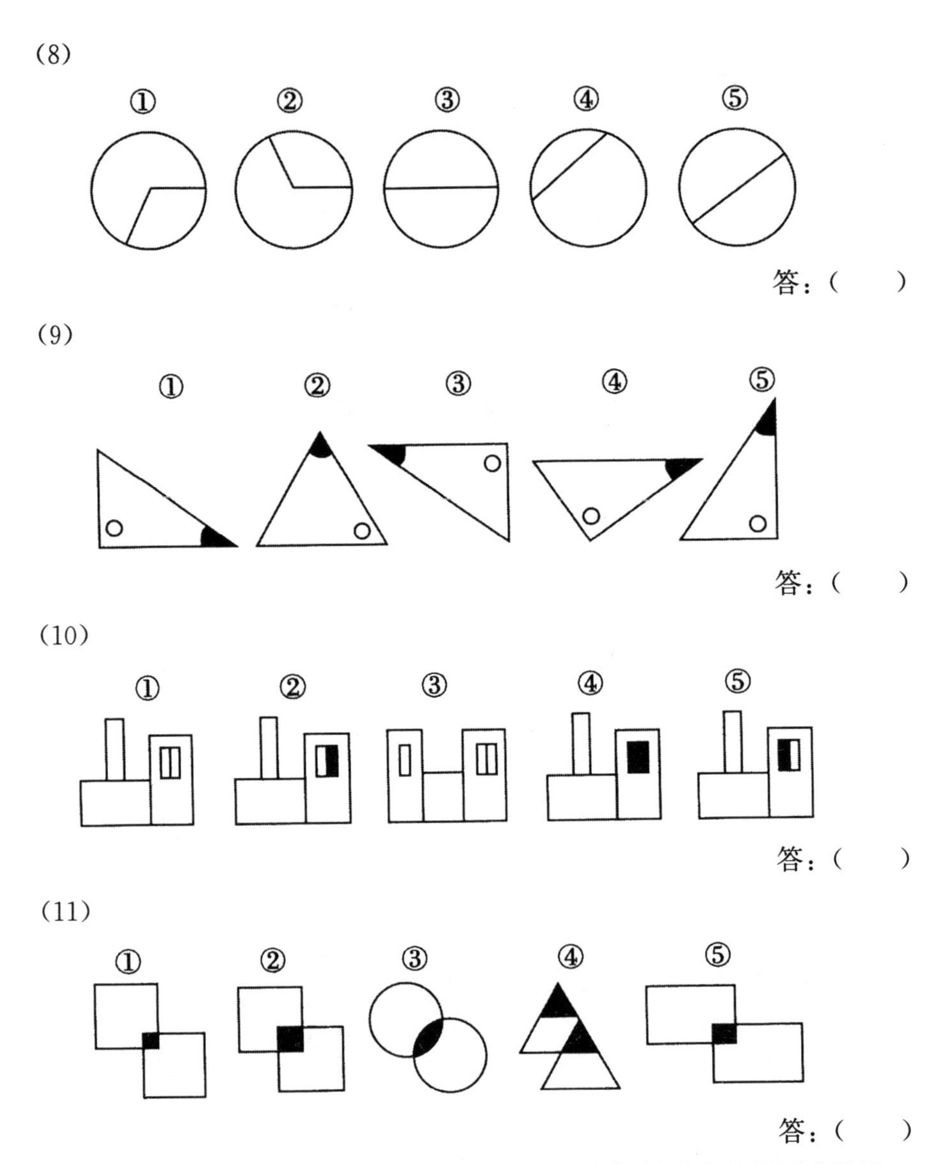

1、2、3题的分类比较简单，第4题要求在5个相差不多的图形中挑选一个与其他4个不相同的图形，这是一种较高级的分类。比如例题（1）上面一排5个都是直角梯形，看上去差不多，但仔细观察，②③④⑤图形加的一条边都在直角边上，唯有①图在斜边上，因而答案是①。

（二）守恒思想训练

1. 白球的个数和黑球的个数一样多。如果把白球放人 A 瓶内，把黑球放人 B 瓶内。A 瓶的白球多，还是 B 瓶的黑球多？

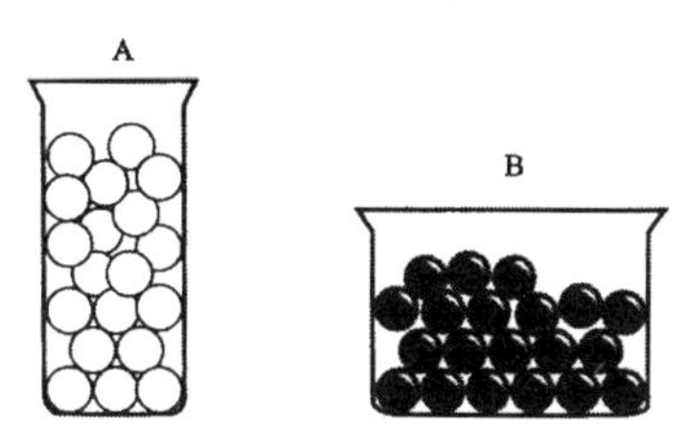

2. A 杯和 B 杯同样大，放的水也一样多。把 A 杯的水倒人 C 杯，把 B 杯的水倒入 D 杯。C 杯的水多，还是 D 杯的水多？

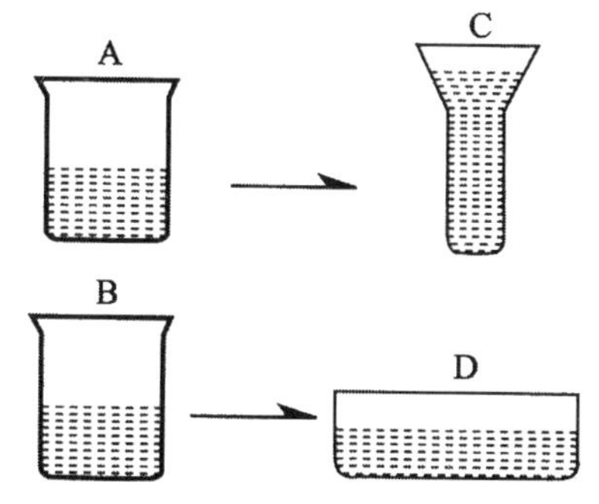

第 1 题是数量的守恒，第 2 题是液体量的守恒。守恒是指改变一个物体的形状、长度、方向和位置等物理性质而不改变其原有的总量。掌握守恒思想，也是儿童数学思维结果的表现。

3. 将正方形甲图切成 3 片，然后拼成乙图，如下图。请问甲、乙两图哪一个面积比较大？

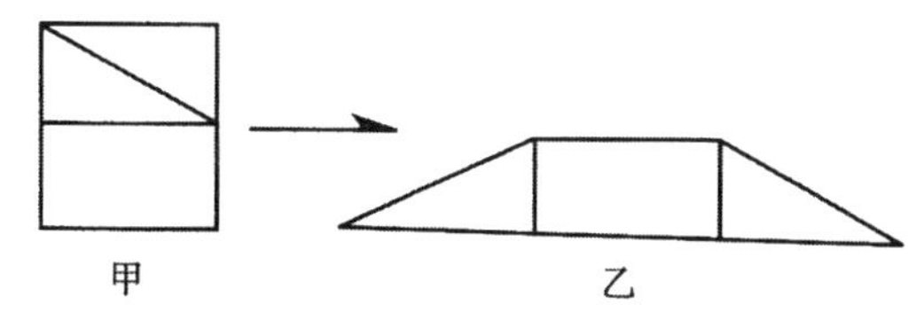

（1）甲图的面积比较大

（2）乙图的面积比较大

（3）甲图和乙图的面积一样大

（4）无法比较

（三）数列推理训练

1. 括号里应填什么数？

（1）2、4、6、8、（　　）

（2）6、9、12、（　　）、18

（3）20、18、16、14、（　　）

（4）17、13、9、（　　）、1

（5）9、3、1、$\frac{1}{3}$、（　　）

2. 根据规律，括号里应填什么数？

（1）1、$\frac{1}{2}$、2、1、3、$1\frac{1}{2}$、（　　）、（　　）

（2）8、4、10、5、12、6、（　　）、（　　）

（3）8、6、9、5、10、4、（　　）、（　　）

数列推理包括单系列推理和双重系列推理。单系列推理，要求找出相邻两个数之间的关系，概括出规律后，推断出后继数或该系列之中的某个数。如第1题（1）是公差为2的正向数间关系的概括，第1题（4）是公差为4的逆向数间关系的概括。双重系列推理，是两个数列按规律间隔在一起，要求分别找出各个数列的相邻两个数之间的关系，概括出规律后推断出后继数。如第2题（1）有间隔的两个数列：1、2、3…，公差为1；$\frac{1}{2}$、1、$1\frac{1}{2}$…，公差为$\frac{1}{2}$。按照规律，后继数分别是（4）、（2）。

3. 请仔细观察下面每一行数都有什么规律，然后在括号里填人一个数，使它符合这个规律。

（1）1、5、9、13、（　　）、21、25

（2）1、3、9、27、（　　）、243、729

（3）1、8、27、64、（　　）、216、343

(4) 1、2、4、7、(   )、16、22

(5) 1、2、6、24、(   )、720、5040

(6) 1、3、7、15、(   )、63、127

(7) 1、2、5、10、(   )、26、37

(8) 1、4、9、16、(   )、36、49

(9) 1、1、2、3、5、8、(   )、21、34

(10) 2、3、5、7、(   )、13、17

(11) 312、423、534、645、(   )

(12) 1221、2332、3443、4554、(   )

(13) 12321、23432、34543、45654、(   )

4. 下面这四幅图的顺序被搞乱了，请找出正确图序。

（四）事物推理训练

1. 已知

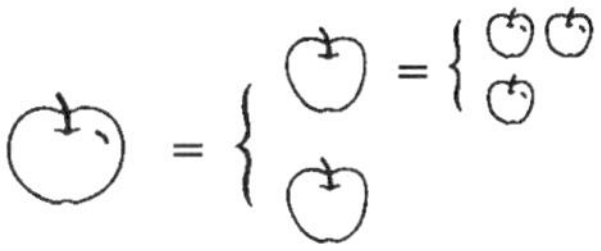

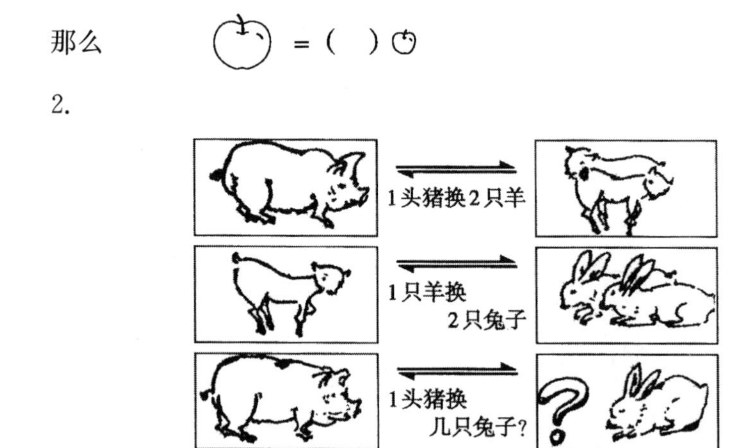

以上两题，主要是训练学生的推理能力。解题时，需运用三段论式的推理。“1个大苹果等于2个中苹果的重量”，“1个中苹果的重量等于3个小苹果的重量”，这两个判断是前提。从这两个判断可以推出新的判断。“1个大苹果的重量等于6个小苹果的重量”，这就是结论。

3. 一只乒乓球重多少克?

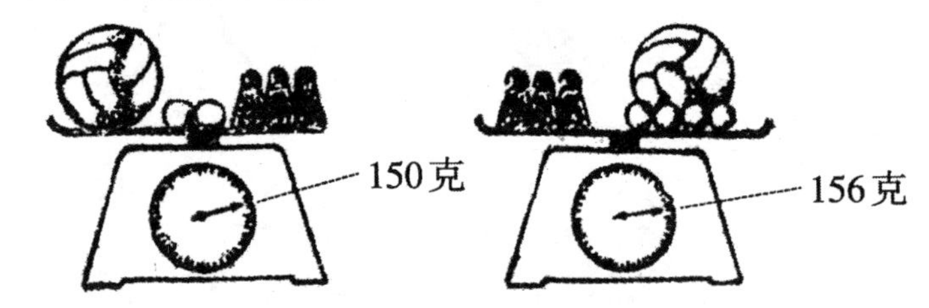

4. 下图每块积木重50克，怎样求出一根香蕉比一个苹果轻多少克?

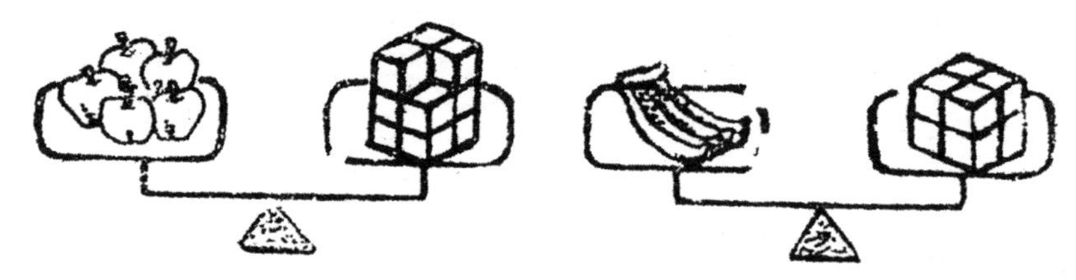

上面两题，先要进行观察比较，再进行推理分析。第3题，左右两图相比较，右图比左图多2只乒乓球，重量多6克，因此，一只乒乓球重3克。第4题，右图比左图少3块积木共重150克，因此，一根香蕉比一个苹果轻30克。

(五)数量关系推理训练

1. 根据前两个圆里三个数的关系，请你推算出第三个圆的（　　）里应填什么数。

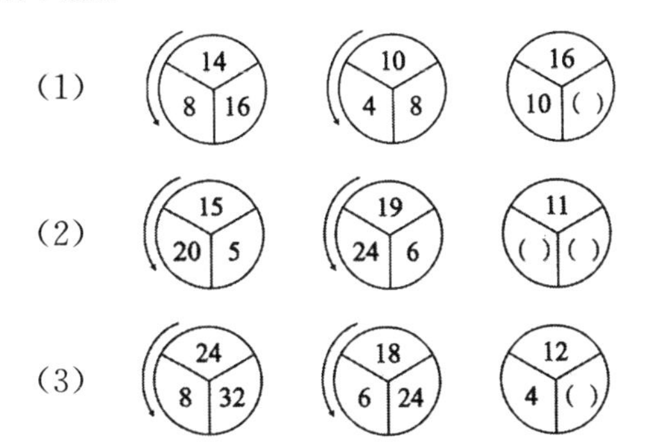

2. 根据已知数之间的相互关系，请你推算出（　　）里应填什么数。

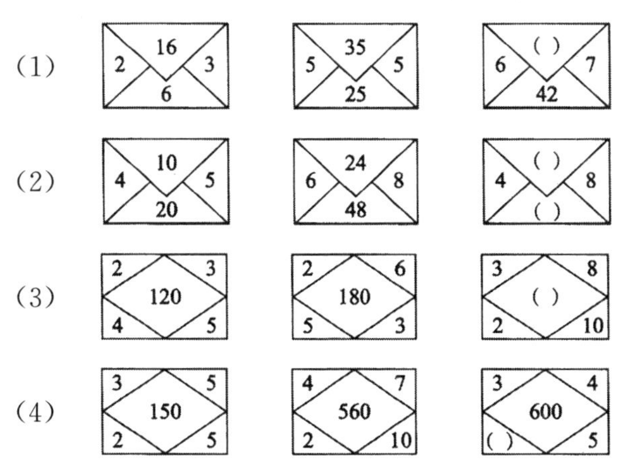

以上几题是训练学生概括数量关系的能力。解题时，首先要认真观察，找到几个已知数之间的相互关系，概括出运算的规律，再根据规律推算出（　　）里应填什么数。

(六)图形推理训练

1. 根据每题前面几个图形的排列，推出下一个图形来。

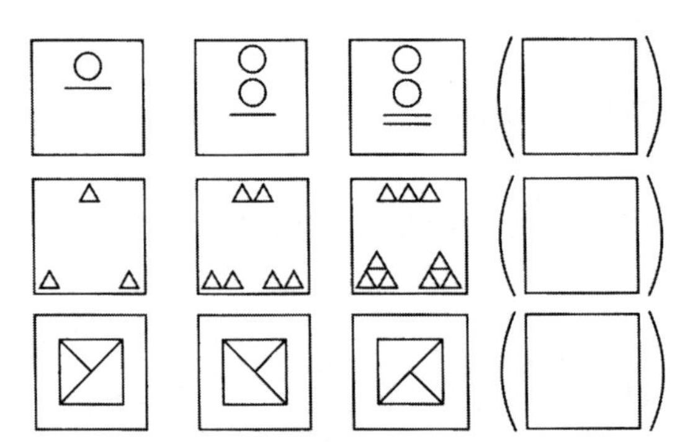

2. 根据上下、左右图形间的关系。在有“?”的方格内填补一个图形，使其符合图形间的相互关系。

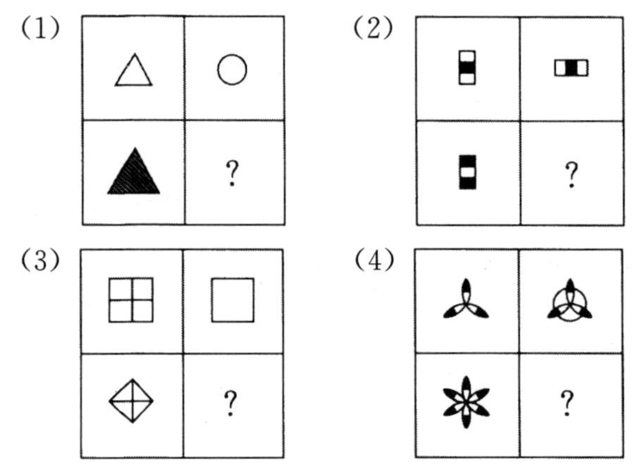

以上图形推理训练，要求学生按照从左到右、从上到下的顺序观察图形的变化规律，然后推出一个后继的图形。这种训练能够提高学生的图形推理能力和概括能力。

3. 这5块拼板，其中有4块可拼成一个正方形，你能找出哪一块是多余的吗?

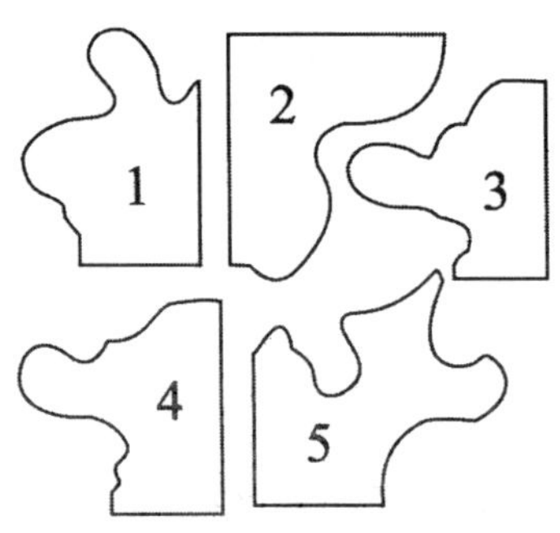

（七）逻辑推理训练

1. 四个小朋友比体重。甲比乙重，乙比丙轻，丙比甲重，丁最重。这四个小朋友的体重顺序是：

（　　）＞（　　）＞（　　）＞（　　）

2. 张、黄、李分别是三位小朋友的姓。根据下面三句话，请你猜一猜，三位小朋友各姓什么？

（1）甲不姓张；（2）姓黄的不是丙；（3）甲和乙正在听姓李的小朋友唱歌。

甲姓（　　），乙姓（　　），丙姓（　　）。

这类题目，学生必须根据所提供的信息进行逻辑推理，最后得出结论。比如第 1 题，根据丁最重、丙比甲重、甲比乙重，然后得出结论：

（丁）＞（丙）＞（甲）＞（乙）

比如第 2 题，根据“甲和乙正在听姓李的小朋友唱歌”，判断丙姓李，根据“甲不姓张，”判断甲姓黄，那么乙肯定姓张。答案是：

甲姓（黄），乙姓（张），丙姓（李）。

以上两题是比较简单的。复杂的题目，只要按照这种逻辑推理的思路，也能找到解决的办法。

3. 小清、小红、小琳、小强四个人比高矮。

小清说我比小红高；小琳说小强比小红矮；小强说小琳比我还矮。

请按从高到矮的顺序把名字写出来：

（　　）、（　　）、（　　）、（　　）。

4. 有四个木盒子。蓝盒子比黄盒子大；蓝盒子比黑盒子小；黑盒子比红盒子小。

请按照从大到小的顺序，把盒子排队。

（　　）盒子、（　　）盒子、（　　）盒子、（　　）盒子。

5. 张老师把红、白、蓝各一个气球分别送给三位小朋友。根据下面三句话，请你猜一猜，他们分到的各是什么颜色的气球？

（1）小春说：“我分到的不是蓝气球。”

（2）小宇说："我分到的不是白气球。"

（3）小华说："我看见张老师把蓝气球和红气球分给上两位小朋友了。"

小春分到（　　）气球，小宇分到（　　）气球，小华分到（　　）气球。

（八）图形分解组合的训练

1. 从下图右边五个方格里，各选出两个图拼成左边的图形。

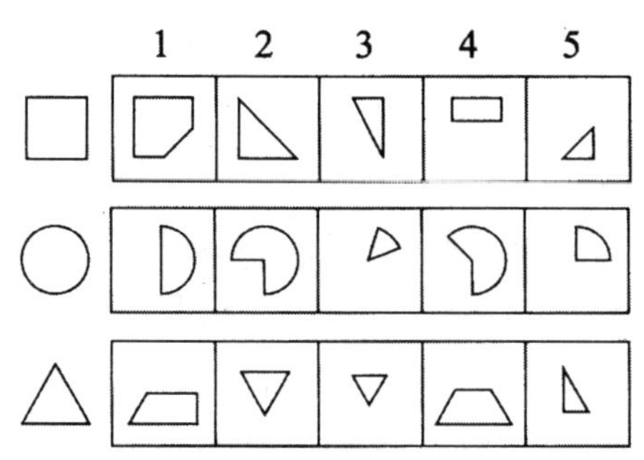

2. 下面左边是图形分解。请你在右边答案中选择一个图形，这个图形正好是左边两个图形相减的结果。

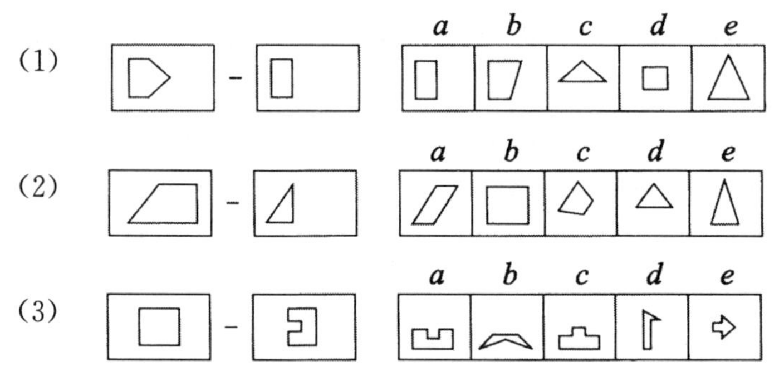

3. 图形 A、B、C、D，每个都可由右面 1、2、3、4、5 五个小图形中的三个组成。请说出每个图形是由哪三个图形组成的，并用虚线表示出来。

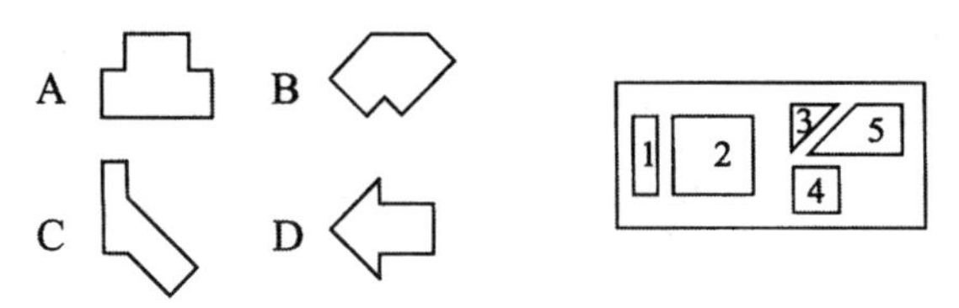

以上三道题是对空间关系的概括能力的训练题。

分解、组合图形和进行图形变换，是学生认识、理解二维空间的重要手段，同时对学生学习和推导平面图形的面积计算公式有重要意义。

图形的组合和分解，并不是简单的加法和减法，而必须认识图形方位的变换，这种练习，能培养学生空间感知能力以及空间关系的概括能力。如果学生掌握了图形的本质特征，不论图形的形状、大小、方位等如何变化，他们都能正确地辨认。

4. 下面左边的一组图形，可拼成右边的哪一个形状？

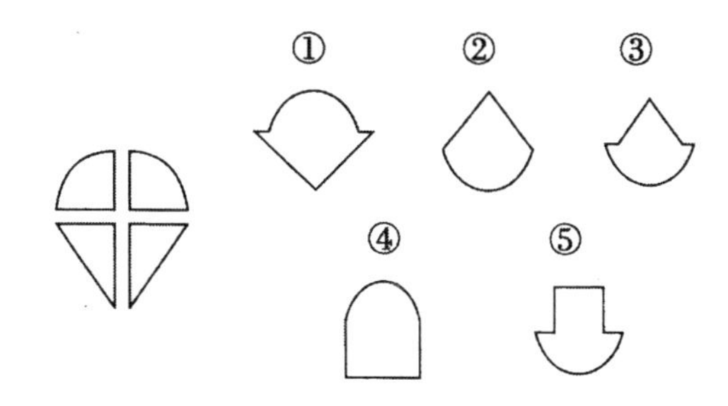

答：(　　)

5. 下面左边的一组图形，可拼成右边的哪一个形状？

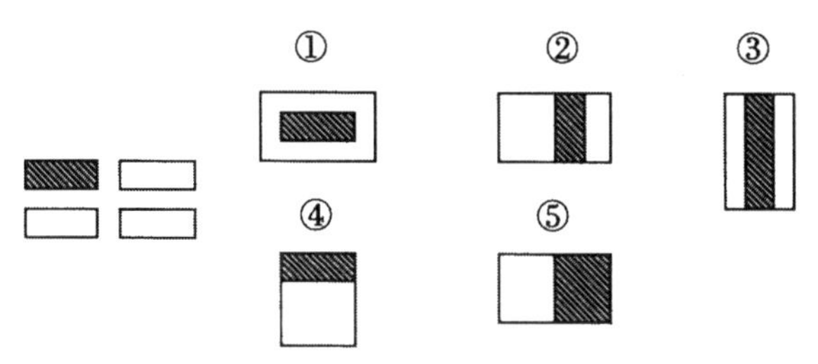

答：(　　)

6. 下面的五个图形中，哪一个不可以由左边的一组图形拼出来？

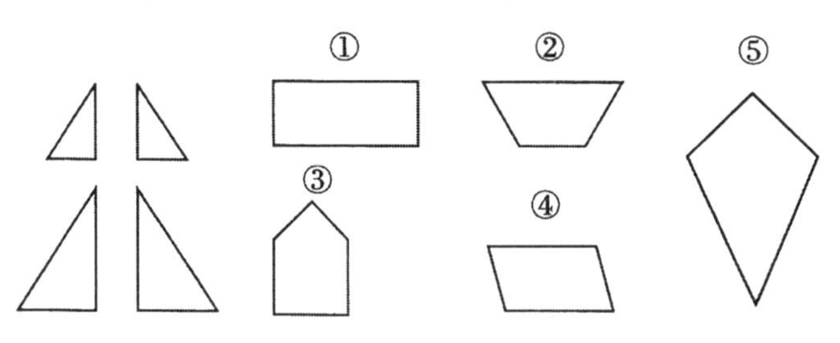

答：(　　)

(九)空间关系认知能力的训练

1. 仔细观察下面各图，想一想每一堆有多少个小方块，把它填在(　　)里。

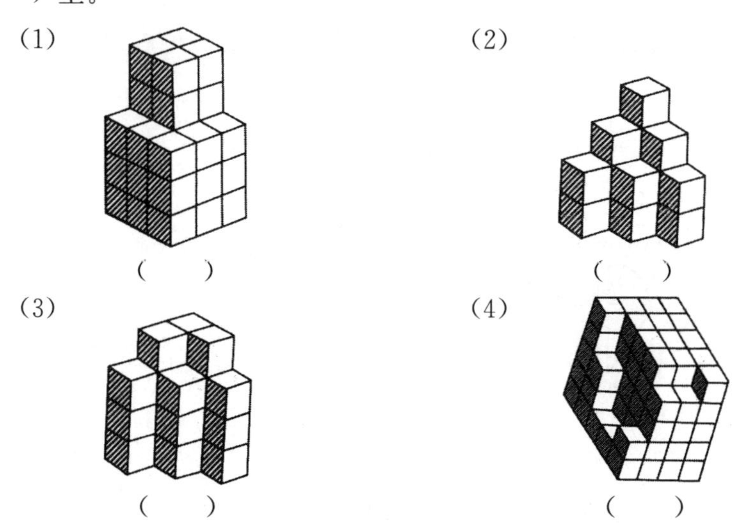

以上几题是对三维空间关系的认知能力的训练题。三维空间关系的认知能力，是一种更高水平、更复杂的空间概括能力。解答上题，仅有空间知觉能力是不够的，必须在空间知觉的基础上，经过分析、综合、抽象概括，并且通过空间推理，产生丰富的空间想象力，才能把明显的部分和隐蔽的部分综合为完整的三维空间。

2. 你能在下面右边的图形里找出和左边一样的图形吗？请把它用笔勾画出来。

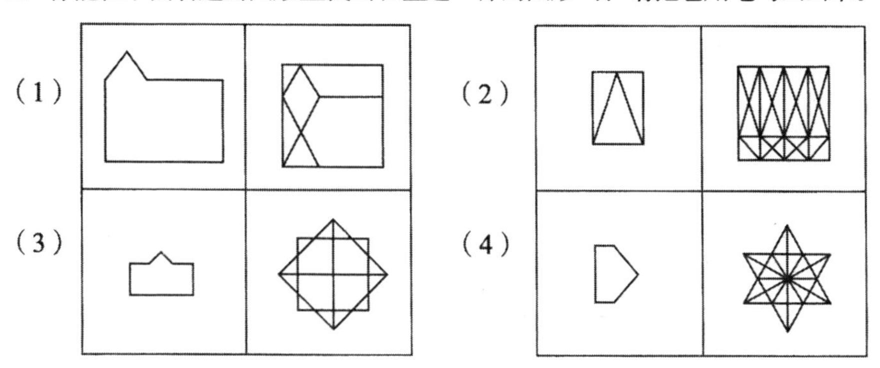

以上几题，是训练学生空间关系的认知能力。这种练习，要求学生在复杂图形中找出隐蔽的图形。这种能力有助于学生学习和解决几何问题，它和数学能力的强弱有一定的关系。

3. 下图中，左边的 4 个图形分别隐蔽在右边的 4 种图形里（它们的大小、形状和方位都和其左边的图形一样）请把它们用笔勾画出来。

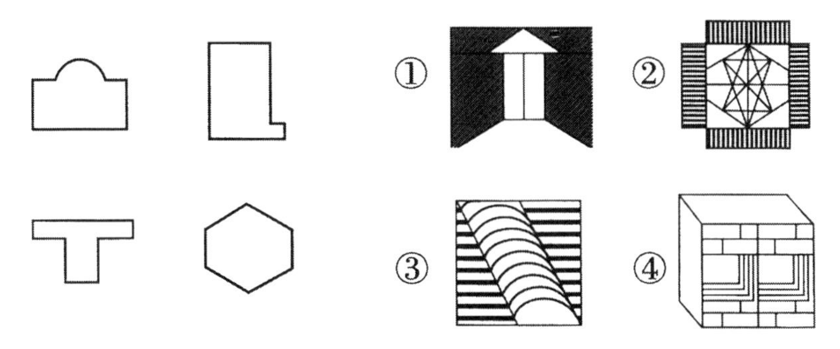

训练从复杂图形中找出隐蔽图形的能力，有利于学生解决几何问题。

要寻找到图形，首先必须对四个复杂图形的结构做粗略的分析，初步确认可能隐蔽在哪一个复杂图形之中，然后才能进一步分析。在复杂图形中，由于受到其他很多图形的干扰，容易把比例关系勾画错，学生需要有很好的观察和判断图形各部分比例关系的能力。研究表明，数学能力强的学生，他们的知觉判断受复杂图形环境的影响小，其认知方式属于场独立性特征；数学能力一般或较差的学生，他们的知觉判断受复杂图形环境的影响较大。

4. 下面左边的图形可以折成右边哪一个立体模型？

［例］

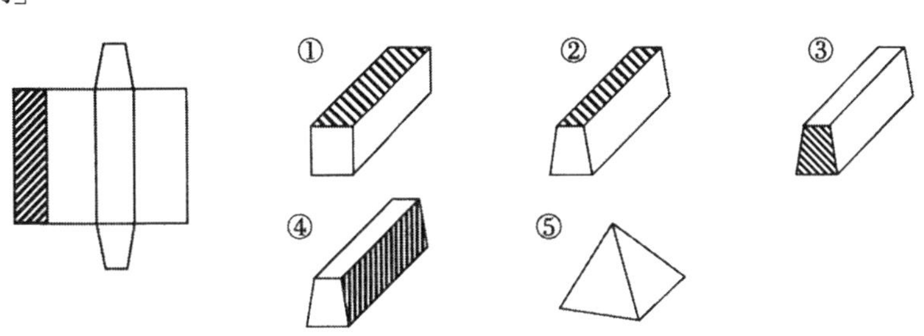

答：（②）

解：左图不可能折成①和⑤图；③④两图中立体有斜线的面与左图不相对应。答案应是②。

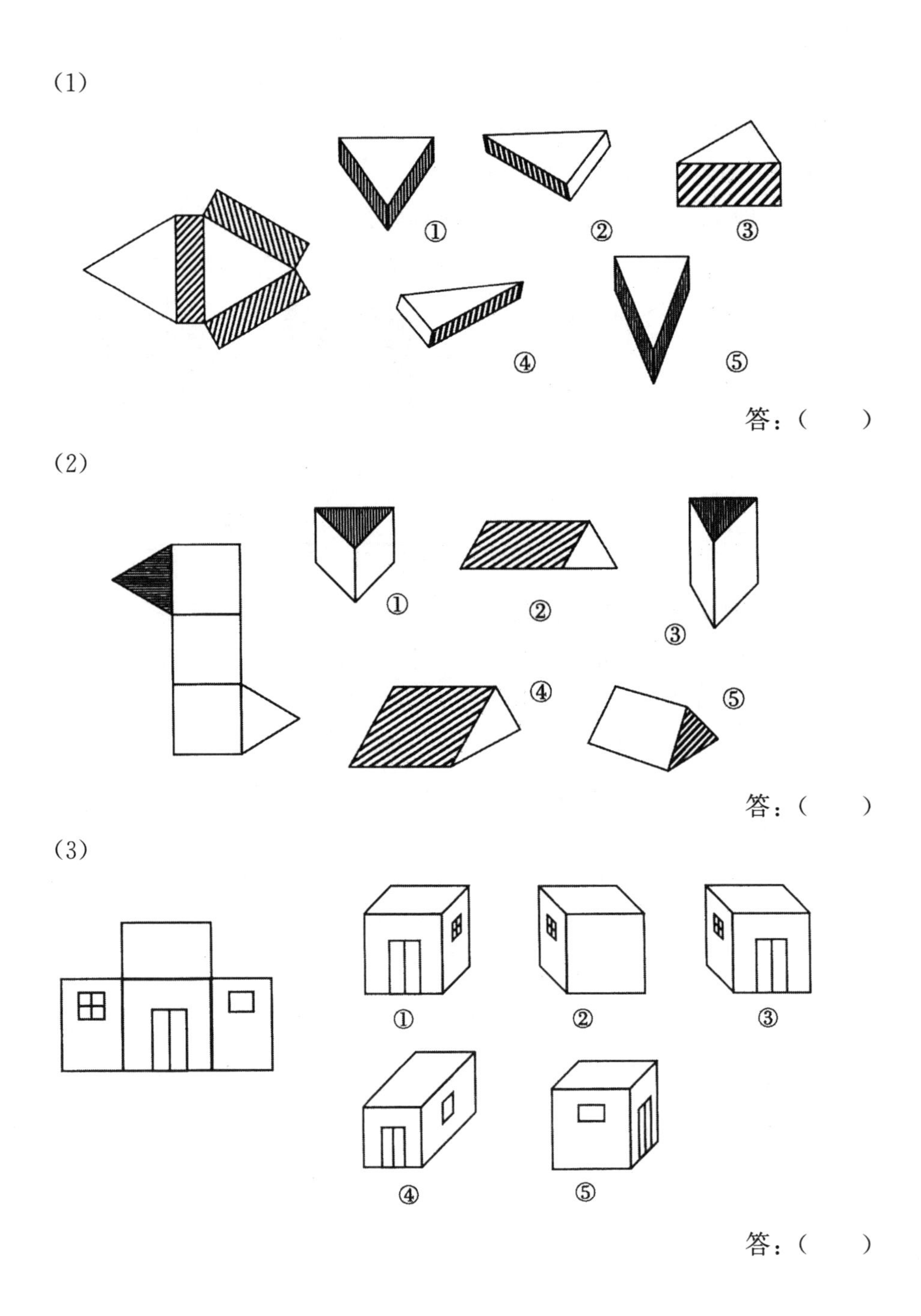
(1)
①
②
③
④
⑤
答：(　　)
(2)
①
②
③
④
⑤
答：(　　)
(3)
①
②
③
④
⑤
答：(　　)

（十）概括推理训练

1. 根据 $37\times3=111$，请不用计算，在方框里填适当的数。

（1）$37\times6=\square$　　（2）$37\times\square=444$　　（3）$37\times24=\square$

2. 请仔细观察分析下面的计算。

$$\frac{1}{1\times2}+\frac{1}{2\times3}+\frac{1}{3\times4}=\left(1-\frac{1}{2}\right)+\left(\frac{1}{2}-\frac{1}{3}\right)+\left(\frac{1}{3}-\frac{1}{4}\right)$$

$$=1-\frac{1}{2}+\frac{1}{2}-\frac{1}{3}+\frac{1}{3}-\frac{1}{4}=1-\frac{1}{4}=\frac{3}{4}$$

找出规律后，再计算下面各题。

（1）$\frac{1}{1\times2}+\frac{1}{2\times3}+\frac{1}{3\times4}+\cdots+\frac{1}{99\times100}=$

（2）$\frac{1}{2\times3}+\frac{1}{3\times4}+\frac{1}{4\times5}+\cdots+\frac{1}{9\times10}=$

3. 先从算式 $1\times1=1$，$11\times11=121$，$111\times111=12321$ 中找出规律，然后在下面算式的括号里直接写出得数。

（1）$11111\times11111=$（　　　　　）

（2）$1111111\times1111111=$（　　　　　）

4. 先观察下图，寻找数三角形个数的规律，然后回答下面问题。

图　形				
三角形总个数	6	12	18	24

（1）如果三角形中画 5 条横线，图中有几个三角形？

（2）如果三角形总个数是 78 个，三角形中有多少条横线？

5. 如图，堆三角形积木：

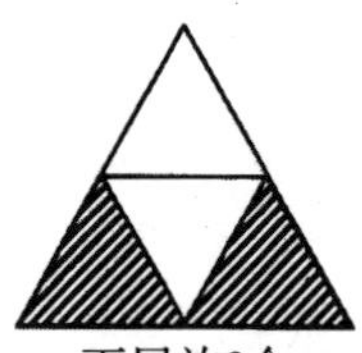

下层放2个
共需4个

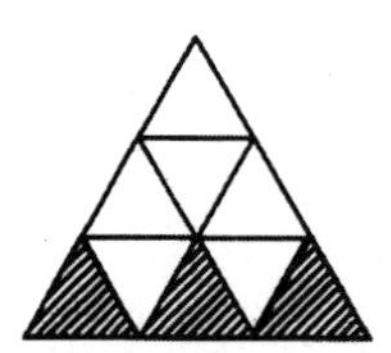

下层放3个
共需9个

下层放4个
共需16个

想一想：①如果下层放 11 个，一共需要多少个三角形积木？

②如果有 169 个三角形积木，下层应放几个？

解以上几题，先要仔细观察分析，概括出规律后，才能回答问题。这对培养学生的数学概括能力是很有帮助的。

6. 在下面的图形中，方框的图内应有多少个小圆点？

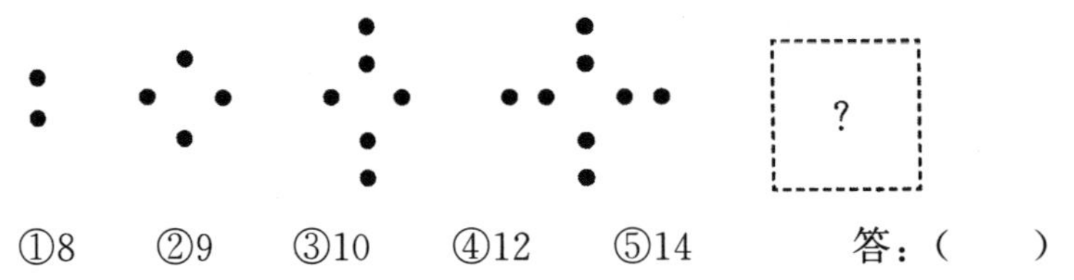

①8　　②9　　③10　　④12　　⑤14　　　　答：(　　)

解：各图的小圆点依次为 2、4、6、8，每图的圆点递增 2。因此，方格内应有 10 个圆点。答案是③。

7. 下列各题中，方框内图形组成的数目应是多少？将答案的序号写在(　　)里。

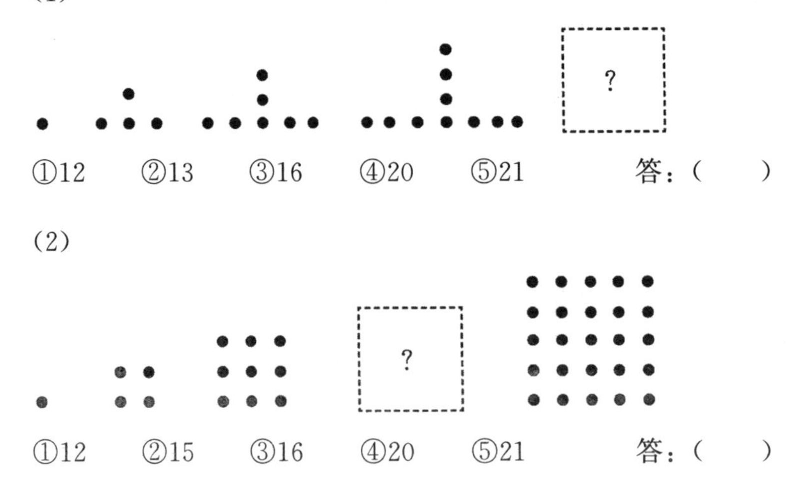

(1)

①12　　②13　　③16　　④20　　⑤21　　　　答：(　　)

(2)

①12　　②15　　③16　　④20　　⑤21　　　　答：(　　)

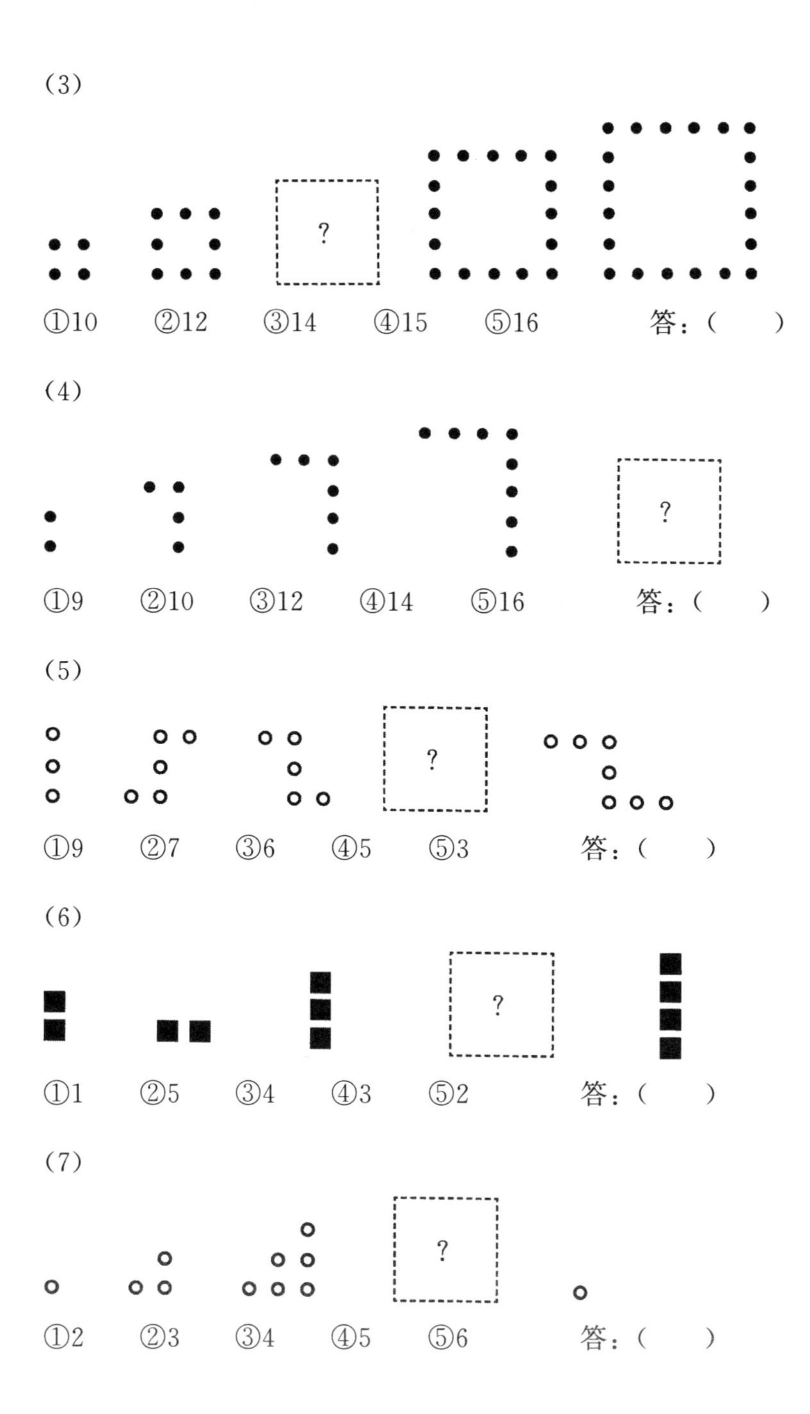
(3)
?
①10　②12　③14　④15　⑤16　答：(　　)
(4)
?
①9　②10　③12　④14　⑤16　答：(　　)
(5)
?
①9　②7　③6　④5　⑤3　答：(　　)
(6)
?
①1　②5　③4　④3　⑤2　答：(　　)
(7)
?
①2　②3　③4　④5　⑤6　答：(　　)

（8）

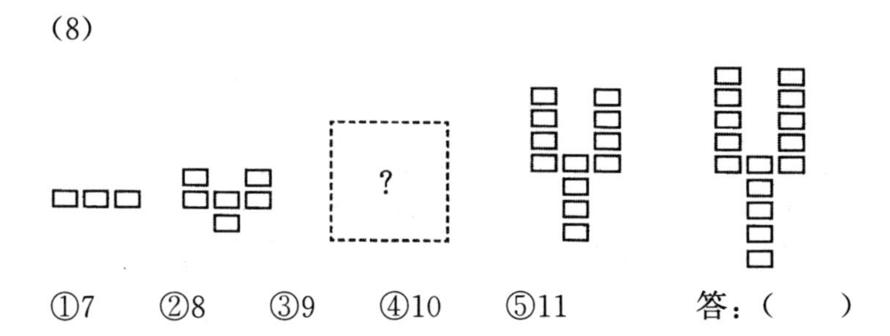

①7　　②8　　③9　　④10　　⑤11　　　答：（　　）

三、小学生数学能力测验

原中央教育科学研究所教育心理研究室在赵裕春主持下，联合国内 9 个地区成立了小学生数学能力研究协作组，于 1981～1985 年对小学生的数学能力进行测查与研究。这是迄今为止，国内规模最大，比较系统完整的一次小学生数学能力测验，极有参考价值。

他们根据各年级的教学内容编制了 6 套测验题。每套测验题都经过科学分析，在大规模测查的基础上，得出每套测验题的平均成绩和标准差，以及每道题目的通过率。这些指标可以作为考查学生数学能力的参照点。这里选登两套，以供参考。

(一)第一套数学能力测验题

1. 白球有 21 个，黑球有多少个？

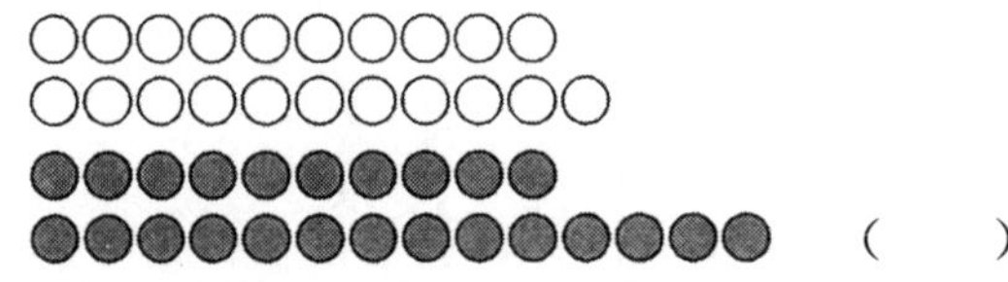

（　　）

2. 黑格有 30 个，白格有多少个？

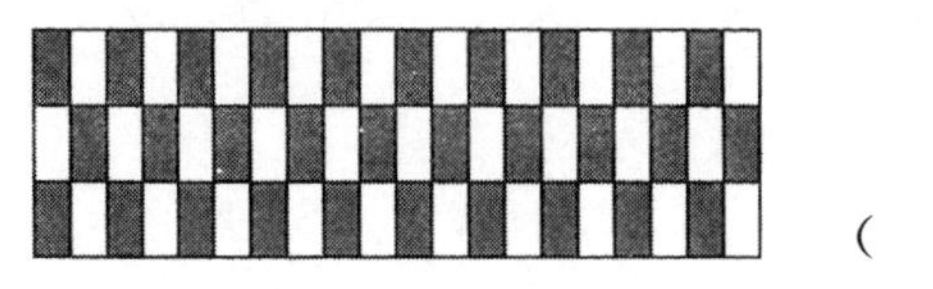

（　　）

3. 有 5 个花瓶，每一个花瓶都要插上 1 枝花。用哪一堆花正合适？在合适的那一堆花上画一个"√"。

4. 这里有 4 行数，其中只有 1 行数和其他 3 行数不一样，是哪一行？在它那行上画一个"√"。

[例]

2	2	2	2	2	
1	2	3	4	5	√
6	6	6	6	6	
9	9	9	9	9	

1	3	5	7	9
6	8	10	12	14
15	16	17	18	19
15	17	19	21	23

5. 这里也有 4 行数，其中只有一行数和其他 3 行数不一样，是哪一行？在那一行上画一个"√"。

1	2	3	4	5
9	10	11	12	13
2	4	6	8	10
11	12	13	14	15

6. 这里有 5 堆东西，其中 4 堆有相同之处，只有 1 堆和它们不一样，是哪一堆？在那一堆的上边画一个"√"。

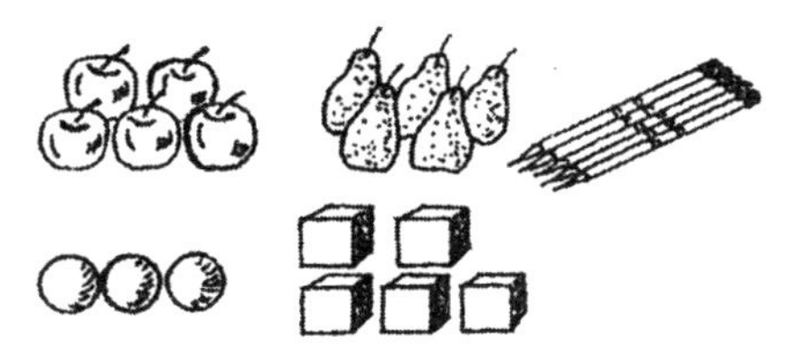

7. 有 3 个花瓶，每 1 个花瓶里都要插上 2 枝花。用哪一堆花正合适，就在那堆花上画一个"√"。

8. 这是用下边那样大小的 4 种不同形状的积木摆成的小房子，数一数每

种积木有多少块，分别写在那种积木下边的（　　）里。

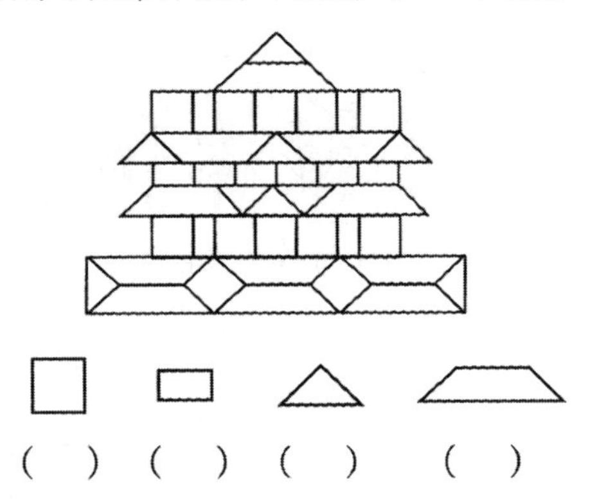

9. 这里有一些图形，数数看，大圆有多少个？方块有多少个？小三角有多少个？叉子（×）有多少个？把它们的数目分别写在（　　）里。

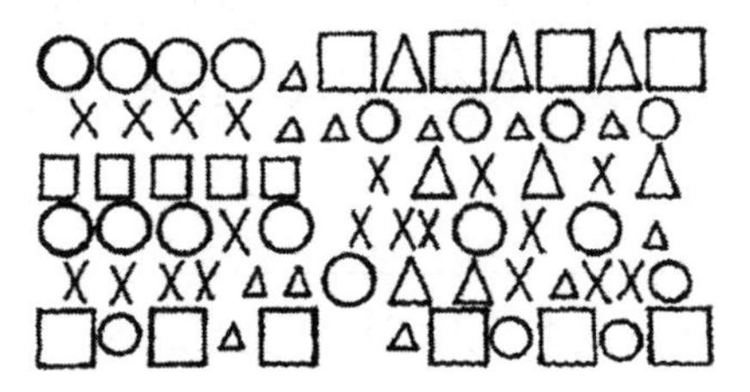

大圆有（　　）个　　小三角有（　　）个

方块有（　　）个　　叉子有（　　）个

10. 这里也有5堆东西，其中4堆有相同之处，只有1堆和它们不一样，是哪一堆？就在那一堆的上边画一个"√"。

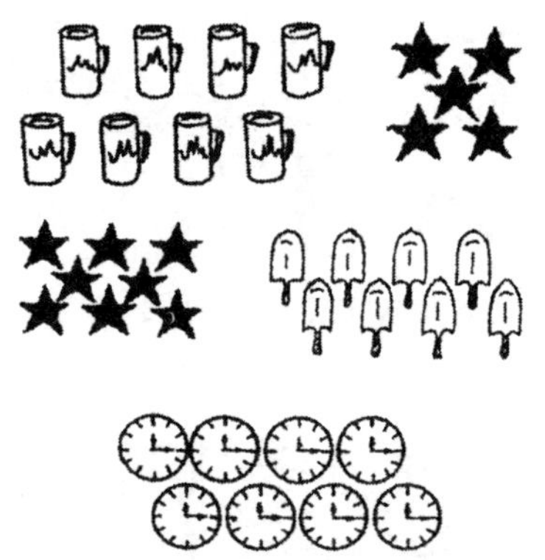

11. 地上站着一排小鸡和一排小鸟，后来小鸟都飞到天上去了。是地上的鸡多，还是天上飞的鸟多？你认为哪个多就在那里画一个"√"，认为一样多就画一个等号。

12. 这里有一堆泥，用它捏了一个大碗，这堆泥重，还是大碗重？你认为哪个重，就在那个上边画一个“√”，认为一样重就画一个等号。

13. 左边有一样大小的 b、p 两个杯子，b 杯里的水和 p 杯里的水一样多，所以两个杯子中间画了一个等号。右边的图，是把 b 杯子下边窟窿里的塞子拔了出来，水都流到 m 这个长管里了；同样，p 杯里的水都流到 f 这个玻璃缸里了。原来 b 杯里的水和 m 管里的水哪个多？是一样多吗？你认为 b 杯和 m 管里的水不一样多就在它们之间的（　　）里画一个“×”，认为一样多，就画一个等号。你认为原来 p 杯里的水和 f 缸里的不一样多，就在它们中间的（　　）里画一个“×”，认为一样多就画一个等号。m 管里的水和 f 缸里的水，你认为不一样多就在 m 和 f 中间的（　　）里画一个“×”，认为一样多就画一个等号。

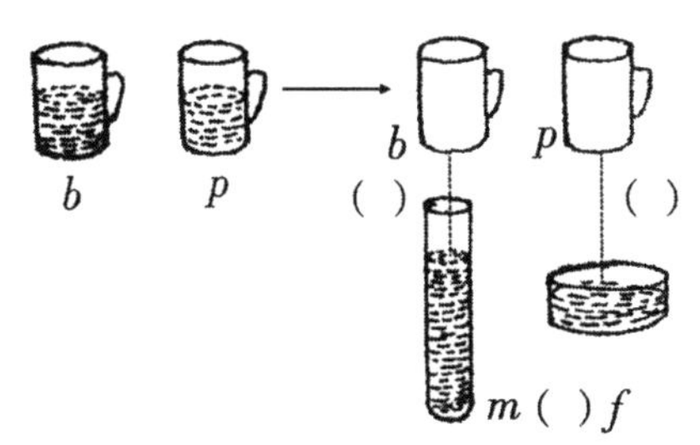

14. 这里有 7 个带点的图，在第 5 个点图上画一个“√”，然后在第 7 个点图上画一个“√”，它们各是几点图？

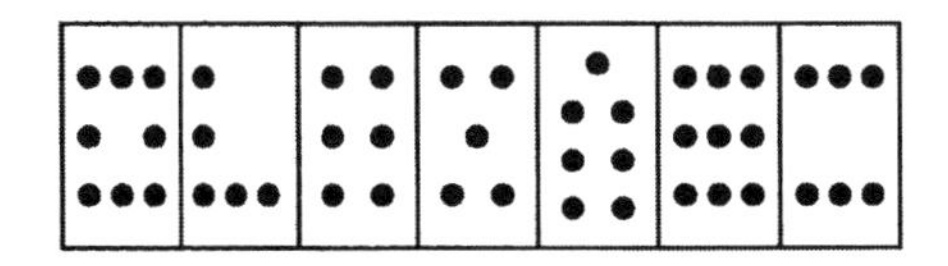

15. 这里有 7 个带点的图，哪个图里有 11 个点，就在那张图上画一个“√”，哪个图里有 15 个点，就在那张图上画一个“√”。

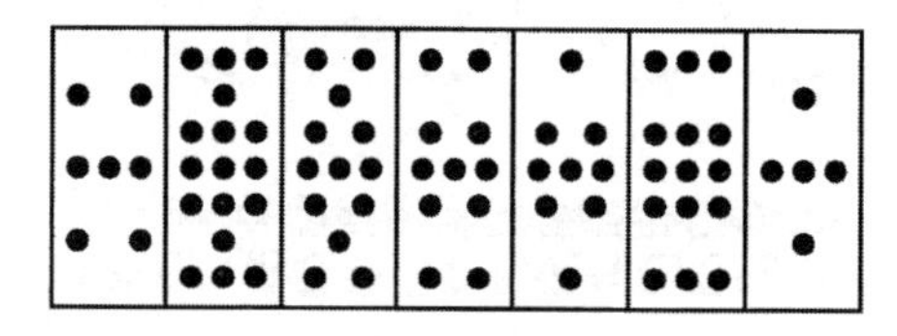

16. 左边有些木头块堆在一起，右边也有几个木头块。你认为哪边的木头块多，就在那边画一个“√”，认为一样多就在它们中间画一个等号。

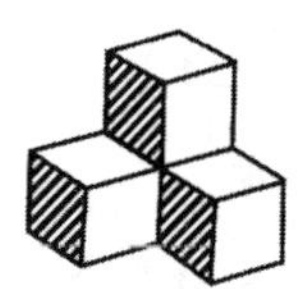
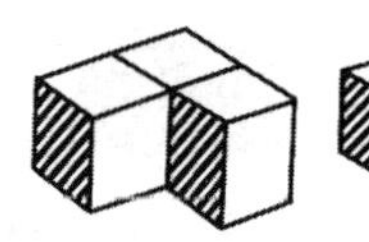
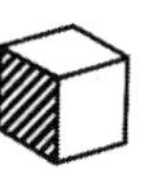

17. 下边是两块草地的示意图，哪一块草地大，就在那里画一个“√”，你认为一样大就画一个等号。

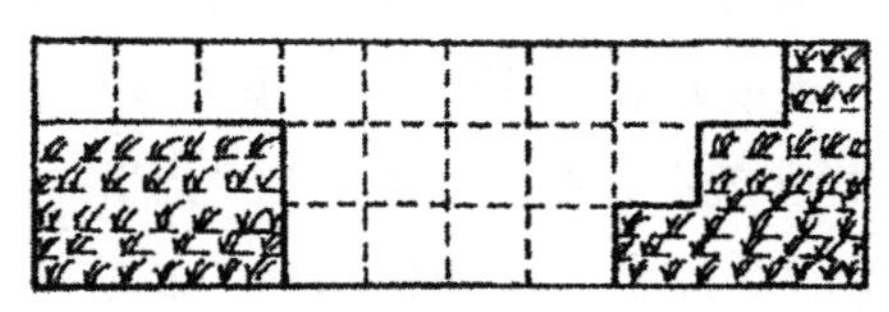

18. 有 9 支铅笔分给甲、乙两个人，如果甲得 1 支，在横线上面写 1，乙得 8 支，在横线下面写 8，有多少种分法？把你想到的几种分法都写出来。

有 9 支铅笔分给甲、乙两个人：

如果甲得→

那么乙得→

19. 花瓶里有 12 朵花，有红色的还有黄色的。有几种分法，把你想到的所有分法都像上面的题那样写下来。

如果红色的有→

那么黄色的就有→

20. 先认真看例题，下边的图中如果把里面的空格都填上数，使横行上的三个数和竖行上的三个数相加都得 6，就成了下页左栏上面这个填数字的图了。

［例］填数使横竖每行上的三个数相加得 6。

			2			
		3		1		
	3				3	
3						2
	1				1	
		1		3		
			3			

答案：

		①	2	③		
		3		1		
①	3	②		②	3	①
3						2
②	1	③		②	1	③
		1		3		
		②	3	①		

照上面的办法，在图中的空格里填上数，使横行和竖行上的三个数相加都得 12。

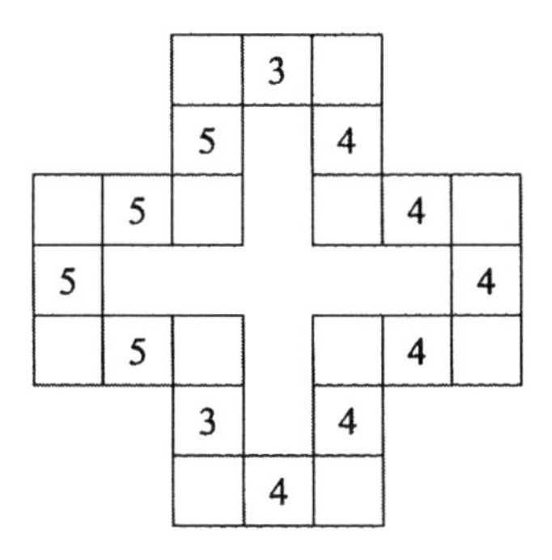

21. 同上题的办法一样，但要使横行和竖行的三个数相加得 16。

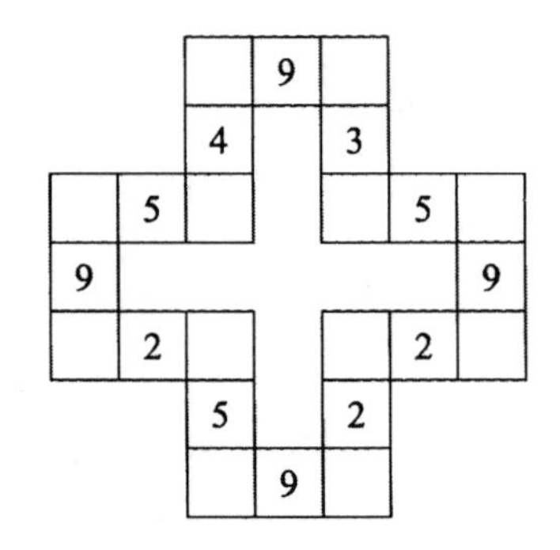

22. 下边有 11 个数，看看哪几个数比 50 小，把它挑出来写在左边圆圈里；哪几个数比 50 大，写在右边的圆圈里。

27　31　64　15　71　82　50　51　49　100　9

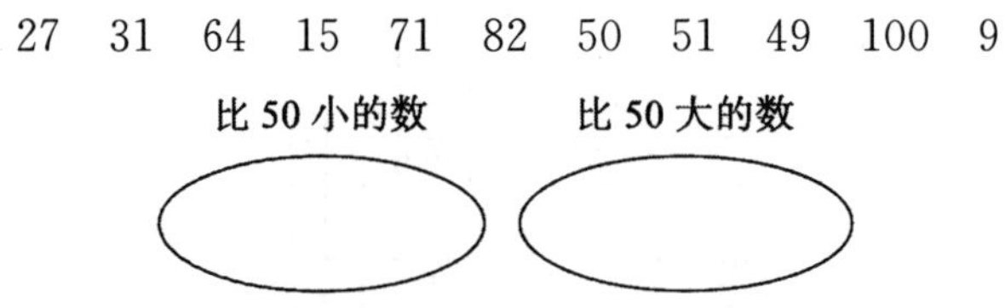

23. 先认真看例题，按照要求填空。

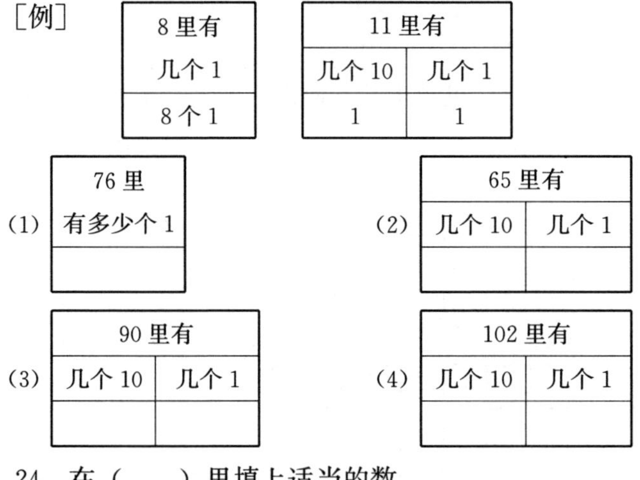

[例]

8 里有几个 1
8 个 1

11 里有	
几个 10	几个 1
1	1

(1)

76 里有多少个 1

(2)

65 里有	
几个 10	几个 1

(3)

90 里有	
几个 10	几个 1

(4)

102 里有	
几个 10	几个 1

24. 在（　　）里填上适当的数。

25＋54＝(20)＋(　　)＋(　　)＋(4)

13＋26＝(　　)＋(　　)＋(20)＋(　　)

25. 有一堆东西，两个两个地数，一份是 2 个，在“1 份”箭头下边写 2。2 份是多少？3 份是多少？4 份是多少？5 份是多少？把它们分别写在箭头下的（　　）里。

1 份　　2 份　　3 份　　4 份　　5 份

↓　　↓　　↓　　↓　　↓

2 个　（　）个　（　）个　（　）个　（　）个

26. 有许多小石子，5 个 5 个地数，1 堆是 5 个。2 堆是多少？3 堆是多少？4 堆是多少？5 堆是多少？把它们分别写在箭头下的（　）里。

1 堆　　2 堆　　3 堆　　4 堆　　5 堆

↓　　↓　　↓　　↓　　↓

5 个　（　）个　（　）个　（　）个　（　）个

27. 每一行里都有 4 个数和 1 个（　），根据已经有的这 4 个数的关系，在（　）里填上数。

（ ）、68、66、64、62	5、10、15、20、（ ）
7、11、15、19、（ ）	50、40、30、20、（ ）
9、7、5、3、（ ）	3、6、12、（ ）、48

28. 按照上题的办法，在（　）里填上数。

（　）	100	99	98	97
55	60	（　）	70	75
13	（　）	7	4	1
60	70	80	90	（　）
2	4	6	8	（　）
2	4	8	（　）	32

29. 根据括在一起的两个数之间的关系，在（　）里填上两个合适的数。

（7，2）（8，3）（9，4）（10，5）（　，　）

（2，4）（3，6）（4，8）（5，10）（　，　）

30. 在横线上填上适当的数。

（1）有 24 个同学排成一小队，小明排第 9 名，小明后边有________人，小明前边有________人。

（2）小朋友们排成了一横排，从左边数我是第 12 名，从右边数我也是第

12名，我们这一排有________个小朋友。

（3）有18个小球横着摆成一行，其中有一个是红的，其他都是白的，从左边数，红球是第7个，那么在它的右边有________个小白球，它的左边有________个小白球。

（4）小朋友们排成了一小队，我前边有8个人，后边有9个人，我们这个小队一共有________个小朋友。

31. 下边有8道题，哪些题可以用加法算，哪些题可以用减法算，就在那个题的后边的（　　）里写上“＋”号或“－”号。

[例1] 小力有5本书，小江有6本，问两个人共有多少本书？（＋）

[例2] 小红有10支铅笔，送给弟弟4支，小红还剩下几支？（－）

（1）小林种了49棵葵花，加上小兰种的葵花一共种了87棵，小兰种了多少棵？（　　）

（2）一年级一班有学生48人，其中男同学有19名，女同学有多少人？（　　）

（3）学校原来有38个小足球，现在有87个了，问学校新买了多少个小足球？（　　）

（4）王平37岁，王平比张正大9岁，张正多少岁？（　　）

（5）小华借给小明38本书，还剩下46本，小华原来有多少本书？（　　）

（6）小红和小力一共种了74棵玉米，小红种了25棵，小力种了多少棵？（　　）

（7）李明19岁，李明比刘立小28岁，刘立多少岁？（　　）

（8）小英家今天买了26本书，加上原来的一共有98本书，他家原来有多少本书？（　　）

（二）第二套数学能力测验题

1. 有16个蓝颜色的圆木块、12个红颜色的方木块和8个蓝颜色的方木块。在回答下边问题的时候，你认为对的就在括号里画一个“√”，你认为不对的就在括号里画一个“×”。

（1）所有蓝颜色的木块都是圆的吗？（　　）

（2）所有的方木块都是红颜色的吗？（　　）

（3）所有红颜色的木块都是方的吗？（　　）

（4）所有的圆木块都是蓝颜色的吗？（　　）

2. 下面有两张一样大的纸板，上边各有 10 块一样大的方木块，你认为哪张纸板上的空地多，就在那个纸板上画一个“√”，你认为一样多，就在它们的中间画一个等号。

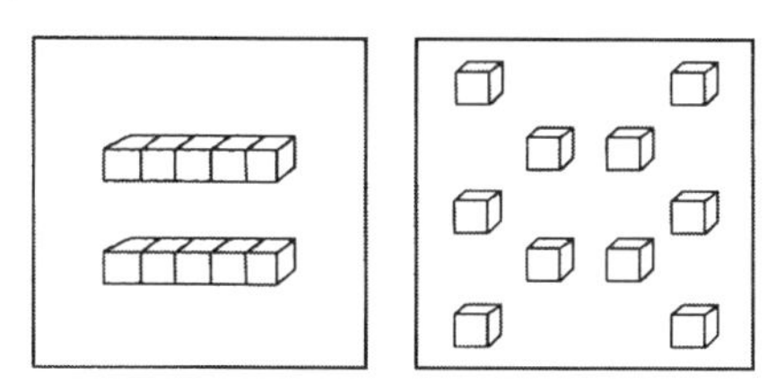

3. 下边有两个用点表示的数（以表格形式出现），你把这两个数比较后，把合适的符号（＜、＞、＝）填写在（　　）里。

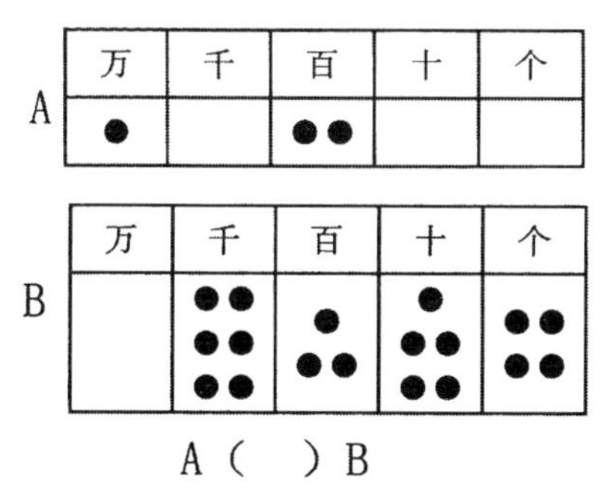

4. 回答下列问题。

999 里有	
多少个 10	多少个 1

7310 里有		
多少个 100	多少个 10	多少个 1

10050 里有		
多少个 100	多少个 10	多少个 1

8696 里有
多少个 1

5. 在（　　）里填上合适的数。

10000＝（2000）＋（　　）＋（5000）

5761＝(　　)＋(760)＋(　　)

9099＝(9000)＋(　　)＋(9)

6854＝(50)＋(　　)＋(4)

6. 填写运算符号：下边的7道题，每道题应该用什么方法计算，就把合适的运算符号填在后面的（　　）里。

[例] 10加上什么数等于167（－）

(1) 8乘以什么数得48?（　　）

(2) 什么数加295等于884?（　　）

(3) 一个数被另一个数除得18，现在知道除数是3，被除数是多少?（　　）

(4) 什么数乘以9等于45?（　　）

(5) 从一个数里减去98，还剩315，这个数是多少?（　　）

(6) 657加什么数等于5154?（　　）

(7) 两个数的差是64，其中一个较小的数是28，另一个较大的数是多少?（　　）

7. 根据题意，在（　　）里填上合适的数。

有19个人在院子里打扫卫生，只管扫地的有4人，只管打水的有5人，其他的人又扫地又打水。

(1) 又扫地又打水的有（　　）个人。

(2) 只干一种事的有（　　）个人。

(3) 如果只管打水的人比原来的人数多1倍，那么只管打水的就有（　　）个人了。

(4) 如果打水的人数不变，只管扫地的人数比原先少了一半，那么，又扫地又打水的就是（　　）个人了。

(5) 如果只有一个人又扫地又打水，要使只管扫地和只管打水的人数相等，他们就各有（　　）个人。

8. 老师出了两道算术题，在15个人中，有5个人只做对了第一道题，有7个人只做对了第二道题，其余的人两道题都做对了。

(1) 两道题都做对的有（　　）人。

(2) 做错第一道题的有（　　）人。

（3）做错第二道题的有（　　）人。

（4）只做对了一道题的有（　　）人。

（5）两道题都做错的有（　　）人。

9. 仔细观察□两边的算式（不要去计算），很快地把它们的关系找出来，然后选一个合适的符号（＝、＜、＞）填在□里。

［例］84＋19 [＞] 84＋18　　　91－29 [＜] 91－25

154＋68□168＋54

268－179□266－177

95＋256－27□96＋257－29

150＋97＋62□62＋150＋97

84－65＋93□93－65＋84

85－0＋85□85＋0＋85

80＋60＋9＋4□69＋84

127＋354□100＋300＋20＋50＋7＋4

35×14□14×35

240÷16□240÷15

65÷5×5□65×1

64×4÷4□64÷4×4

10. 在下边的每个大长方形里，都有不同花纹的小图形，你认为哪种花纹占的地方最大，就在那里画一个“√”，你认为哪种占的地方最小，就在那里画一个“×”。

［例］

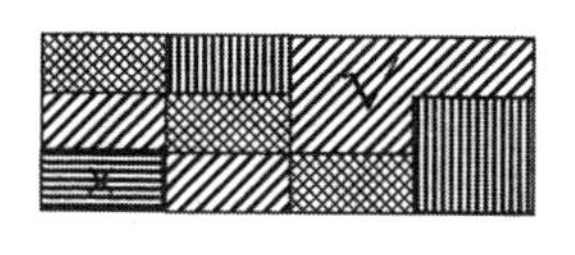

（1）　　　　　　　　　　　　（2）

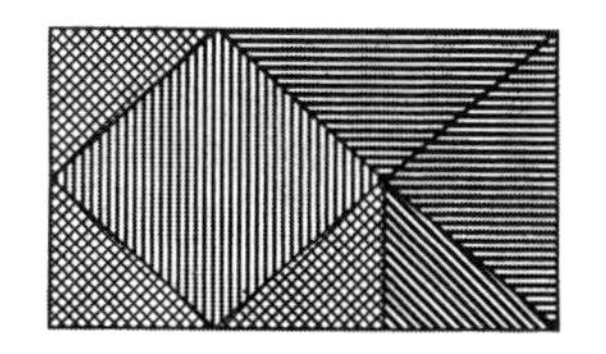

11. 看着下边的图，认真想一想，每一堆各有多少个方块，挡着的方块也要算进去。想好了把数填写在（　　）里。

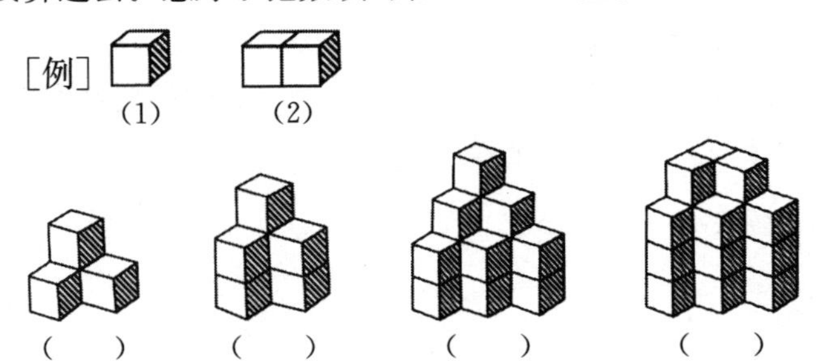

［例］ (1) (2)

（　　）　（　　）　（　　）　（　　）

12. 每一道题里都有 4 行数，其中只有一行数和其他 3 行不一样，是哪一行，在它旁边画一个“√”。

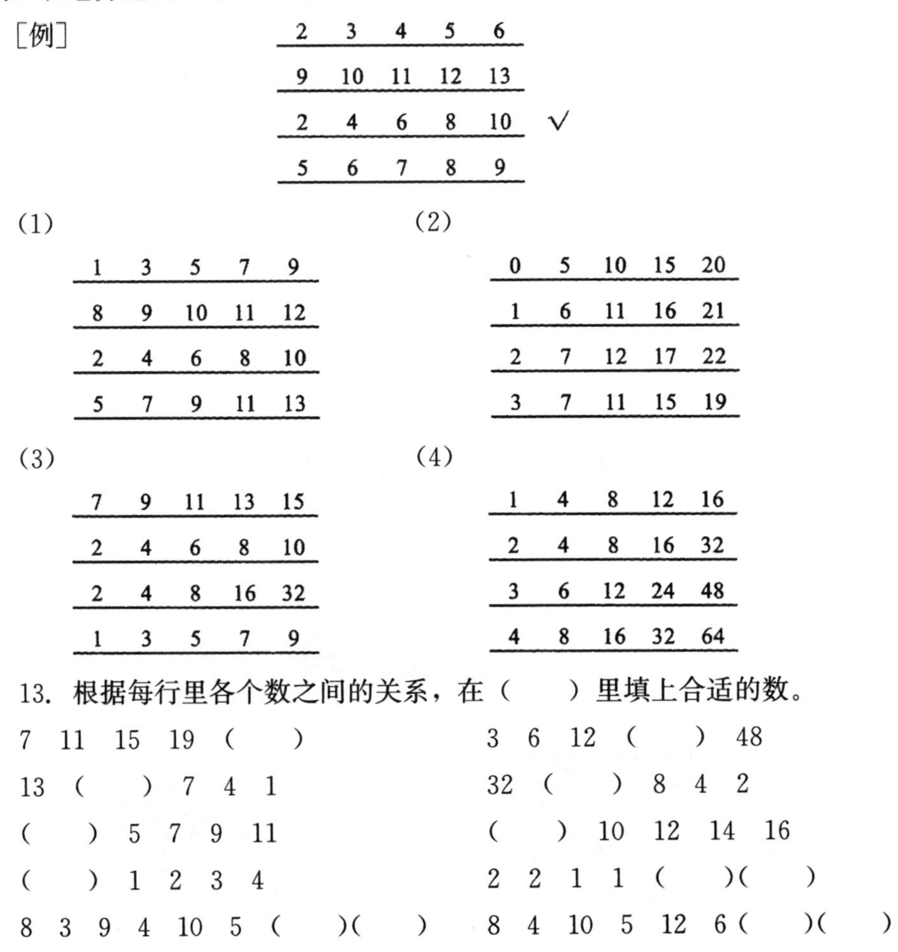

［例］

2	3	4	5	6	
9	10	11	12	13	
2	4	6	8	10	√
5	6	7	8	9	

(1)

1	3	5	7	9
8	9	10	11	12
2	4	6	8	10
5	7	9	11	13

(2)

0	5	10	15	20
1	6	11	16	21
2	7	12	17	22
3	7	11	15	19

(3)

7	9	11	13	15
2	4	6	8	10
2	4	8	16	32
1	3	5	7	9

(4)

1	4	8	12	16
2	4	8	16	32
3	6	12	24	48
4	8	16	32	64

13. 根据每行里各个数之间的关系，在（　　）里填上合适的数。

7　11　15　19　（　　）

13　（　　）　7　4　1

（　　）　5　7　9　11

（　　）　1　2　3　4

8　3　9　4　10　5　（　　）（　　）

3　6　12　（　　）　48

32　（　　）　8　4　2

（　　）　10　12　14　16

2　2　1　1　（　　）（　　）

8　4　10　5　12　6（　　）（　　）

14. 根据前两个圆里 3 个数的关系，想想看，在第 3 个圆的空白处应该填什么数。

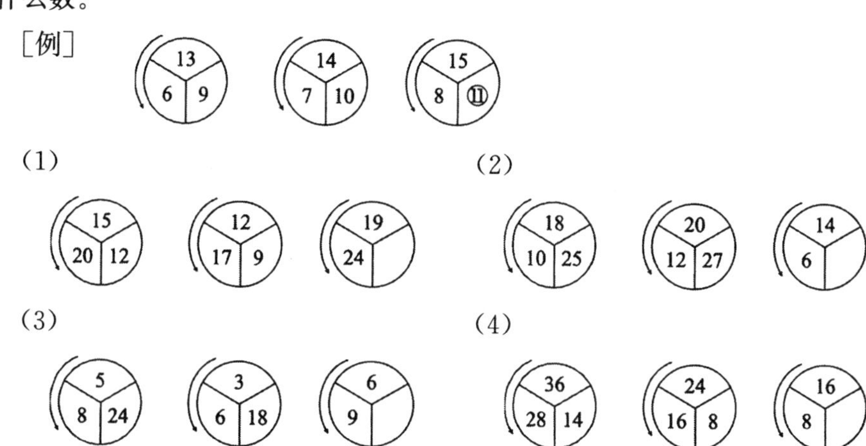

第七编
考查儿童数学水平的奥秘

考查儿童数学水平的途径是多方面的，有课堂观察、作业评价、口试、笔试、操作测试，这里重点研究笔试。本篇从小学数学考题设计和试卷编制讲起，到成绩报告单的设计与应用，最后介绍国内外小学数学毕业考试试题，供大家比较分析、研究参考。

一、小学数学考题设计与试卷编制

作为一个数学教师，必须学会设计和编制数学试卷，这也是一项教学基本功。

编好一张数学试卷是极其复杂的，涉及数学教育理念、对《数学课程标准》和课本的理解与把握以及本人的数学素养，当然，还要有一丝不苟、认真负责的工作精神。

在20世纪80年代初，我们为了编制一套标准化小学数学试卷，组织了跨越28个省、市、自治区300多个单位，受测学生达40万人次的调研，前后花了近两年时间，可见是一项复杂艰巨的系统工程。

编制试卷一般分三步进行：

第一步：拟订编题计划

第二步：设计考题

第三步：编制试卷

（一）怎样拟订编题计划

为了保证试卷的科学性，必须先拟订编题计划。编题计划实际上就是设计试卷的蓝图，通常是一张双向细目表。

双向细目表的纵向一般是考查项目，横向是达到目标的水平。我们把学习水平分成识记、理解、简单应用、综合应用、概括推理、创见六个水平。

考查项目必须根据教学大纲确定，不能随意增加或减少。因为期末考试属于学习成绩测验，测定学生达到《课程标准》要求的程度，命题必须以《课程标准》为依据，这是一个重要标准。可是，现在有些学校命题要求“年年涨价”，特别是毕业考试或升学考试，这是加重师生负担的重要原因之一。

每一个考查项目的命题有难易，水平有高低。例如，考查项目是三角形的内角和，有如下三个题目：

（1）三角形的三个内角和是________度。

（2）下图中$\angle A$是多少度？

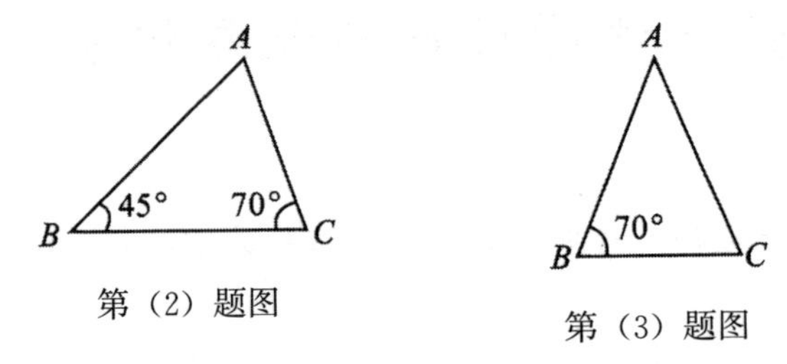

第（2）题图　　　第（3）题图

（3）上图中$AB=AC$，求$\angle A$是多少度？

上面3道题目的水平是不等的。第（1）题，学生只要记住三角形的内角和是180°就能解答，属于识记水平；第（2）题，学生要运用这个知识进行简单推理，求出$\angle A$的度数，属于简单应用的水平；第（3）题，学生不但要掌握三角形内角和等于180°，还要掌握等腰三角形两个底角相等的知识，才能求出$\angle A$的度数，属于综合应用的水平。所以，命题时不但要确定考查项目，还要确定学习水平。下面是三年级上学期期末考试的项目与要求双向细目表（1980年根据大纲和教材编拟的）：

项目 \ 学习水平			识记	理解	简单应用	综合应用	概括推理	创见
数的概念	A	认识以“元”为单位的小数	√					
	B	知道构成小数的各个部分的名称	√					
	C	小数的读法和写法	√					
	D	以“元”做单位的小数与货币单位的互化	√					
	E	算盘上的数	√					
数的计算	F	用“除”和“除以”读除法算式	√					
	G	用一位数除两位数或整百数的口算	√					
	H	用一位数做除数的笔算		√	√			
	I	用乘法验算除法		√	√			
	J	连除			√			
	K	两三步计算的混合式题		√		√		
	L	有小括号式题的运算顺序		√	√			
	M	以“元”做单位的小数加减法			√			

续表

项目		学习水平	识记	理解	简单应用	综合应用	概括推理	创见
数量关系	N	珠算加减法		√	√			
	O	文字题		√	√			
	P	除法的一步应用题		√	√			
	Q	给应用题补条件、补问题		√	√			
	R	两步计算应用题		√		√		
空间概念	S	直线和线段	√					
	T	线段的量与画			√			
	U	角的认识	√					
	V	直角、直角的判断	√					
	W	长方形、正方形的认识	√					
	X	周长和求周长		√	√			
	Y	其他			√		√	

考查项目与要求确定后，要“几年不变”。这样教师可以放心，只要按照目标进行教学，就能顺利地完成教学任务。教师不必去东猜西猜，师生不必要的负担也可减轻了。

（二）怎样设计考题

根据编题计划着手设计题目。如果题目设计不好，教学大纲和编题计划中的要求也就无法落实。

教师应该掌握命题的方法和技巧，首先要掌握命题的一般原则：

（1）试题要有可测性，要能测出所要测量的知识和能力。

（2）内容取样要有代表性，也就是覆盖面大，各部分内容比例要适当。

（3）题目要求的确定性，要使学生明白答什么、怎样答，不要使学生发生误解。

（4）题目内容要有思想性，注意不要给学生带来不良的影响。

（5）语言文字要有简明性，题目的语言要清楚，文句要简明扼要。

(6) 应有不致引起争议的确定答案。

(7) 题目中不可有暗示本题或其他题正确答案的线索。

(8) 题目难度不要超过《课程标准》的要求。

(9) 各个题目必须彼此独立，不可互相牵连，不要使一个题目的回答影响另一个题目的回答。

(10) 题目评分要方便，时间要经济。

题目拟好，最好由命题本人或他人先试做一下，简单考查一下题目是否符合命题原则。

数学题型有口算题、笔算题、文字题、填充题、判断题、选择题、作图题、应用题等。

以下讨论几种题型的设计问题。

1. 口算题

口算是笔算的基础，它在小学数学中有着极重要的作用，应该作为考试的重要内容。有人担心学生会在草稿纸上用笔算做，达不到口算的目的。这个不用担心，由于试题分量大，如果学生用笔算慢慢算，就不能按时完成全部试题。

根据国内外教材发展的趋势，将是“加强口算，简化笔算”。因此，重视口算能力的考查是符合要求的。

在中、高年级，口算题可以结合简便运算，增加口算题的智力因素。例如：

(1) $25\times7\times4=$

(2) $36+84+64+16=$

(3) $\frac{1}{5}\times4\div\frac{1}{5}\div4=$

(4) $\frac{3}{2}\div(0.7+0.8)=$

2. 填充题

填充题尽量不要填死记硬背的内容。当前填充题的趋势是概念与计算结合。这种设计一举三得，既考查学生对概念的理解程度，又考查学生灵活运用概念的能力，还能考查学生的计算能力。例如：

（1）把一根 6 米长的绳子平均分成 8 段，每段是原来这根绳子的________，每段绳子的长度是________。

（2）把 75∶$\frac{10}{3}$化成最简整数比是________，它的比值是________。

（3）棱长 4 厘米的正方体纸盒，它的表面积是________，它的体积是________。

（4）甲班的人数是乙班的$\frac{4}{5}$，乙班的人数比甲班多________%，甲班的人数比乙班少________%。

3. 选择题

选择题的设计在于要有迷惑性，看上去几个选项答案都是正确的。在国际上，选择题一般采用在正确答案下面的○内涂黑色的方式，这样既清楚方便，又便于用电子阅读机批卷。下面举几例说明：

（1）九千零九写作

9009	909	90009	990
●	○	○	○

（2）表示 4 个 3 是多少的算式是

4＋3	4＋4＋4	3×4	4×3
○	○	●	○

（3）△＋△＋△＝60

△×□＝100

○÷□＝120　　○＝?

180	220	160	600
○	○	○	●

4. 应用题

应用题的设计特别注意不要超过《课程标准》和教材的要求。有些题目可以提出一题多解的要求。这类应用题并不难，但要求学生用几种思路寻求多种解法。这类题可以考查学生思维的灵活性和创造性，以衡量学生智力发展的水平。例如：

（1）机床厂生产一批机床，计划 25 天完成。实际每天生产 50 台，提前 5 天完成了任务。原计划每天生产多少台？（用三种方法解答）

（2）拖拉机 4 小时耕地 108 亩，照这样计算，再耕 3 小时，一共可耕多

少亩？（用三种方法解答）

(3) 小明看一本书，每天看 21 页，看了 4 天后，还剩下这本书的$\frac{2}{9}$，要在第五天看完，小明第五天看了多少页？（用两种方法解答）

（三）怎样编制试卷

题目设计后，要加以编排，组合成一份试卷。编制试卷时，须注意如下几个问题。

1. 分类编排

为了答卷和阅卷的方便，题目一般分类编排，一般分为三大部分：

第一部分：计算，主要考查学生的计算能力，题型有口算题、笔算题、文字题等。

第二部分：概念，主要考查学生对概念的理解、辨别和应用能力，题型大部分是选择题，还有是非题、填充题等。

第三部分：应用，主要考查学生把知识用于实际的能力，题型有应用题、作图题，也有少量的选择题和填充题等。

2. 由易到难编排

试题编排要由易到难，形成梯度。这样可避免考生在难题上花费时间太久，而影响对后面试题的解答。把口算题放在最前面，作为“热身题”，以使考生解除紧张情绪。

3. 题目容量大，覆盖面广

编制试卷时，必须根据编题计划，考虑到覆盖面。考查内容全面，就能防止教学中对有些基础知识产生偏废的现象。题目分量较大，这就要求学生具有良好的计算能力和敏捷的思维能力，才能在规定时间内顺利完成。考试时间一般不要过长，低年级 40 分钟，中、高年级 60 分钟左右为宜。

4. 检验对照

试卷初步编排好后，还要与编题计划再次对照，看看各种题目考查的项目与水平是否与双向细目表相符。如果有不相符的情况，还要做适当的调整。

总之，我们必须重视编制试卷的研究，克服随意性，提高科学性，以提高教学质量，减轻师生的负担。

（四）小学数学标准化考试

在 20 世纪 80 年代初，我们进行了小学数学标准化考试的研究。经过两年多时间的研究，编拟出了小学数学 1～6 年级全套标准化试卷，都是用于每个学期的期末考试，六个年级一共 12 份，再加 1 份毕业考试用，总共 13 份（请查阅《邱学华怎样教小学数学》，林业出版社出版）。

虽然现在的《课程标准》和教学内容都已经变了，这套标准化试卷已没有使用价值，但是它经过 40 万人次大规模的预测并按照严格的科学流程操作，有很高的研究价值。通过这套标准化试卷的预测成绩，可以了解那个年代学生的数学水平，今天学生的数学水平如何，也可找到参照点。因此，后面刊登毕业考试标准化试卷，以供参考。

试卷的卷头都标有平均分、标准分、信度和效度。

什么叫试卷的信度？一般是指试卷两次重复测验结果之间的一致性程度。如果一份试卷第一次测验得分很高，第二次测验得分又偏低，说明这份试卷是不可信的，随意性太大。信度系数值在 0～1 之间，越接近 1，信度越高。一般要求在 0.7 以上。

什么叫试卷的效度？效度是指一个测验对我们所要测量的行为属性所能测到的程度。如果一份试卷，能力差的学生反而得了高分或能力好的学生反而得了较低分，说明这份试卷效度不高。效度系数值在 0～1 之间，越接近 1，效度越高。一般要求在 0.5 以上。

平均分和标准分都是通过两三千人的大样本统计取得的，可以代表当时的教学水平。

每道题目都标有难度（P）、区分度（D），极有参考价值。

什么叫题目的难度？题目的难度是指题目的难易程度，一般用实得分数与满分相比（或称通过率）来表示。难度数值在 0～1 之间，越接近 1，题目越容易。一般难度在 0.8 以上，题目容易；难度在 0.3 以下，题目较难。

什么叫题目的区分度？题目的区分度是指某题对于不同水平的考生加以区分的程度。如果一道题目，能力强的学生会解，能力差的学生不会解，说明这道题目区分度高；如果一道题目，不管能力高低，都能解或都不会解，说明这道题目的区分度不高。区分度数值在 0～1 之间，越接近 1，区分度越高。

如果要进行比较研究，可以选一道题目给现在的学生解答，确定题目的难度和区分度，最后再同试卷中这道题的难度和区分度比较。如果难度提高了，说明现在的学生解这道题的能力不如以前。

小学数学标准化考试（1982 年）

小学数学毕业考试试卷

平均分	76.4	效度	0.601
标准分	10.5	信度	0.624

第一部分

1. 填空题（每题 1 分，共 5 分）

（$P=0.914$　$D=0.406$）

（1）29.813 与 0.7 的和是（　　）　（2）1.026 与 0.45 的商是（　　）

（3）$3\frac{1}{4}$与$1\frac{5}{6}$的差是（　　）　（4）$5\frac{2}{3}$与$1\frac{15}{34}$的积是（　　）

（5）一个数的 75%是 15，这个数是（　　）

2. 求出下面各题中的未知数 x（每题 2 分，共 4 分）

（$P=0.934$　$D=0.387$）

（1）解方程：$\frac{15}{16}x-0.25=\frac{3}{4}$　（2）解比例：$4.5:\frac{3}{10}=x:\frac{1}{15}$

3. 写出下面各题的计算过程〔（1）、（2）每题 2 分，（3）题 4 分，（4）题 5 分，共 13 分〕

（$P=0.894$　$D=0.346$）

（1）$90310-203\times425$　（2）$1\frac{3}{8}+\frac{12}{25}\div6\frac{2}{5}$

（3）化简：$\dfrac{\frac{1}{4}+\frac{1}{3}\times1\frac{1}{5}}{2-\frac{5}{9}}$　（4）计算：$2-\left[4\frac{3}{5}-1.2\times\left(\frac{2}{3}+1.5\right)\right]\div3$

4. 选择题（每题 2 分，共 4 分）

(1)（12.5+12.5+12.5+12.5）×25×8 最简便的计算方法是

（P=0.830　D=0.423）

（12.5×4）×25×8 ○　　（12.5×4）×（25×8）○

（12.5×8）×（25×4）○　　（12.5×4×2）×（25×4）○

(2) $\frac{1}{2}$与$\frac{1}{3}$的和除它们的差，商是多少、算式是

$\frac{1}{2}+\frac{1}{3}\div\frac{1}{2}-\frac{1}{3}$　　$\left(\frac{1}{2}-\frac{1}{3}\right)\div\left(\frac{1}{2}+\frac{1}{3}\right)$ ○

$\left(\frac{1}{2}+\frac{1}{3}\right)\div\left(\frac{1}{2}-\frac{1}{3}\right)$ ○　　$\left(\frac{1}{2}-\frac{1}{3}\right)\div\left(\frac{1}{2}+\frac{1}{3}\right)$ ○

5. 列式计算（4 分）

（P=0.090　D=0.243）

比一个数的 $2\frac{1}{2}$倍少 1.4 的数是 3.6，求这个数。

第二部分

1. 选择题（每一个正确答案 2 分，共 20 分，注意一题可能有两个正确答案）

(1) 526000 改写成万做单位的数是　　（P=0.665　D=0.158）

52 万 ○　53 万 ○　52.6 万 ○　5.26 万 ○

(2) 2 和 3 是 12 的　　（P=0.555　D=0.393）

质数 ○　约数 ○　互质数 ○　质因数 ○

续表

（3）2.4 小时是多少小时多少分？　　（P＝0.699　D＝0.494） 2 小时 40 分　2 小时 4 分　2 小时 24 分　2 小时$\frac{1}{15}$分 ○　○　○　○
（4）下面四个数中，最小的数是　　（P＝0.758　D＝0.309） $0.4\dot{6}$　$0.\dot{4}\dot{6}$　$\frac{23}{49}$　46.6％ ○　○　○　○
（5）把 5 米长的钢管平均截成 8 段，每段的长度是（P＝0.582　D＝0.404） $\frac{1}{8}$米　$1\frac{3}{5}$米　1 米的$\frac{5}{8}$　5 米的$\frac{1}{8}$ ○　○　○　○
（6）0.48 的小数点向右移动一位，再向左移动两位，这个小数就 （P＝0.699　D＝0.369） 扩大 100 倍　扩大 10 倍　缩小到原来的$\frac{1}{10}$　缩小原来的$\frac{1}{100}$ ○　○　○　○
（7）如果甲班人数比乙班人数多$\frac{1}{9}$，那么乙班人数与甲班人数比较 （P＝0.543　D＝0.363） 乙班人数比甲班少$\frac{1}{9}$　乙班人数是甲班的 $1\frac{1}{9}$ ○　○ 乙班人数是甲班的$\frac{8}{9}$　乙班人数比甲班少$\frac{1}{10}$ ○　○
（8）一个圆柱与一个圆锥的底面积和体积分别相等。如果圆柱的高是 6 厘米，那么圆锥的高是　　（P＝0.836　D＝0.307） 2 厘米　6 厘米　12 厘米　18 厘米 ○　○　○　○

2. 是非题（每题 2 分，共 8 分）

（1）一个自然数不是质数就是合数。（ ） （P＝0.900 D＝0.205）

（2）出米率一定，稻谷的斤数与出米的斤数成正比例。（ ）

（P＝0.788 D＝0.143）

（3）边长 4 厘米的正方形的周长和面积相等。（ ）

（P＝0.439 D＝0.105）

（4）一条直线与另一条直线相交成直角，这条直线就叫作垂线。（ ）

（P＝0.476 D＝0.236）

3. 填空题（每题 2 分，共 6 分）

（1）4 和 9 的最大公约数是（ ），最小公倍数是（ ）。

（P＝0.965 D＝0.215）

（2）如果 $A\times4=B\times3$，那么 $A:B$＝（ ）：（ ）。

（P＝0.584 D＝0.299）

（3）一个等腰三角形的底角是 80 度，它的顶角是（ ）度。

（P＝0.788 D＝0.356）

第三部分

1. 填空题（每空 2 分，共 8 分）

（1）学校买来图书 168 本，按 3∶5 分配给五、六年级，五年级分得图书（ ）本，六年级比五年级多分得图书（ ）本。

（P＝0.75 D＝0.386）

（2）圆柱体的底面周长是 31.4 厘米，高是 8 厘米，它的侧面积是（ ）平方厘米，底面积是（ ）平方厘米。

（P＝0.735 D＝0.348）

2. 看图回答问题 [（1）题 2 分，（2）题 4 分，共 6 分]

下面是某厂四月份计划产量与实际产量的比较图。根据图回答下面问题。

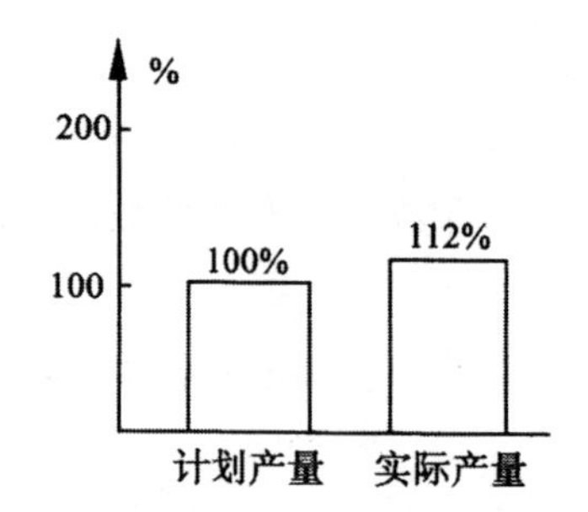

（1）实际产量比计划产量增产（　　）%。

（2）计划产量是 4500 个零件，实际产量是多少个零件？

3. 应用题（每题 6 分，其中列式 3 分，计算 2 分，答案 1 分，共 18 分）

（1）3 台磨面机 4 小时可以加工小麦 1320 千克，照这样计算，用 8 小时加工 4400 千克小麦，需要这样的磨面机多少台？

（P＝0.962　D＝0.264）

（2）一个圆锥形稻谷堆，已知底面半径是 1 米，高 1.5 米，每立方米稻谷约重 600 千克。这堆稻谷重多少千克？

（P＝0.925　D＝0.321）

（3）一堆煤，每天烧 630 千克，烧了 4 天。以后几天又烧了剩下的 $\frac{2}{5}$，这时还有煤 1680 千克。原有煤多少千克？

（P＝0.446　D＝0.447）

4. 选择题（在正确答案下面的○内涂上黑色。每个正确答案 2 分，共 4 分）

8 筐苹果和 6 筐梨共重 520 千克，如果每筐苹果重 35 千克，平均每筐梨重多少千克？设：每筐梨重 x 千克。根据题意得方程

（P＝0.862　D＝0.319）

$35\times8+6x=520$　○　　　$35\times6+8x=520$　○

$(35+x)\times(8+6)=520$　○　　　$520-6x=35\times8$　○

二、成绩报告单的设计与应用

旧的成绩报告单形式只有一个总分，很难反映出学生的学习情况，这不能适应当代教育评价的需要，必须进行改革。新的报告单形式，既要能反映出学生对知识技能的掌握程度和缺漏情况，又要能反映出学生的学习态度和感情意志。

（一）旧的成绩报告单的弊病

成绩报告单是学生学习情况的反映，现在的成绩报告单上每门学科只打一个总评分成绩。这种形式已经沿袭了近百年了。

单凭一个分数，很难反映出一个学生的学习能力。譬如，一个学生的数学得 75 分，能说明什么问题呢？这个分数无法说明这个学生学习数学的态度怎样，哪一方面的知识有缺漏，能力和智力发展的水平又怎样，甚至连这个学生在班上的大致水平地位都难以判定，旧的成绩报告单形式已不能适应当代教育评价的需要。

旧的成绩报告单只写一个总分，造成家长与学生只看分数，大多忽略问题，容易造成互相攀比，给学生造成压力。

（二）新的成绩报告单的形式与优点

我在 20 世纪 90 年代进行了这方面的尝试，按照当时教学大纲和六年制第三册课本的要求，并结合我国的特点，草拟了一份二年级（上学期）小学生素质评价手册（数学部分）的式样，以供参考。

这份成绩单，把认知领域、情意领域、技能领域三方面的目标都清楚地开列出来，这样不仅能反映学生掌握基础知识的程度，还能反映学生的能力、智力以及学习态度等情况，从成绩单也能看出知识缺漏的情况。

小学生素质评价手册

教学要求			到达程度		
			达到	稍欠	须努力
数学	1	初步理解除法意义，知道除法算式中各部分的名称。	√		
	2	能正确、迅速地计算表内乘法和相应的除法。	√		
	3	学会乘除法竖式的写法，会用竖式计算有余数的除法。	√		
	4	会解答乘除法基本应用题。		√	
	5	学会口编乘除法基本应用题。		√	
	6	掌握乘除两步计算式题的运算顺序，并能正确地计算。	√		
	7	认识两、千克、吨的简单计算。	√		
	8	初步学会用秤。		√	
	9	认识时间单位：小时、分、秒。		√	
	10	会看钟表。	√		
	11	喜欢学习数学，有主动性、积极性。		√	
	12	对待作业认真负责。			
	13	肯动脑筋，有创造性。			√

这样的成绩单有如下几方面的优点：

（1）促进教师进行教法和考法的改革。

（2）教学目标比较明确，有利于教师全面地了解学生的情况。

（3）学生看了可以清楚地知道自己哪一方面好，哪一方面还需要努力。特别对学困生，使他们感到自己并不是一无是处。这样有利于调动学生的主动性和积极性。

（4）家长能够全面地了解自己孩子的情况，以便协助教师进行指导。

（5）减少对学生的压力，有利于学生健康成长。

（6）成绩单能在整个反馈的调节系统中产生积极作用，有利于大面积提高教学质量。

当然，这种成绩单没有旧成绩单来得省力，旧的成绩单只要写上一个分数就可以了事。任何改革都要付出一定的代价，为了培养好下一代，教师多花一点精力也是值得的。其实，只要平时注意观察、测定、分析，填写这张成绩单也并不困难。

采用这种成绩单，考试方法必然要改革，单靠笔头测验是不行的，必须口头测验、操作测验与笔头测验相结合。

上面的成绩报告单，只有教师评，学生没有参与评价，不能体现学生的主体地位。因此，应该继续改进，既有教师评，也有学生自评、互评，特别要加上教师的评语。除上面一页外，再增加一页如下：

<table>
<tr><td></td><td></td><td>自评</td><td>互评</td><td>师评</td><td>测评成绩____</td></tr>
<tr><td rowspan="4">作业情况</td><td>按时上交</td><td></td><td></td><td></td><td rowspan="2">我对测评的分析：</td></tr>
<tr><td>及时订正</td><td></td><td></td><td></td></tr>
<tr><td>整洁清楚</td><td></td><td></td><td></td><td rowspan="2">我的努力方向：</td></tr>
<tr><td>正确率</td><td></td><td></td><td></td></tr>
<tr><td rowspan="4">课堂表现</td><td>思维活跃</td><td></td><td></td><td></td><td rowspan="2">教师寄语：</td></tr>
<tr><td>专心听讲</td><td></td><td></td><td></td></tr>
<tr><td>合作交流</td><td></td><td></td><td></td><td rowspan="2">家长寄语：</td></tr>
<tr><td>动手操作</td><td></td><td></td><td></td></tr>
</table>

这一页成绩报告单增加了不少新的内容：

（1）作业情况和课堂表现是学生平时的主要表现，让学生自评和互评，最后教师评。评定可用等级优、良、中，也可用记号★、○、△。

（2）测评成绩仍可用百分制，有创新表现可加分，最高加20分，以鼓励有创新精神的学生。

学生要对自己的测评成绩进行分析，自己好在哪里，缺陷在哪里，应从哪几方面努力，使自己得到进一步提高。

（3）教师寄语是给学生写评语。评语以鼓励为主，同时也向学生提出需要努力的方向。评语是一种情感沟通，融进了教师对学生殷切的期望，起到分数等级所不能起到的作用。

（4）家长寄语是让家长也参与评价工作。家长可写对自己孩子的希望，对教师工作的期待。

（5）这种形式的成绩报告单体现了以人为本的思想，具有个性，并有浓厚的人情味，把教育评价工作真正做到学生的心坎上。

（三）学生数学学习档案袋

现代教育评价观点中的重要一条，是让学生参与评价，把评价作为鼓励学生进步的手段，并且着眼于平时。根据这一要求，采用建立数学档案袋的方法。

具体做法：

（1）发给每一个学生一只档案袋，让学生自己装饰，贴上封面。

（2）学生逐步把有关资料放人袋中，如做完的作业本、测验试卷、数学课外书的读后感、自己编画的数学手抄报、数学比赛的获奖证书、数学小论文、数学小制作、编拟的数学问题、课外调查资料等。

（3）学生定期对所搜集的资料进行分类装订并编写目录。

（4）学生定期对所搜集的资料进行分析整理，看到自己的成绩和存在的问题。有些整理可以归类，如“我提出的问题”“我发现的方法”“我的调查”“数学与生活的联系”等。

（5）学校或班级定期举行数学档案袋展览，比一比谁的档案袋做得好，以督促和鼓励学生做好档案袋。

（6）教师要定期检查学生的档案袋，给予指导和鼓励。

（7）学期结束时，要给档案袋打分，采用先学生互评，再教师评定的方法。档案袋的分数按一定比例计人总分。

三、国内小学数学毕业试卷

（一）2010年江苏省海门市小学六年级数学测试

一、填充

1. 第41届世界博览会于2010年5月1日至10月31日在我国上海市举行。5月1日参观人数为204959人，改写成以“万”做单位的数是（　　）。会场面积5.28平方千米，合（　　）平方米。
2. 在括号里填上适当的单位名称或数。

   小李跑100米用了18（　　）

   $\frac{3}{5}$公顷=（　　）平方米

   5升80毫升=（　　）升

   2200年的2月份有（　　）天
3. $0.75=6\div(\quad)=(\quad):12=\frac{15}{(\quad)}=(\quad)\%$。
4. 如果$\frac{6}{(\quad)}$是一个最简分数，分母在10～20之间。这个分数最大是（　　），最小是（　　）。
5. 一个三角形的三个内角的度数比是1∶2∶1。最大的一个角是（　　）度。按角分，这是一个（　　）三角形；按边分，这是一个（　　）三角形。
6. 一个盒子里放有4个红球与5个黄球（这些球除了颜色，大小、轻重都相同），从中任意摸一个球，摸到红球的可能性是（　　）；要使摸到红球的可能性是$\frac{1}{3}$，可以放（　　）个绿球。
7. 用不同的长方形在月历卡上任意框出4个数（如下页图），仔细观察每次框出的数之间有什么特点，再回答下面的问题。

日	一	二	三	四	五	六
			1	2	3	4
5	6	7	8	9	10	11
12	13	14	15	16	17	18
19	20	21	22	23	24	25
26	27	28	29	30	31	

（1）如果用竖形（如图中“6、13、20、27”）的长方形框数，从上往下第二个数用“x”表示，那么第四个数为（　　）。

（2）如果用田字形（如图中“15、16，22、23”）的长方形框数，四个数的和是 84，这四个数中最大的是（　　）。

8．一个立体图形从上面看是，从左面看是，要搭成这样的立体图形，至少要用（　　）个小正方体，最多可以有（　　）个小正方体。

9．下面是一列动车行驶情况的统计图。

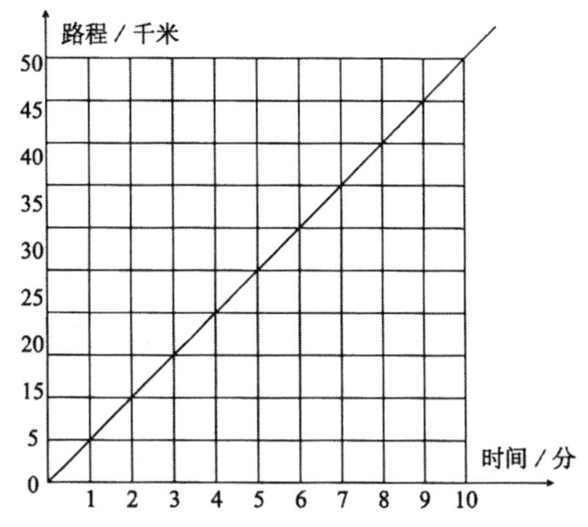

（1）这列动车每小时行驶（　　）千米。这列动车行驶的路程和时间成（　　）比例。

（2）按这样的速度，从广州到武汉大约 1000 千米路程，要行驶约（　　）小时。(得数保留整数)

10．下面是西餐厅两种套餐的配料和售价，根据信息回答问题。

	鸡肉/块	汉堡/个	售价/元
A套餐	2	3	15.80
B套餐	1	3	13.30

(1) 每块鸡肉（　　）元。

(2) 每个汉堡（　　）元。

二、选择

1. 最接近1吨的是哪一个？（　　）

   A. 10瓶矿泉水　　B. 25名六年级学生　　C. 1000枚1元硬币

2. 钟面上，时针经过1小时旋转了多少度？（　　）

   A. 360　　B. 60　　C. 30

3. 小芳把一个边长3厘米的正方形按2∶1的比例放大，放大后正方形的面积是多少？（　　）

   A. 6厘米　　B. 18平方厘米　　C. 36平方厘米

4. 观察下边两个三角形，会有什么结论？

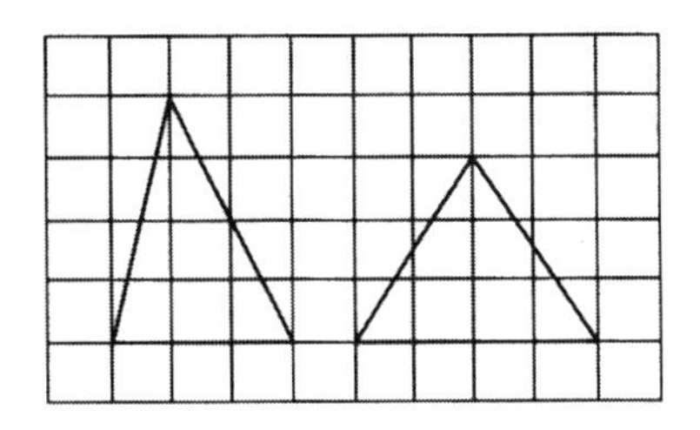

   A. 周长相等　　B. 面积相等　　C. 周长、面积都不相等

5. 数轴上有$\frac{1}{6}$、-1、$\frac{1}{10}$三个点，这三个点中（　　）最接近0。

   A. -1　　B. $\frac{1}{10}$　　C. $\frac{1}{6}$

6. 小勤收集了一些邮票，她拿出邮票的一半少2张送给小军，自己还剩27张。如果求小勤原来的邮票张数，可以怎样列式？（　　）

   A. $27\times2-2$　　B. $27\times2+2$

   C. $(27+2)\times2$　　D. $(27-2)\times2$

7. 下面式子里的a是一个不为0的自然数，哪个式子的得数最大？（　　）

A. $\frac{3}{4}\div a$　　B. $a\div\frac{3}{4}$　　C. $\frac{3}{4}\times a$

8. 为倡导低碳生活，李叔叔现在每天坚持步行上班。成人每分大约可以步行 60～70 米，李叔叔家离单位大约有 2 千米，他每天上班大约要走多少分？（　　）

A. 10　　B. 30　　C. 60

9. 一个长方形遮住甲、乙两条线段的一部分，原来的甲与乙相比（　　）。

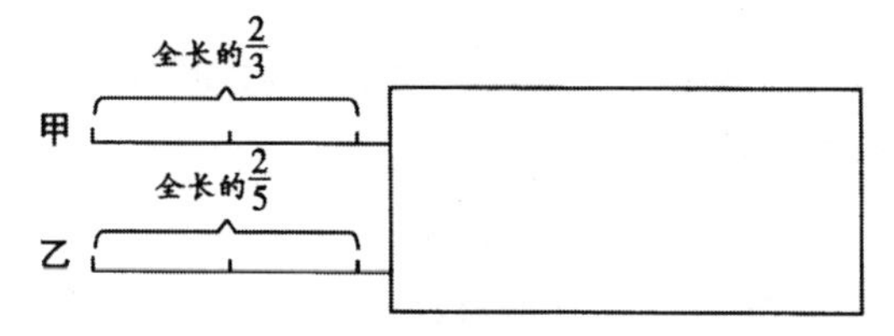

A. 甲长　　B. 乙长　　C. 一样长

10. 在边长 10 米的正方形地里，有纵、横两条小路（如右图）。路宽 1 米，其余地上都种草。种草部分的面积是多少平方米？（　　）

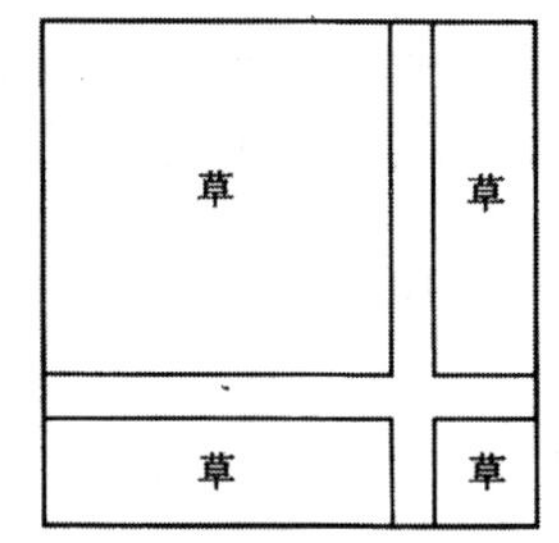

A. 80　　B. 81　　C. 82

三、计算

1. 直接写出得数。

$510-240=$　　$2.4\times5=$　　$5.5+6=$　　$8-1.8=$

$7.2\div0.4=$　　$\frac{1}{3}-\frac{1}{5}=$　　$0.3^2=$　　$30\div\frac{5}{6}=$

$\frac{1}{3}\times3\div\frac{1}{3}\times3=$　　$12\times\left(\frac{1}{2}-\frac{1}{3}\right)=$

2. 脱式计算。

$(7.6-3.6\div2)\times1.5$　　$43\times99+43$　　$\frac{5}{7}\div\left[1\div\left(\frac{2}{3}-\frac{1}{5}\right)\right]$

3. 解方程。

$\frac{9}{4}-\frac{1}{4}x=\frac{3}{8}$　　$\frac{1.8}{x}=\frac{7.2}{0.8}$

四、操作与探索

1.

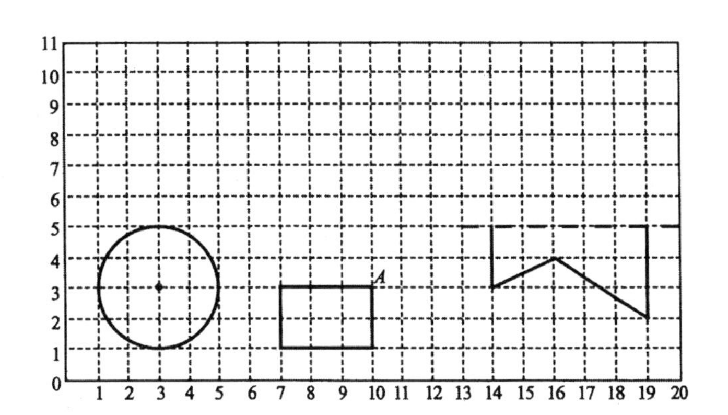

(1) 把圆移到圆心是 (6, 8) 的位置上。

(2) 把长方形绕 A 点顺时针旋转 90°。

(3) 画出轴对称图形的另一半。

2. 在下图中画出 O 点北偏东 50°方向 400 米的位置。

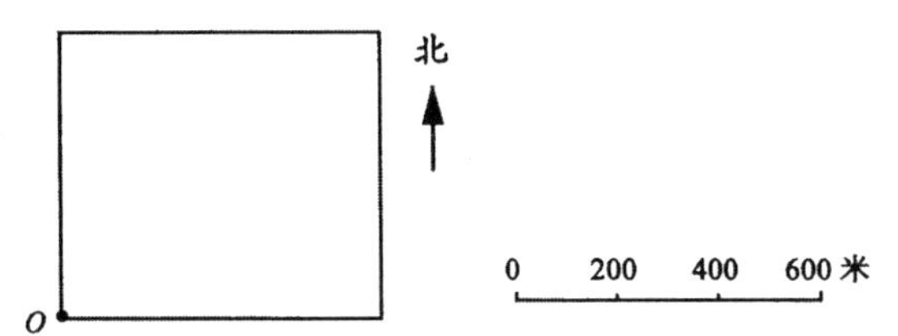

先观察下列图形的规律，再填空。

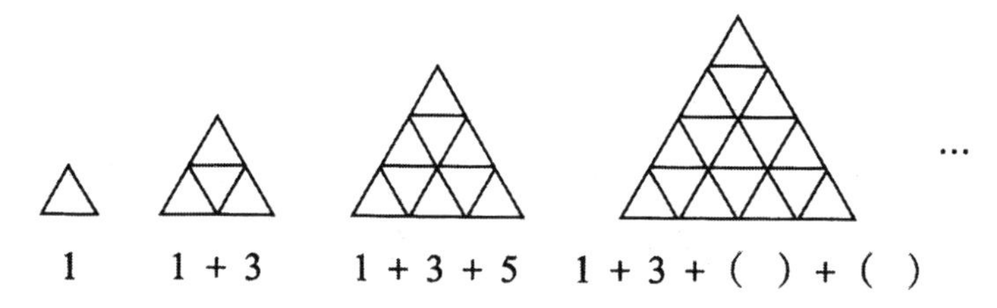

第 6 个图形一共由（　　）个小三角形组成，第 n 个图形一共由（　　）个小三角形组成。

五、解决实际问题

1. 只列式（方程）不计算。

(1) 第一小组有 10 名同学，第二小组有 8 名同学，两组都收集了废纸 12 千克，第一小组平均每人比第二小组少收集多少千克？

(2) 六（2）班有 48 人参加计算题比赛，其中有 30 人获奖。没有获奖的占参赛人数的百分之几？

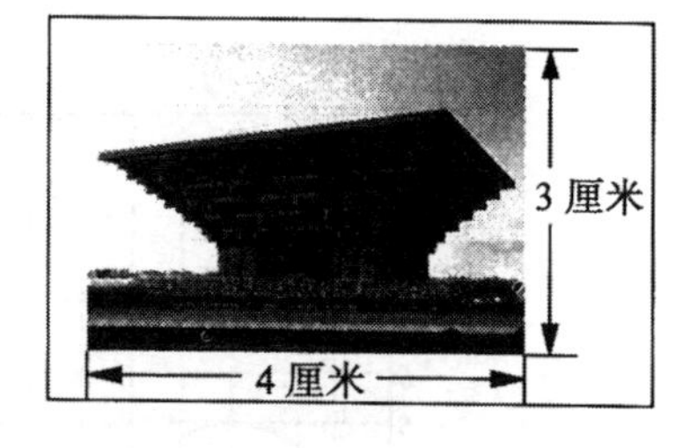

(3) 杜娟的妈妈在银行存了 5 万元三年期的教育储蓄，年利率 3.24%。到期后能拿到利息多少元？

(4) 张伟在电脑上把右上方的照片按比例放大，放大后照片的宽是 10.5 厘米。放大后照片的长是多少厘米？

2. 如右图，大瓶果汁的容量是 1.5 升，每个小杯的容积是 200 毫升，倒满 6 个小杯后，大瓶内还剩多少毫升？

3. 小亮现在身高 1.55 米，体重 43 千克，现在的体重比出生时的 13 倍还多 1.4 千克。他出生时的体重是多少千克？

4. 京沪高速公路全长大约 1200 千米。一辆大客车和一辆小客车分别同时从上海和北京出发，相向而行，经过 6 小时在途中相遇。如果大客车的速度是小客车的$\frac{9}{11}$，两辆车的速度各是每小时多少千米？

5. 一种空调包装箱，标明的尺寸是 800×400×600（单位：mm）。做这个包装箱至少需要多少平方分米的硬纸板？如果在它的外面打上十字形的包扎带，至少需要多长的包扎带？

6. 下面是李叔叔 2010 年 5 月份信用卡的对账单（单位：元）。

结余金额：1460.00

摘　要	交易日期	支　出	存　入
支付液化气	10/05/10	−64.00	
支付电话费	10/05/16	−82.00	
存款	10/05/18		2000.00
支付电费	10/05/22	−120.00	
购服装	10/05/28	−640.00	

李叔叔的信用卡 4 月份的结余金额是多少元？

7. 下表是某电影院的影片告示：

片　名	《阿凡达》	
票　价	60元	
优惠办法	上午场	买二送一
	下午场	七　折
	晚　场	九五折

张老师一家三口去这家影院看了一场《阿凡达》，票价共节省了54元。你知道张老师一家看的是哪个场次的电影吗？说明理由。

［原载《小学教学》（数学版），2011年2月］

（二）2009年浙江杭州市下城区六年级教学质量监测数学试卷

一、计算题

1. 直接写出得数。

$5.7+4.5=$　　$10-3.8=$　　$5\times0.14=$　　$\frac{7}{12}-\frac{5}{12}=$

$7.2\div0.04=$　　$\frac{2}{9}\times\frac{3}{4}=$　　$\frac{1}{6}+\frac{3}{10}=$　　$\frac{1}{3}-0.25=$

$\frac{7}{10}+0.18=$　　$\frac{2}{15}\div\frac{4}{5}=$　　$0.28\times\frac{4}{7}=$　　$\frac{3}{5}\div0.15=$

2. 四则混合运算。（请写出主要过程）

$660-630\div6\times5$　　$(30-24.6\div1.2)\div0.1$

$36\times\left(\frac{1}{9}+\frac{5}{6}-\frac{3}{4}\right)$　　$\left(0.52+\frac{7}{25}\right)\div\frac{2}{3}-\frac{3}{4}$

$1\div\left(0.8+1.2\div\frac{3}{5}\right)$　　$2009\times\frac{2}{15}+2009\div15\times13$

3. 解方程或比例。

$x-20\%x=4$　　$2.5+\frac{x}{6}=6$

$8:x=0.4:\frac{3}{4}$　　$\frac{2}{3}(x-2)=48$

二、选择题

1. 下面的物体是由 6 个小正方体模型搭成的。如果从上面观察，看到的形状是（　　）。

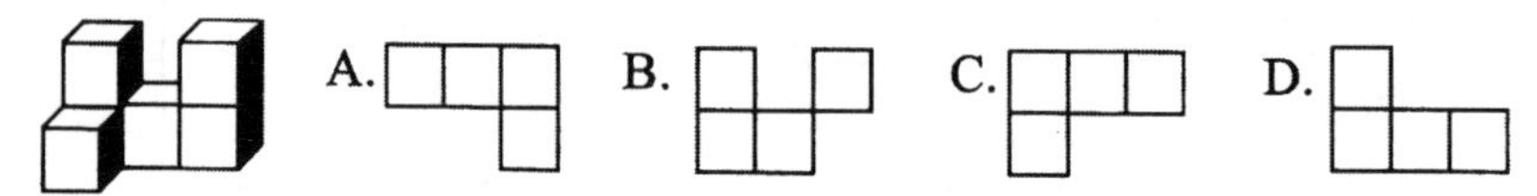

2. 用一台可调速的复印机复印一批 A4 规格的资料，它每分复印的张数与所需时间（　　）。

   A. 成正比例关系　　B. 成反比例关系　　C. 不成比例关系

3. 比较大小。

   (1) $\frac{2008}{2009}$(　　)$\frac{13}{12}$　　(2) $\frac{2009}{2010}$(　　)$\frac{2009}{2010}\div\frac{7}{6}$

   A. ＞　　B. ＜　　C. ＝

4. 8 吨比 10 吨少（　　）。

   A. 20%　　B. 25%　　C. 80%

5. 右图中一共有（　　）个四边形。

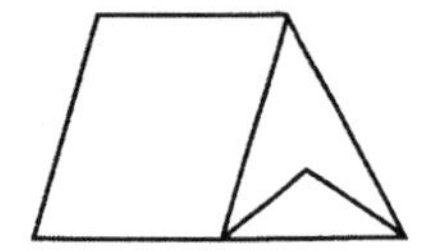

   A. 1　　B. 2　　C. 3　　D. 4

6. 已知 $7x=\frac{1}{5}y$，则 x 与 y 的最简整数比是（　　）。

   A. 7∶5　　B. 5∶7　　C. 35∶1　　D. 1∶35

7. 从甲盒中摸一个硬币，再从乙盒中摸一个硬币，结果是右图两个硬币的可能性是（　　）。

   A. $\frac{1}{2}$　　B. $\frac{1}{7}$　　C. $\frac{1}{12}$　　D. $\frac{1}{21}$

甲盒

乙盒

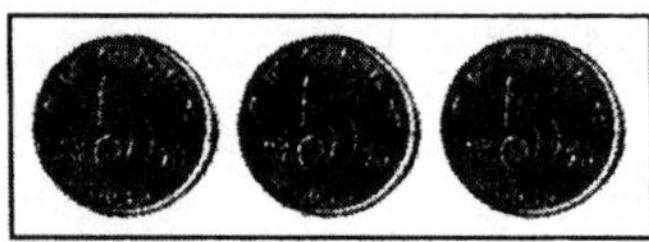

8. 下图是 9 位同学在一次测验中正确解题数的统计图。

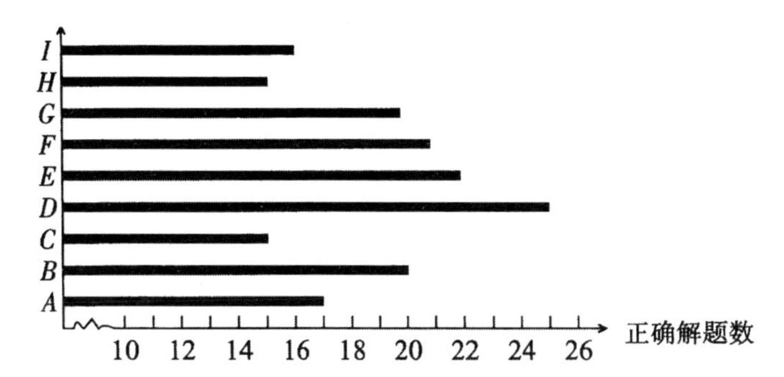

(1) 这 9 位同学的平均正确解题数是（　　）。

A. 15　　B. 16　　C. 19　　D. 25

(2) 上述 9 个数据（即 9 位同学的正确解题数）的中位数是（　　）。

A. 23.5　　B. 22　　C. 20　　D. 15

三、填空题

1. 在 -10、-0.8、12、$+7$、0、$-\frac{1}{2}$、1.5、$\frac{4}{3}$ 这八个数中，整数有（　　）个，正数有（　　）个。

2. 在下式的括号中填人适当的数，使等式成立。

8030.5＝8×(　　)＋3×(　　)＋5×(　　)

3. 下图是一个长方体。(单位：cm)

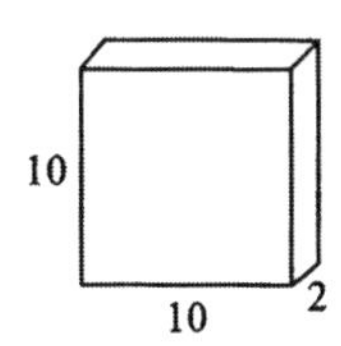

(1) 面的个数＋顶点的个数－(　　　　)＝棱的条数。

(2) 它的表面积是（　　）cm^2。

4. 填一填。

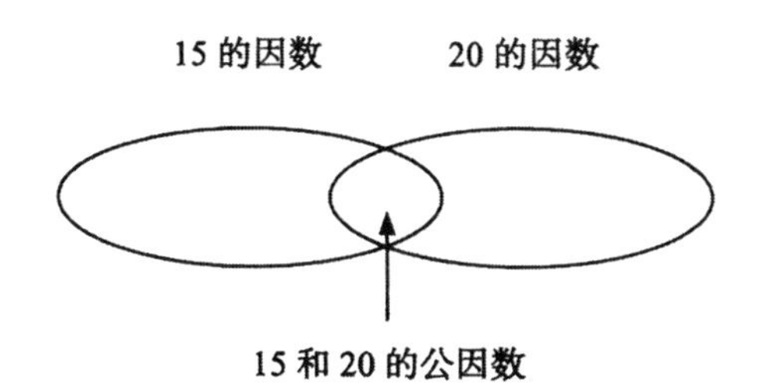

5. 将 200 g 水冲入 5 g 药中，药与药水的最简整数比是（　　）。

6. 在括号里填入适当的数，使等式成立。

$9:(\quad)=\frac{12}{20}=3\div(\quad)$

7. 下图中，①的面积是②的（　　）分之（　　）。

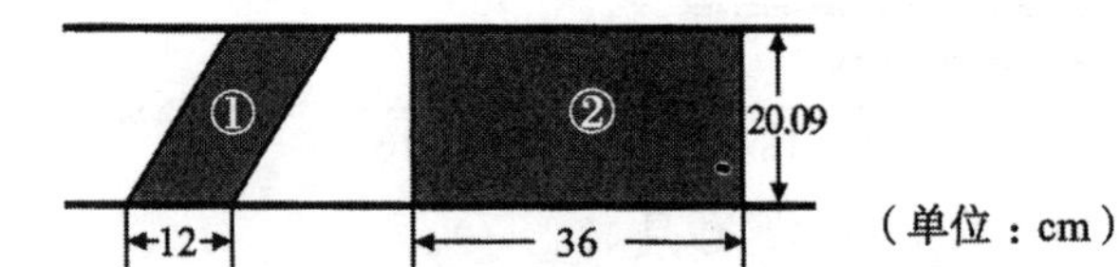

8. “4□□”是一个三位数，它是 3 的倍数。这个三位数最小是（　　）。

9. 我们知道，250 可以写成：$2.5\times100=2.5\times10^2$。

如果 1200 写成 1.2×10^x，那么 x 的值是（　　）；

如果 180000 写成 1.8×10^y，那么 y 的值是（　　）。

10. 在方格纸上作图。

（1）将三角形 ABC 按 1∶2 缩小后画在原图的右边。

（2）将三角形 ABC 绕 C 点按逆时针方向旋转 90°。

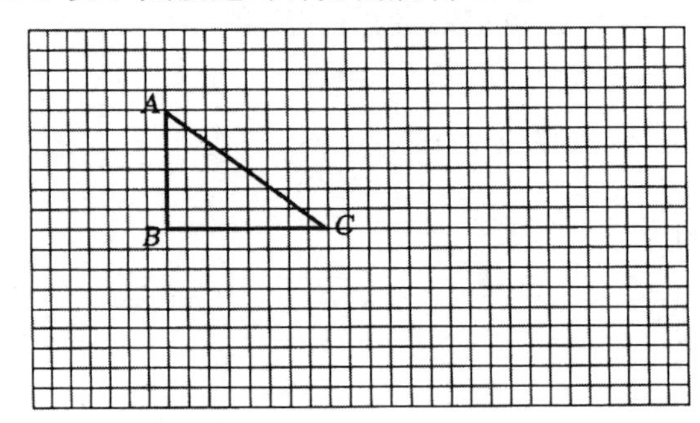

11. 张叔叔去爬山，上山速度是每小时 3.5 km，从山脚到山顶用了 0.6 小时；他沿原路下山，速度是每小时 5 km。

张叔叔上山和下山的速度比是（　　），上山和下山所用的时间比是（　　）。（均要求化成最简整数比）

12. 在横线上填入一个式子或数。

$5(n+1)=$________$+$________　　$6x-4=2($________$-$________$)$

13. 甲数是一个质数，乙数是一个合数，它们的和是 11。甲、乙两数相乘的积最小是（　　）。

14. 下图中直角梯形的周长是 40 cm，它的面积是（　　）cm^2。（单位：cm）

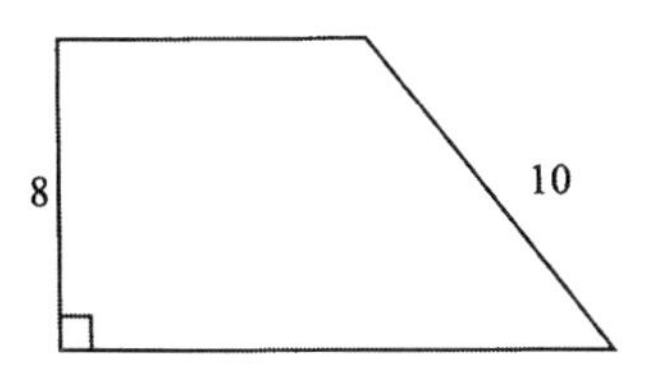

15. 看图填空。

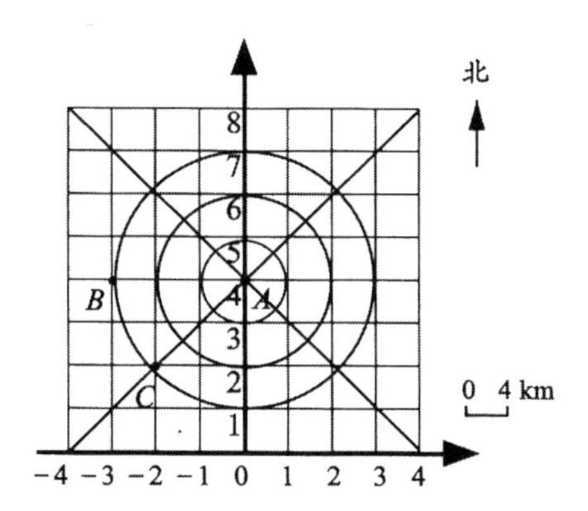

（1）用数对表示 A 点和 B 点的位置：A（______，______）；B（________，________）。

（2）C 点在 A 点的（　　）偏（　　）（　　）度方向，距离 A 点（　　）km。

四、解答题

1. 以下是来自通顺旅游公司的一条信息：

线路：嵊泗列岛三日游
费用：700 元／人

该公司为了占领更大的市场份额，决定费用打九折。每人的费用便宜多少元？

2. 从甲地去乙地，乘大巴车需要 4 小时 12 分到达，比乘火车所用的时间多 $\frac{1}{6}$。乘火车需要多长时间到达？

3. 去年甲、乙、丙、丁四人的平均体重是 52 千克。今年，甲增加了 1 千克，丁增加了 3 千克，另外两人保持不变。今年四人的平均体重是多少千克？

4. 右图的阴影部分是一个直角梯形，如果将它绕轴 MN 旋转一周，得到的立体图形的体积是多少？（单位：cm）

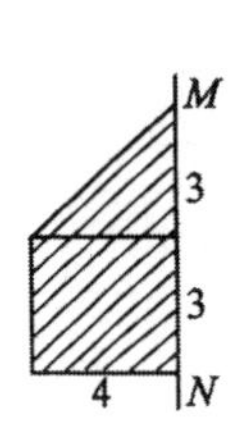

5. 邮政业务资费表（部分）。

业务种类	计费单位	资费标准/元	
		本埠资费	外埠资费
信函	100 g 以内，每 20 g（不足 20 g 按 20 g 计算）	0.80	1.20
	超过 100 g 的部分，每 100 g（不足 100 g 按 100 g 计算）	1.20	2.00

小林邮寄一封重 120 g 的信到本埠，需要多少钱？

6. 小云家有一辆私家车，使用的是 93 号汽油。在油价是 5.20 元/升时，平均每月的油费是 780 元。现在油价每升涨了 0.30 元，平均每月需要油费多少元？（假设其他因素均不变）

7. 请你在三角形的一条边上取一个点，将它与此边所对的顶点用直尺连接，从而将三角形分成甲、乙两部分，并使甲、乙两部分的面积之比是 3∶2。（请先列式计算，再作图）

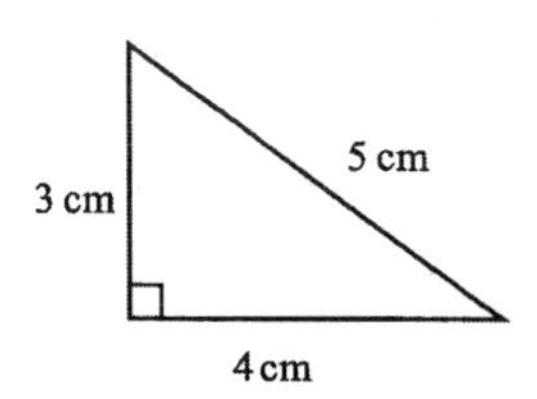

8. 下图中，四边形 $OABC$ 和 $ODEF$ 均为正方形，空白部分是扇形。如果线段 DF 长 10 cm，那么阴影部分的面积是多少？

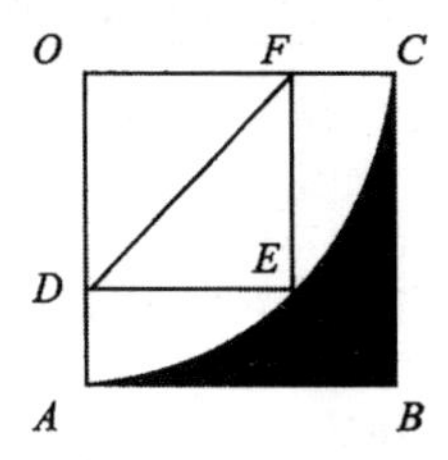

〔原载《小学教学》（数学版），2010 年 2 月〕

（三）2009年河南开封市初中新生质量监测数学试卷

一、口算下面各题

$\frac{1}{9}\div\frac{2}{3}=$　　$0.04\times0.3=$　　$4\times9.5\times2.5=$

$\frac{1}{2}-\frac{1}{5}=$　　$12.5\div5=$　　$\left(\frac{3}{8}+\frac{3}{4}\right)\times4=$

$\frac{3}{16}\times\frac{4}{9}=$　　$400\div25\div4=$　　$\frac{2}{3}\times2\div\frac{2}{3}\times2=$

二、计算下面各题或解方程

$\frac{4}{5}\div\left(\frac{5}{8}-\frac{1}{2}\right)\div\frac{5}{8}$　　$4.72-1.16-2.84$

$2-\frac{6}{13}\times\frac{26}{9}-\frac{2}{3}$　　$375+450\div18\times25$

$3(x-2.1)=8.4$　　$x-\frac{3}{4}x=\frac{3}{5}$

三、填空

1. 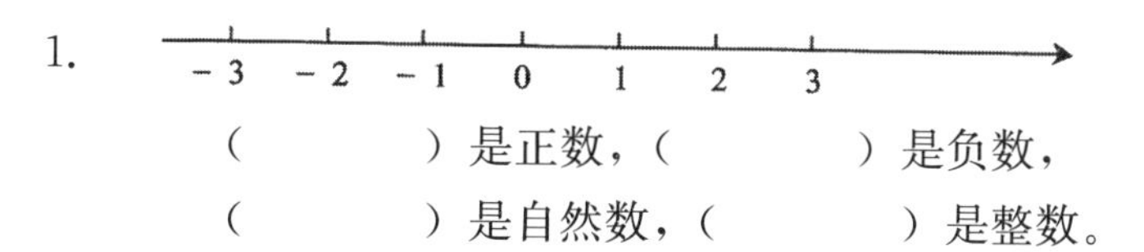

（　　　　）是正数，（　　　　）是负数，

（　　　　）是自然数，（　　　　）是整数。

2. 三峡工程是当今世界最大的水利枢纽工程。三峡水库总库容39300000000立方米，改写成用“亿”做单位的数是（　　）立方米。其中三峡工程主体建筑用钢筋约465000吨，省略“万”后面的尾数约是（　　）吨。
3. 三角形的三边分别长 x cm，y cm，z cm，周长为（　　）cm。
4. 张芳坐在教室的第3行第5列，如果用（5，3）表示，王丽坐在教室的第5行第3列，用（　　）表示。
5. 如下图，长方形里面有一个等边三角形，计算 x 是（　　）。

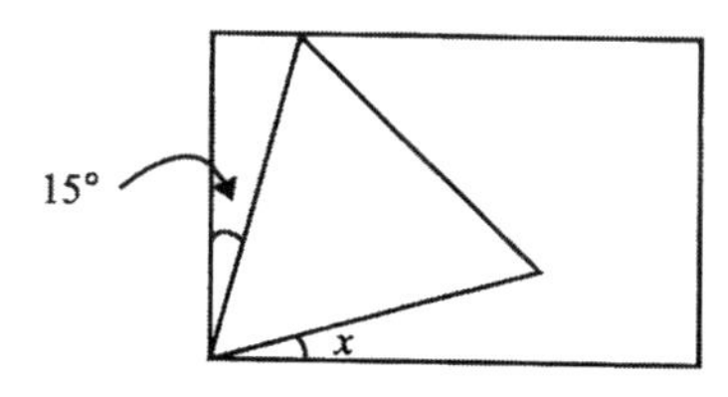

6. 有 50 个同学参加游艺活动，共领到 50 张入场券，这 50 张入场券分红、黄、蓝、绿、紫五种颜色，每种 10 张，分别从 1 号编到 10 号。每个同学任意拿一张。游艺活动中，主持人抽一种颜色，拿这种颜色入场券的同学获开心奖。每个同学获开心奖的可能性是（　　）。主持人这次抽到的是紫色，再从拿紫色入场券的 10 个同学中抽出一个幸运号码。拿到紫色入场券的同学获幸运奖的可能性是（　　）。
7. 你注意过像下边包装箱上这样的连乘式子吗？它表示这个长方体包装箱的（　　）＝185 mm，（　　）＝150 mm，（　　）＝230 mm。

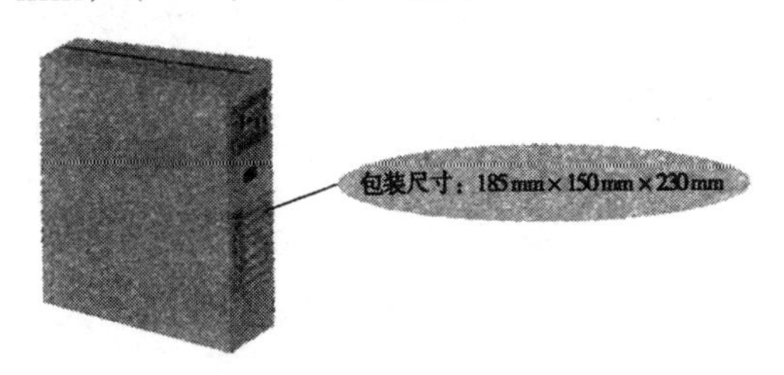

8. $\frac{(\quad)}{(\quad)}=(\quad)\%=(\quad)\div 40=40:(\quad)=0.2=\frac{(\quad)}{(\quad)}\times(\quad)$。

四、选择，把正确答案的字母填在（　　）里（注意：有的题正确答案不止一个）

1. 把一些糖果平均分给 10 个小朋友，其中有 2 个小朋友又把他们得到的所有糖果都分给其余的小朋友，结果其余的小朋友每人多了 3 颗糖果。原来有（　　）颗糖果。

A. 60　　B. 120　　C. 160　　D. 300

2. 下面五种形状的硬纸各有若干张，选择哪几种，每种选几张，正好可以围成一个长方体盒子？（　　）

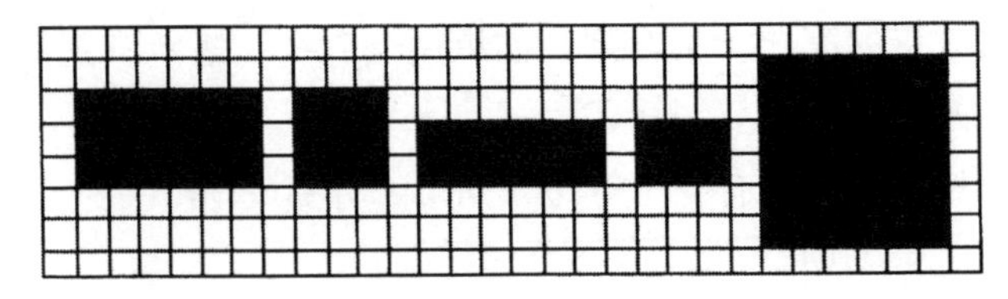

A. ①号 2 张，③号 2 张，④号 2 张

B. ②号 2 张，④号 4 张

C. ①号 4 张，⑤号 2 张

D. ②号 2 张，③号 2 张，⑤号 2 张

3. 教室里有同学不到 40 人。把这些同学平均分成三组或四组，正好分完。教室里最多有（　　）人。

A. 30　　B. 24　　C. 36　　D. 40

4. 如果$\frac{5}{8}\div a=\frac{5}{8}\times a$，那么 a 是（　　）。

A. 真分数　　B. 大于 1 的假分数

C. 0　　D. 1

5. 大于 2 的两个质数的乘积一定是（　　）。

A. 质数　　B. 偶数　　C. 奇数　　D. 合数

6. 水果店运来 20 筐苹果和 10 筐橘子，共重 1420 kg。已知每筐苹果重 26 kg，每筐橘子重多少 kg？设每筐橘子重 x kg，列方程为（　　）。

A. $10x+20\times26=1420$

B. $1420-20\times26=10x$

C. $1420-10x=20\times26$

7. 2010 年的 2 月有（　　）天。

A. 28　　B. 29　　C. 30　　D. 31

8. 两条直线相交，可以形成四个（　　）。

A. 锐角　　B. 钝角　　C. 直角　　D. 平角

五、画图

小明家在学校正西方，距学校 200 m；小亮家在小明家正东方，距小明家 400 m；小红家在学校正北方，距学校 250 m。在下图中画出他们三家和学校的位置平面图。

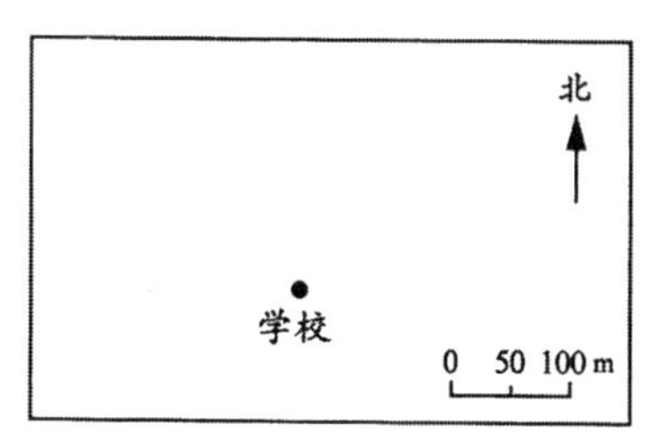

六、下图是将条形统计图和折线统计图合并制作的统计图，请认真观察后填空

2003 年以来农村居民人均纯收入及其增长情况

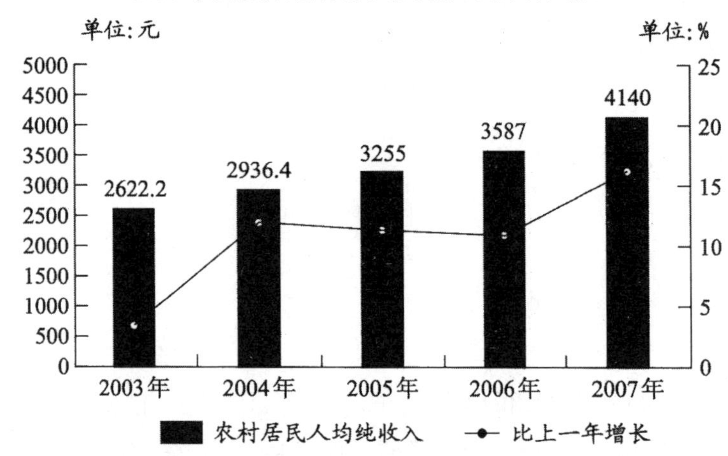

1. 2003 年以来农村居民人均纯收入每年各是多少元?

年份	2003	2004	2005	2006	2007
人均纯收入/元					

2. 2004 年比 2003 年农村居民人均纯收入增长（　　）%。
3. （　　）年农村居民人均纯收入比上一年增长最多，是（　　）%。
4. 请你提出一个数学问题。

七、新鲜水果上市了，蟠桃每千克 4 元，购 2 kg、3 kg……各需多少钱

1. 把下表填写完整。

质量/kg	1	2	3	4	5
总价/元					

2. 根据表中的数据，在下图中描出质量和总价所对应的点，再把它们按顺序连起来。

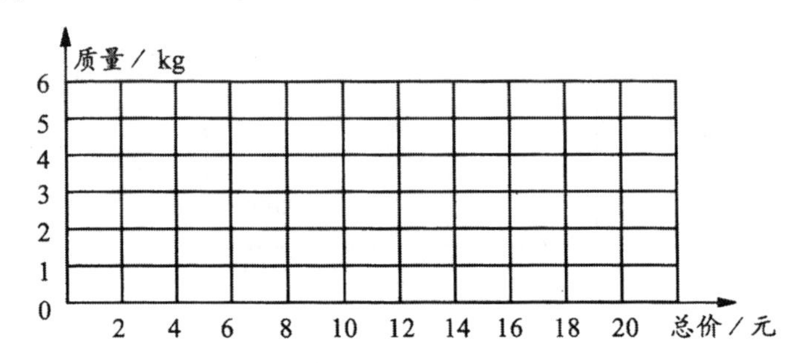

3. 根据上图判断，购买 2.5 kg 蟠桃需用（　　）元钱。

4. 妈妈买蟠桃的质量是张阿姨的 3 倍，妈妈用的钱是张阿姨的（　　）倍。

八、下面两个图形有面积相等的吗？先填空，再说说为什么

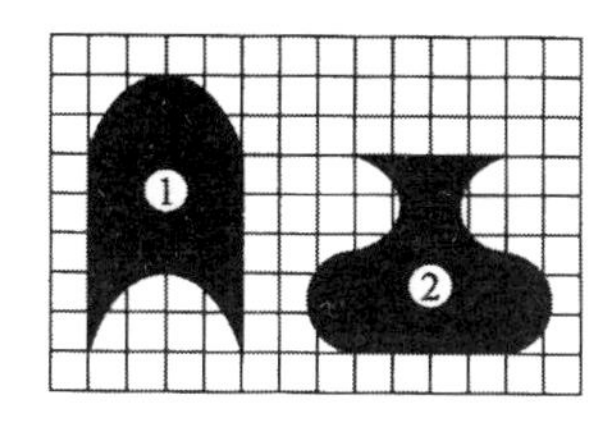

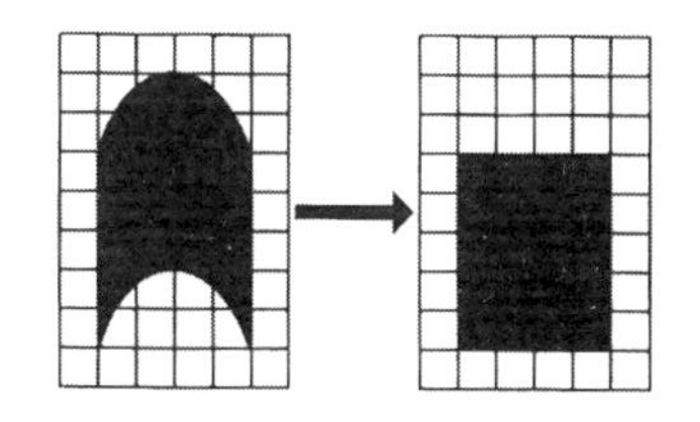

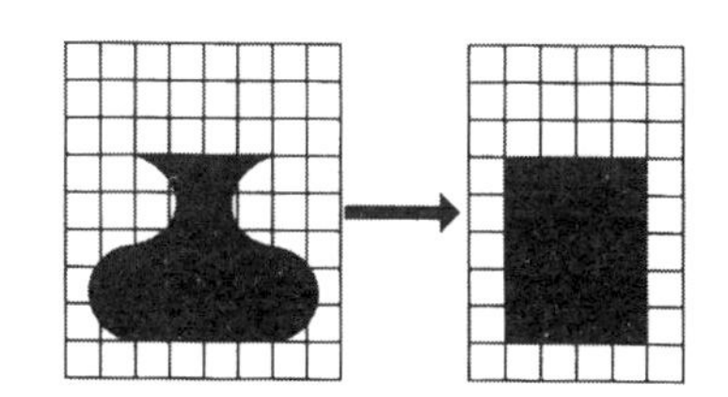

①上面的半圆向下平移（　　）格。

②两边的半圆分别向上（　　）180°。

这两个图形的面积相等吗？为什么？

九、解决问题

1. 一种奶茶，奶与茶的比是 4∶1，现在加入奶和茶各 100 g 后，可得奶茶 700 g，现在奶茶中奶与茶的比是多少？现在的奶茶与原奶茶相比，是奶味加重了，还是茶味加重了？

2. 世界上最大的岛屿是格陵兰岛，面积约有 218 万平方千米，而中国最大的岛屿台湾岛的面积比格陵兰岛的面积少 98.3%，台湾岛的面积是多少万平方千米？

3. 学校有一个圆柱形状的储水箱，它的侧面是用一块边长 6.28 分米的正方形铁皮围成的。这个储水箱最多能储水多少升？（接缝略去不计。得数保留一位小数）

［引自《小学教学》（数学版），2010 年 2 月］

四、国外小学数学毕业试卷

（一）日本2010年小学六年级数学学力·学习状况调查试卷

【编译感言】

日本每年进行全国统一的小学六年级学力·学习状况调查，公布全国49个都、道、府、县的调查结果，促进各地的教学改进行动。测试分A卷和B卷，其中A卷是基础的内容，是关于学生应该学会的问题；B卷是应用、有效利用的内容，是以能力为导向的问题，所有学生都需要完成A卷和B卷。测试分试题卷和答题卷，A卷的试题印成16开纸13页，B卷18页，充分的文本空间有利于呈现问题背景，引发被试者与文本的对话，启发学生展开分析、推理、计算、空间想象等数学活动。全国统一测试，有效地保证了试题的质量，有助于避免因试题质量的良莠不齐引发对教学的误导。而能力导向的测试更有助于避免教学中的机械重复训练。

A卷

1. 计算下列各题。

（1）243－65　　（2）27×3.4　　（3）912÷4

（4）8－0.5　　（5）6÷5（商用小数表示）　　（6）50＋150×2

2. 回答下列问题。

（1）8米长的棒重4千克，那么，1米长的棒重多少千克？写出公式并解答。

（2）把2升液体等分成3份，1份的量是多少升？用分数表示结果。

3. 请选一个分数表示长方形的黑色部分。

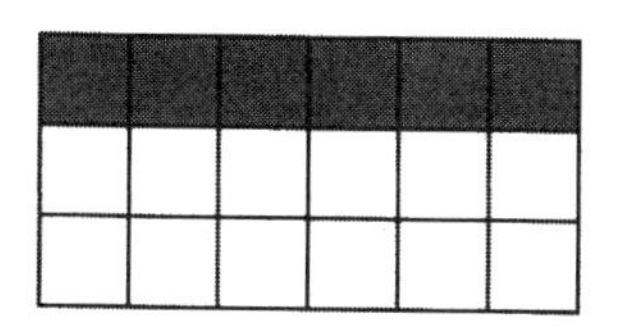

A. $\frac{1}{4}$　　B. $\frac{1}{3}$　　C. $\frac{6}{12}$　　D. $\frac{2}{3}$

4. 把圆按下面顺序逐次细分，组合成长方形的样子。这样继续细分下去，圆的面积是 a 和 b 的积。

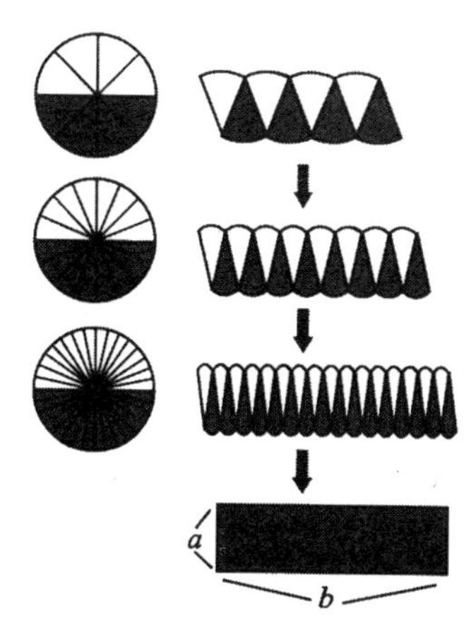

（1）a 是圆的哪个部分？请选择一个正确答案。

A. 半径　　B. 直径　　C. 圆周　　D. 圆周的一半

（2）b 是圆的哪个部分？请选择一个正确答案。

A. 半径　　B. 直径　　C. 圆周　　D. 圆周的一半

5. 回答下面的问题。

（1）一组三角尺按左图放置，∠1 是多少度？

（2）求右图梯形的面积。

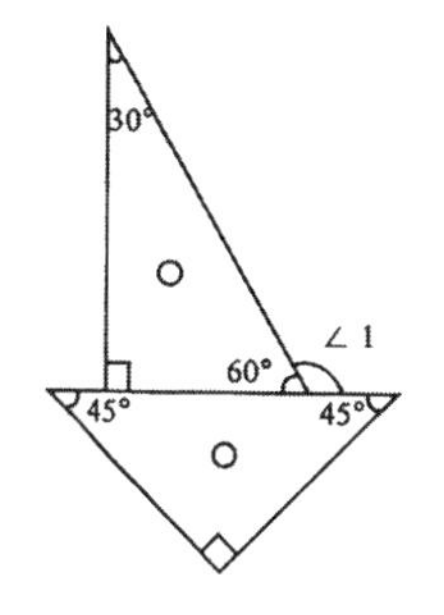

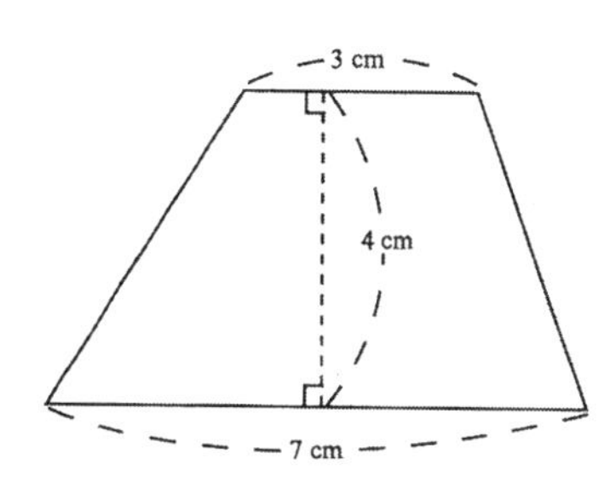

6. 下面左图是一个立方体，立方体展开有 6 个面，中间图给出了其中的 5 个面，请从右图①～⑤的 5 个面中选一个形成立方体的展开图。

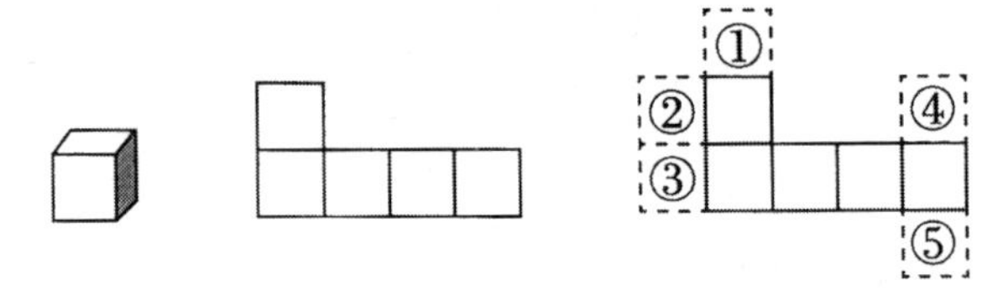

7. 请在下面编号为 1～6 的点中选一个作为顶点（如下左图），与已有的三个点连成平行四边形。

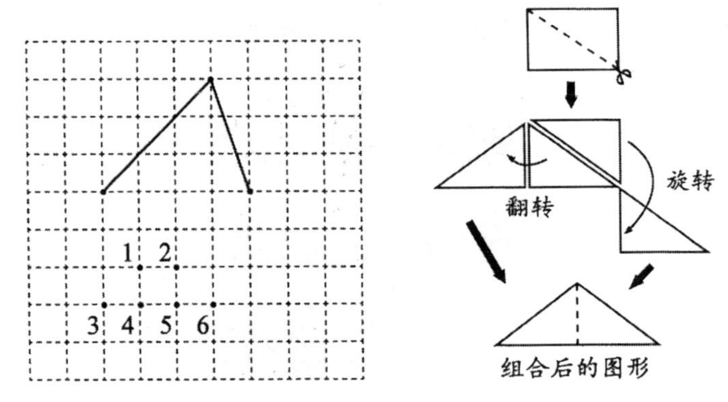

8. 如上页右图，把一个长方形沿一条对角线剪开、组合。

（1）把组合后的图形面积与原长方形的面积比较，请选择一个正确答案。

A. 面积是原来的$\frac{1}{2}$　　B. 面积是原来的 1.5 倍

C. 面积是原来的 2 倍　　D. 面积不变

（2）组合后的图形名称是什么？请选择一个正确答案。

A. 直角三角形　　B. 等腰三角形　　C. 正三角形

D. 平行四边形　　E. 菱形

9. 回答下面的问题。

（1）下图是我校一块田地的示意图。

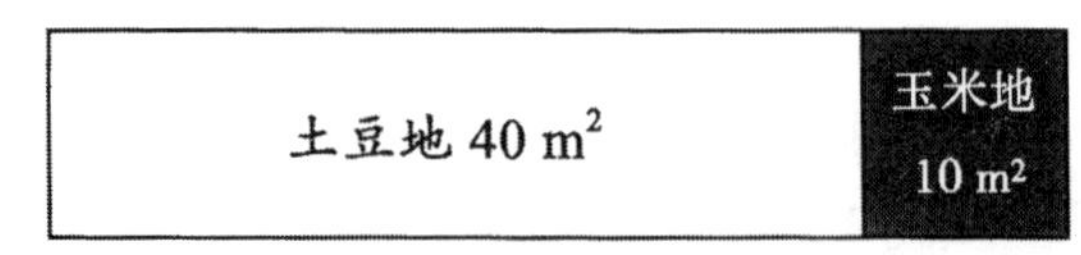

学校的田地面积是 50 m^2，其中土豆地是 40 m^2，土豆地面积占学校

这块田地面积的百分之几？

（2）下图是某日的气温变化折线统计图。按 1 小时 1 小时划分，哪个时段气温上升幅度最大？

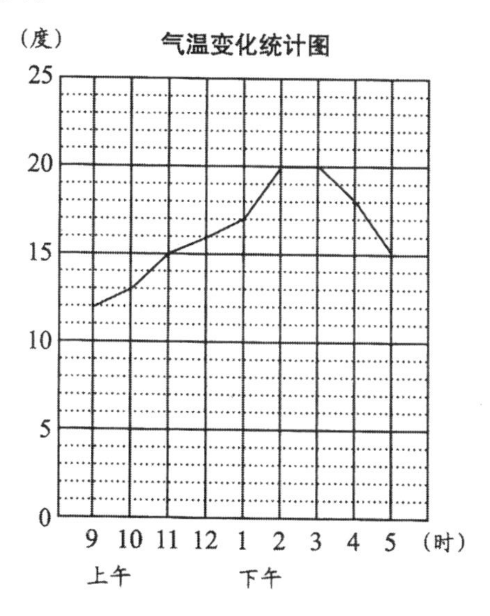

B 卷

1. 京子在学数学时想了一些问题，我们一起来探讨。

（1）下面是京子提出的问题。

买同样定价的 3 支铅笔，付了 500 日元，找回 100 日元，1 支铅笔的定价是多少日元？

京子解答如下：

$500 - 100 = 400$
$400 \div 3 \approx 133.3\cdots$

按这样，铅笔的定价不是整数，需要变更找回的金额数。

京子的下一个问题是：要把找回的金额换成多少才能使定价变成整数呢？请选择一个正确的答案。

A. 400 日元　　B. 300 日元　　C. 200 日元　　D. 150 日元

（2）京子又想了下面的问题。

买单价 50 日元的橡皮 1 块和单价 150 日元的铅笔 2 支，付 500 日元，应找回多少钱？

直美思考了这个问题，她发表了自己的观点：

	橡皮 1 块		铅笔 2 支		
一共花	50	+	150×2	=	350
	付出的钱		买东西花的钱		
找回	500	−	350	=	150
答案 150 日元					

听到直美的想法，京子发表了以下观点：

要求找回的钱：付出的钱－花了的钱

直美想的两个算式合起来是：$500-50+150\times2$

这一算式就表示出了要找回的钱。

对此，健太说：

按京子的算式，找回的不是 150 日元，如果要正确得出 150 日元，要在算式里加括号。

要正确得出 150 日元，括号应该怎么加？

2. 杰南在手工课上做一个书架。

（1）杰南的想法如下图所示。

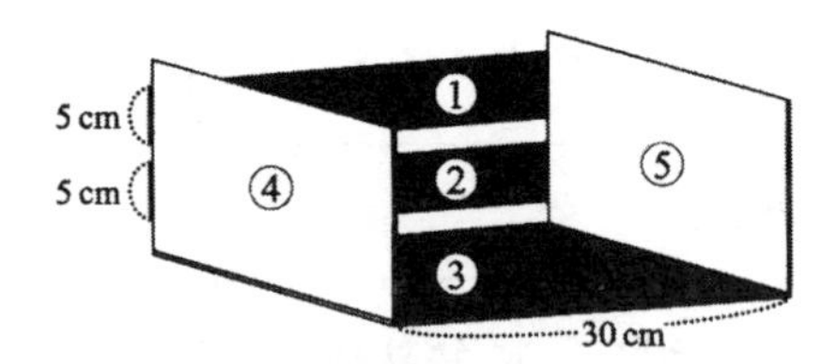

做书架的材料是一块如下图所示的长 50 cm、宽 30 cm 的木板。

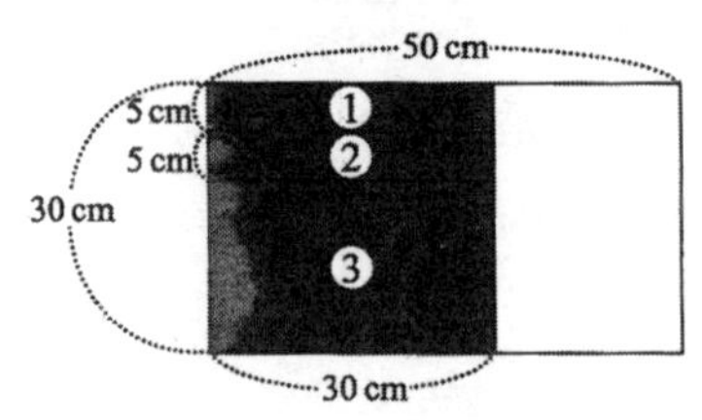

把长方形的阴影部分沿线切开分成①、②、③三块，剩下的空白部分切开成两个同样的长方形④、⑤，再把切分所得的五块长方形板按下面左图所示的方法组合。请写出长方形④的边长。

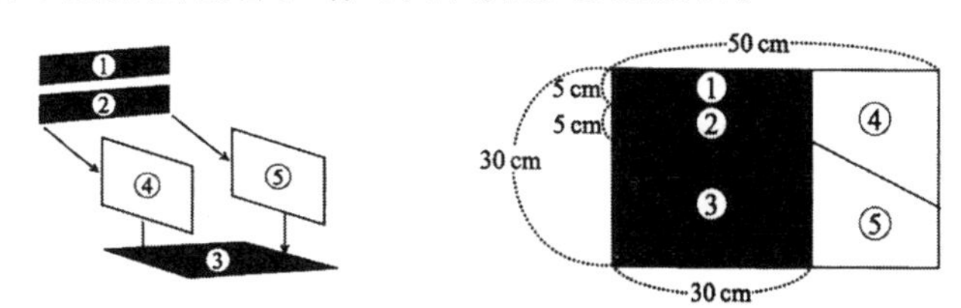

（2）真鹤用了同样的材料，阴影部分也同样切分成三块，剩下的空白部分切成了如上面右图的④、⑤两个梯形。

请从下面 A～F 的图形中找出两个他所做的书架的样子。

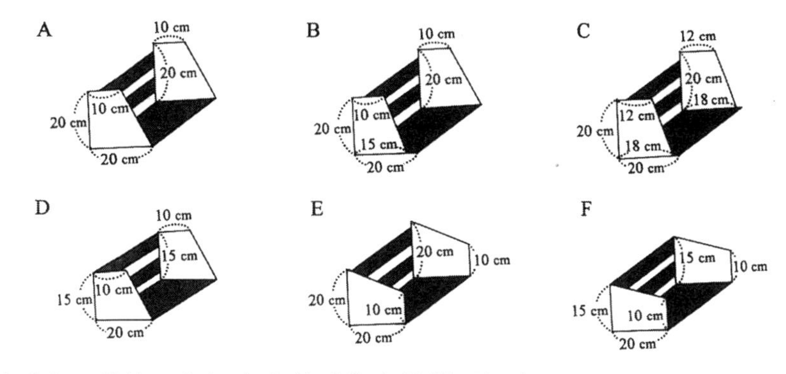

3. 真实诚对自己学校一年间发生的受伤事故做了调查。

（1）下面是按受伤事故发生的时间、场所、种类制作的三幅扇形统计图。

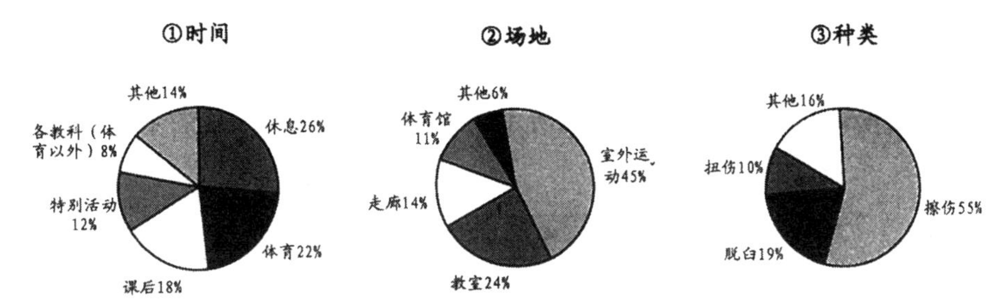

看图说说发生受伤事故最多的是学校的哪个场所。

根据学校一年间事故发生的种类和时间，看下表：

事故发生的种类和时间的数量统计表

（单位：人）

种类＼时间	休息	体育	课后	特别活动	各教科（体育除外）	其他	合计
擦伤	125	91	84	52	31	81	464
脱臼	45	26	36	13	19	17	156
扭伤	17	28	12	9	7	7	80
其他	33	39	5	27	11	12	137
合计	220	184	147	101	68	117	837

（2）表中的 36 表示什么？请用表中的语言回答。

（3）表中［阴影］部分的数据表示的是上页三幅图中的哪幅图？请选择正确的答案。

A. 图①　　B. 图②　　C. 图③　　D. 图①和③都是

4. 在下图的平行四边形 $ABCD$ 中，请对两条对角线构成的三角形①和②的面积进行比较。

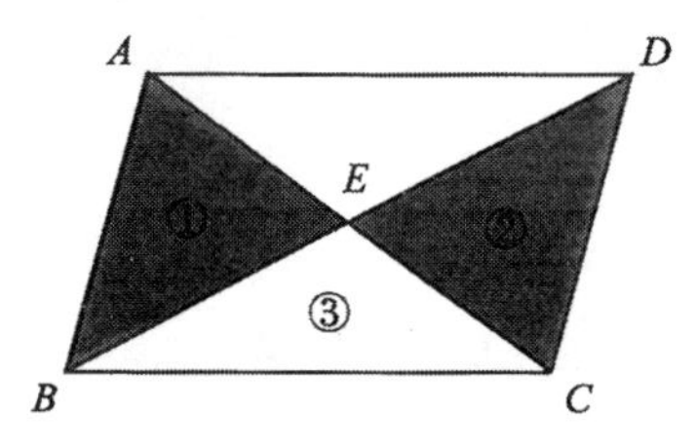

高岛认为三角形①和②的面积相等。

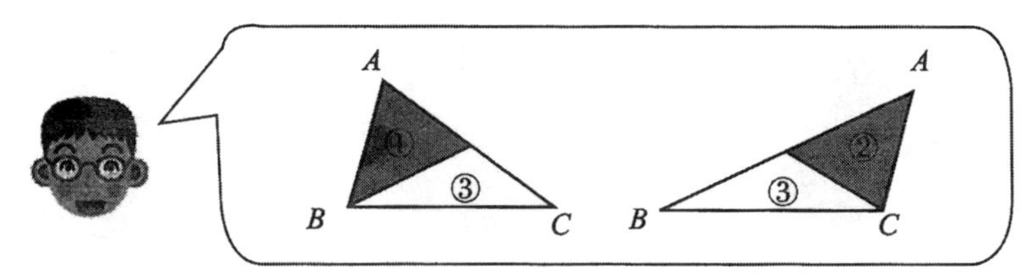

根据这个想法，他做了如下说明：

三角形 ABC 和三角形 DCB 底边和高是相等的，所以面积相等。三角形③是这两个三角形共有的，面积相等的三角形减去共有的三角形③，所以，三角形①和三角形②面积相等。

下面的梯形 *GHMN* 中，请对两条对角线构成的三角形④和三角形⑤的面积进行比较。

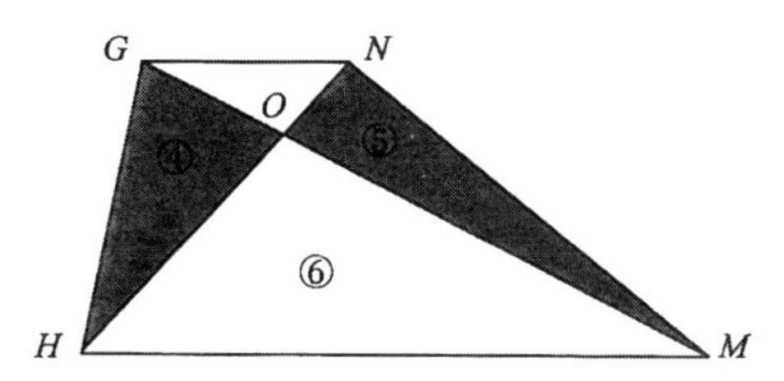

茜说了下面的话：

根据高岛的思考方法，三角形④和三角形⑤的形状虽然不一样，但它们的面积也是相等的。

根据高岛的思考方法，如何推得三角形④和三角形⑤的面积相等？请在空格里填入你的推断。

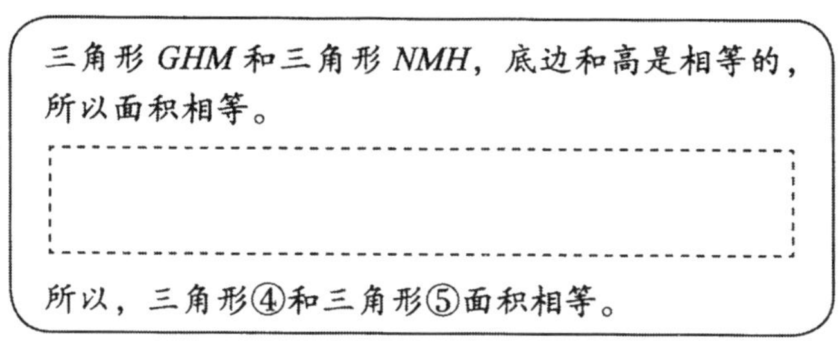

5. 广重去买物品。

(1) 下图帽子的定价是 1000 日元，“比定价便宜 30%”是什么意思呢？

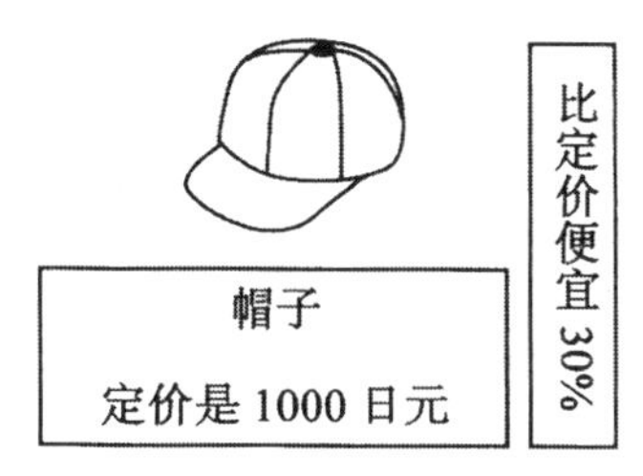

用图表示定价 1000 日元，比定价便宜 30%后的数值怎么表示呢？请在下面 5 个答案中选择 1 个正确的。（▭表示比定价便宜 30%的数值）

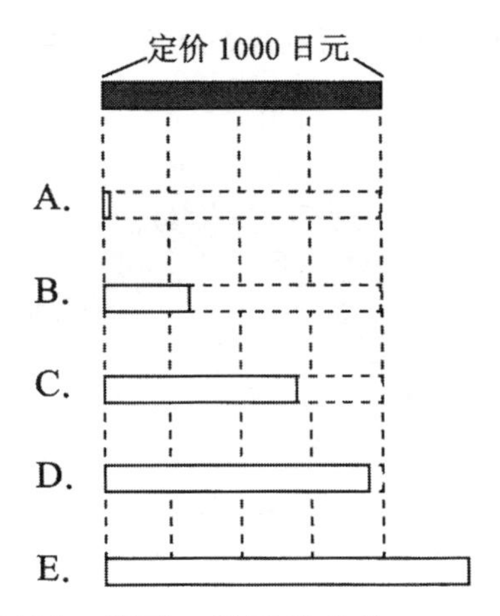

（2）下图，广重罗列了衬衫、裤子、鞋子的单价。

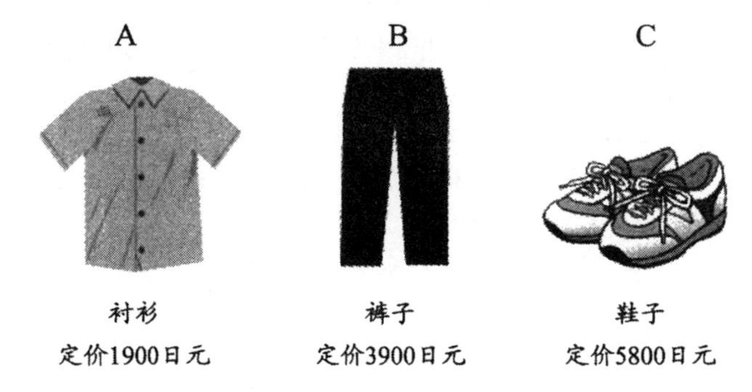

广重有一张打折券，券上写着“限购一种，优惠定价的 20%”。

上面三种商品中，哪一种使用打折券打折的金额最大？列式计算这种商品的售价。

6. 下面是公共汽车的折叠门（▯的部分）。

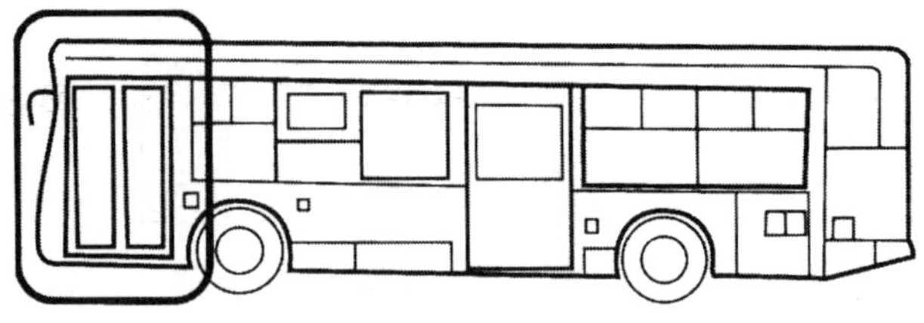

幸子和洋平观察了关门时的样子，有如下发现：

门是两个长方形合起来的，开门时两个长方形重叠在一起。

关门时，门按下图所示顺序运动，门的下方同时出现相应的三角形。

（1）门开始关时，三角形 ABC 呈现的是以下哪种形状？请从中选一个答案。

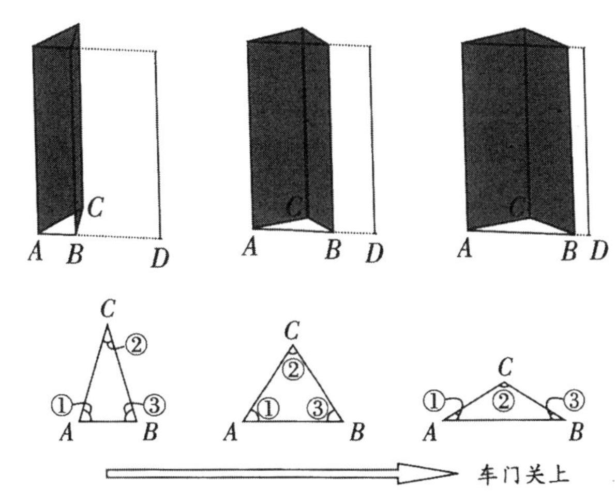

A. 直角三角形　　B. 等腰三角形　　C. 正三角形

上面三角形形成的原因是什么？请从中选一个答案。

A. 三角形 ABC 三条边的长度相等

B. 边 AC 和 CB 的长度相等

C. 边 AB 和 BC 的长度相等

D. $\angle 2$ 是直角

E. $\angle 3$ 是直角

（2）根据下面的图，分析点 C 和 B 分别在别的部分通过的情况。

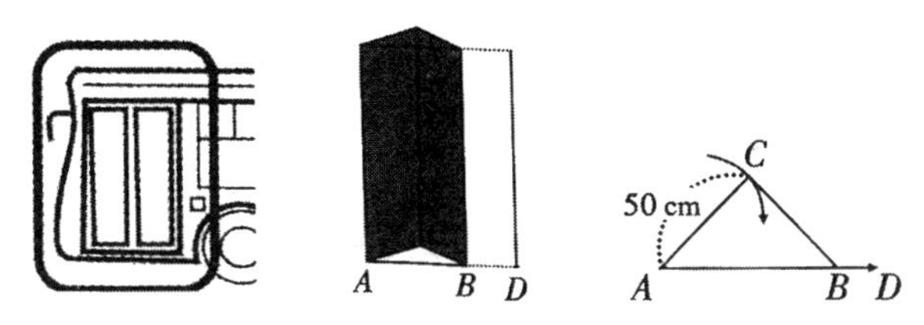

两个人做了如下的分析：

关门时点 C 和 B 是一起运动的，它们通过的路线长度相等。

点 B 和 C 通过的长度比较，边 AC 的长度为 50 cm。

幸子对点 B 通过的路线做了如下的分析：

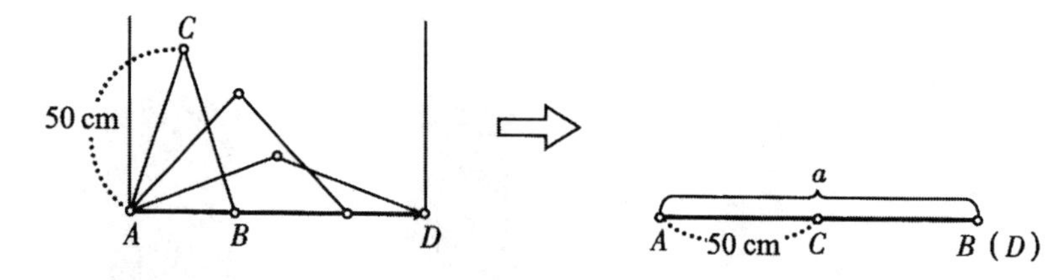

点 B 通过的路线 d 就是点 A 和 D 连成的线段。a 的长度是边 AC 长的 2 倍：50×2＝100。a 的长度是 100 cm。

洋平对点 C 通过的路线做了如下的分析：

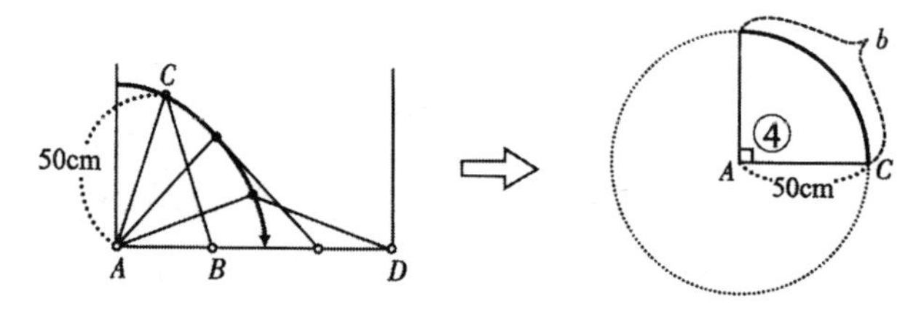

点 C 通过的路线是 b，是以点 A 为圆心、边 AC 为半径的圆周的一部分。∠4 的大小是 90°。

点 C 通过的部分为 b 的长度，点 B 通过的部分为 a 的长度。比较 a、b 的长度，下面三种说法中哪种成立？做出选择前先列式计算 b 的长度，圆周率取 3.14。

A. b 比 a 长

B. b 比 a 短

C. b 与 a 的长度相等

［任敏龙编译，原载《小学教学》（数学版），2011 年 2 月］

（二）2010 年韩国小学六年级数学试卷（国家水平学业成就度评价）

一、选择题

1. 470×0.01 是（　　）。

　A. 47　　B. 4.7　　C. 0.47　　D. 0.047　　E. 0.0047

2. 对下面的数说明正确的是（　　）。

$$\begin{array}{ccccccccc} 4 & 9 & 0 & \underset{m}{\underline{3}} & 5 & 0 & 7 & 2 & \underset{n}{\underline{3}} \end{array}$$

A. 数字 5 表示 50000

B. 千万位的数字是 0

C. 是一个 49 个亿、35 个万、723 个一的数

D. 读作“四亿九千三百五十万零七百二十三”的数

E. m 表示的数是 n 表示的数的 1000 倍

3. 用一张长方形纸按下图所示折叠、剪切后打开，如 M 所示。对 M 说明不正确的是（　　）。

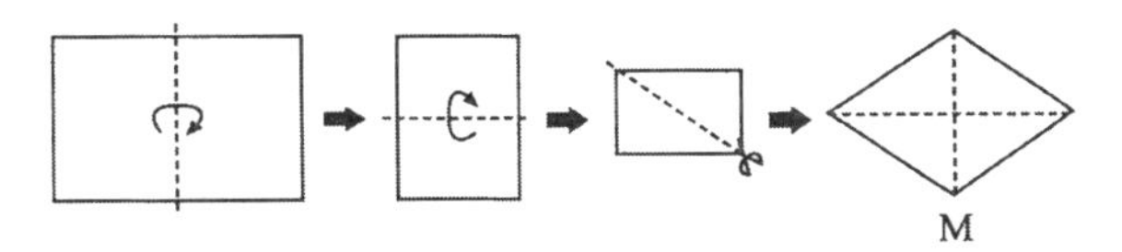

A. 两条对角线的长相等　　B. 两条对角线互相垂直

C. 四边的长都相等　　D. 对角相等

E. 对边相互平行

4. 把例图 M 的样子按一定的规律连续拼摆制作图案，符合此规律的 N 的样子的是（　　）。

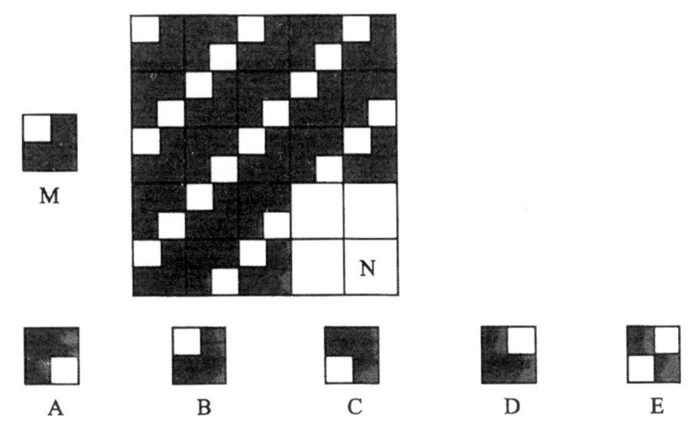

5. 下列式子中计算正确的是（　　）。

A. $1\frac{2}{3}\div 6=\frac{12}{3}\div 6=\frac{\overset{2}{\cancel{12}}}{3}\times\frac{1}{\underset{1}{\cancel{6}}}=\frac{2}{3}$　　B. $1\frac{2}{3}\div 6=\frac{5}{3}\div 6=\frac{3}{5}\times 6=\frac{18}{5}=3\frac{3}{5}$

C. $1\frac{2}{3}\div 6=\frac{5}{3}\div 6=\frac{5}{\underset{1}{\cancel{3}}}\times\overset{2}{\cancel{6}}=10$　　　D. $1\frac{2}{3}\div 6=1+\frac{2}{3}\div 6=1+\frac{\overset{1}{\cancel{2}}}{3}\times\frac{1}{\underset{3}{\cancel{6}}}=1\frac{1}{9}$

E. $1\frac{2}{3}\div 6=\frac{5}{3}\div 6=\frac{5}{3}\times\frac{1}{6}=\frac{5}{18}$

6. 下面的茎叶图表示妍宇他们班同学一年内的读书数量。一年内读了 60 本以上的学生一共有（　　）人。

茎（十位）	叶（个位）
3	5　0　1
4	0　4　8　8　0　6
5	3　5　2　6　2　1　4　8　0
6	4　1　3　2　2
7	2　5　0　1

A. 4　　B. 5　　C. 8　　D. 9　　E. 11

7. 对 16 和 24 这两个数的说明，正确的是（　　）。

A. 两个数的最大公因数是 6

B. 两个数的最小公倍数是 36

C. 16 的因数一共有 5 个

D. 两个数的公倍数是 1、2、4、8

E. 24 的所有因数是 1、2、3、4、6、8、24

8. 一个数减去 2.125 后，变成了 7.38。这个数是（　　）。

A. 4.913　　B. 5.255　　C. 9.163　　D. 9.405　　E. 9.505

9. 对下图的说明，正确的是（　　）。

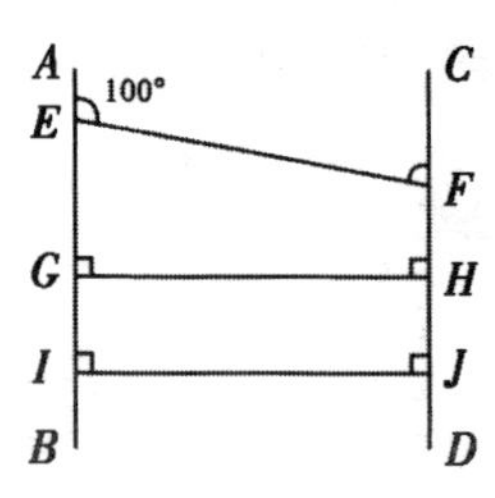

A. $\angle EFC$ 的大小是 $100°$

B. 直线 AB 和线段 GH 相互平行

C. 直线 AB 和直线 CD 互相垂直

D. 线段 EF 和线段 IJ 的长度相等

E. 线段 GI 和线段 HJ 的长度相等

10. 制作如下图所示的三棱柱的展开图是（　　）。

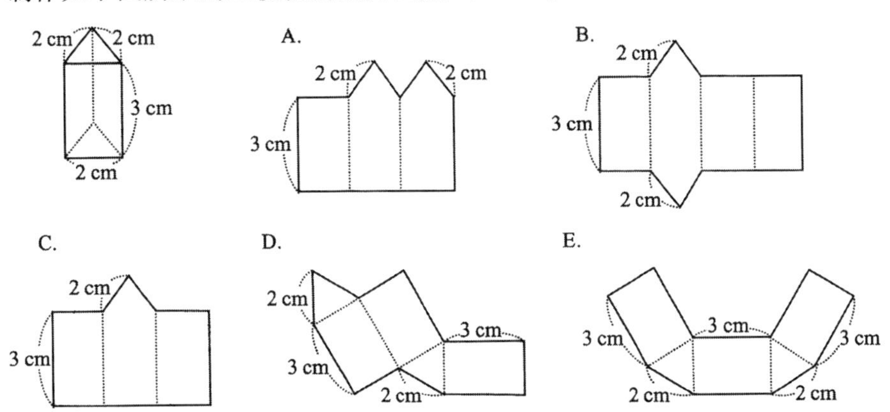

11. 下边左图的内角和可以通过右图分成的三角形和四边形求得。左图的内角和是（　　）。

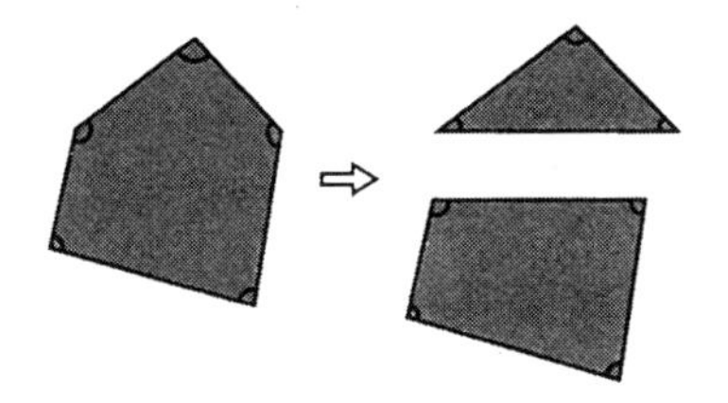

A. 180°　　B. 360°　　C. 450°　　D. 540°　　E. 720°

12. 按下面的方法画图，和下图始终全等的三角形是（　　）。

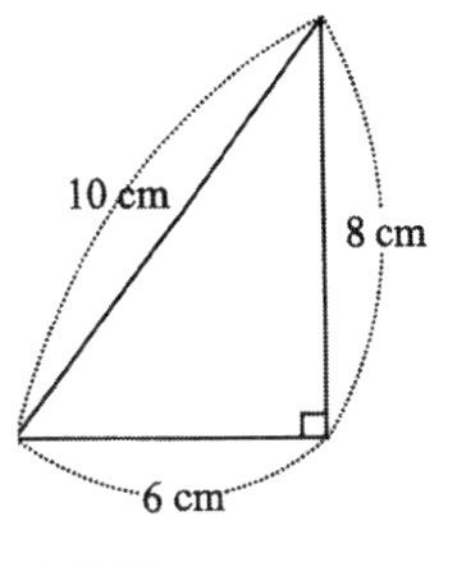

A. 面积为 24 cm^2 的三角形

B. 周长为 24 cm 的三角形

C. 三边的长为 6 cm、8 cm、10 cm 的三角形

D. 一边的长为 10 cm，两底角分别为 45°的三角形

E. 两边的边长分别为 6 cm 和 10 cm，其夹角为 90°的三角形

13. 为了知道 500 kg 重的铁丝有多长，剪下 5 m 长的一段称重是 100 g。500 kg 重的铁丝长度是（　　）。（铁丝的粗细不变）

A. 25 m　　B. 100 m　　C. 2500 m　　D. 10000 m　　E. 25000 m

14. 下面是民在和善姬看到一天内气温变化的折线统计图后的对话。符合对话内容的折线统计图是（　　）。

民在：从上午 10 时到下午 2 时气温一直在上升。

善姬：上午 11 时和 12 时之间的气温变化最大。

民在：气温变化最小的时候是下午 1 时和 2 时之间。

A.

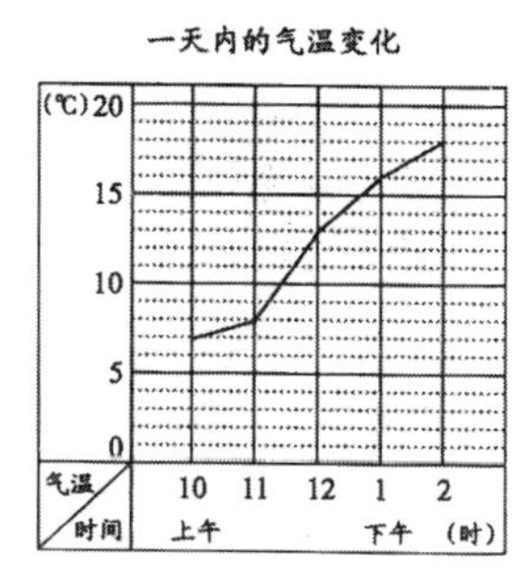

B.

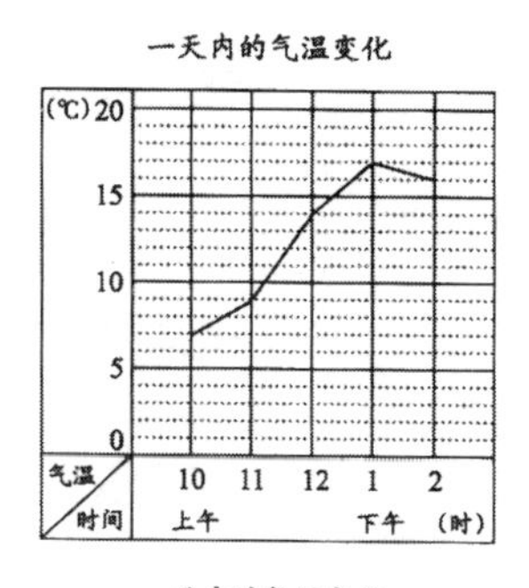

C.

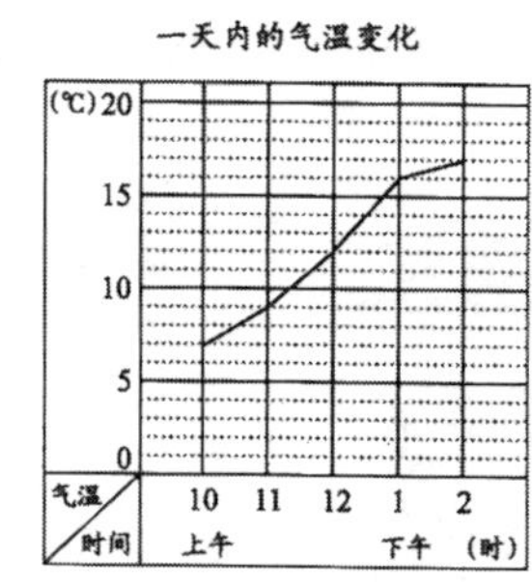

D.

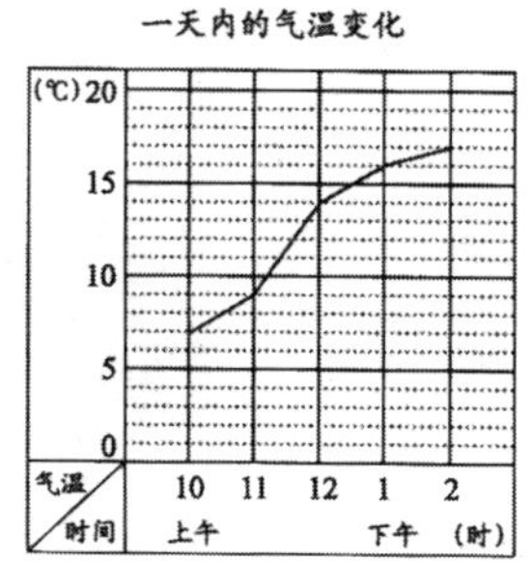

E.

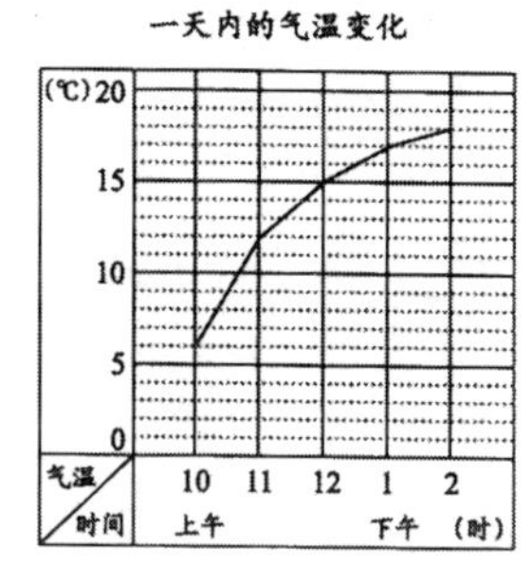

15. 如下图所示的长方体的体积是（　　）。

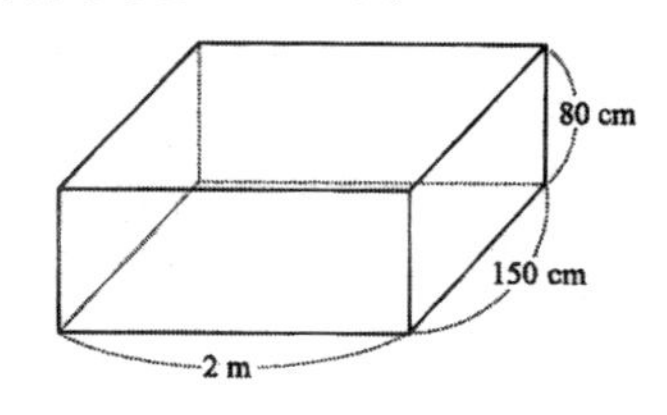

A. 2.4 m^3　B. 24 m^3　C. 240 m^3　D. 24000 m^3　E. 240000 m^3

16. 从上面、正面、侧面观看如下图的是（　　）。

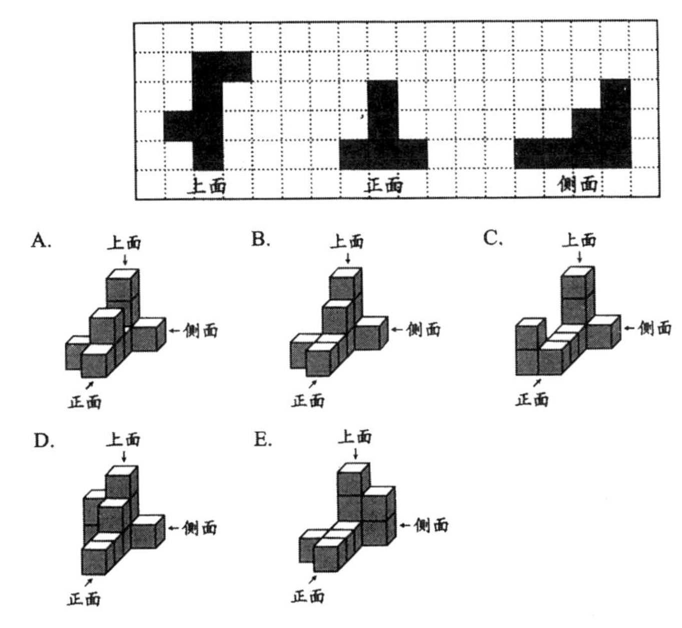

17. 下表是在玩抽大数游戏中连虎和秀芝每次抽到的数。比较两人每次抽到的数，其中抽到大数的人得 1 分，经过 4 次，连虎得到的分数是（　　）。

次序	1	2	3	4
连虎抽到的数	$\frac{4}{5}$	1.51	$1\frac{3}{4}$	$3\frac{1}{8}$
秀芝抽到的数	0.88	$1\frac{11}{25}$	1.76	3.124

A. 0 分　B. 1 分　C. 2 分　D. 3 分　E. 4 分

18. 下面是数学问题以及贤瑞和素荷解决问题的过程。对此说明正确的是（　　）。

鸡和牛一共有 12 只（头），数了一下，鸡和牛的腿数是 32。一共有多少头牛？

贤瑞解决问题的过程

鸡的只数	6	7	8	9
牛的头数	6	5	4	3
腿的总数	36	34	32	30

素荷解决问题的过程

假设 12 只都是牛，腿数一共是 48 条。但是腿数只能是 32，所以要减少 16 条腿。

A. 这道题要求的是牛的腿数

B. 根据贤瑞解决问题的过程，牛有 8 头

C. 在贤瑞解决问题的过程中，鸡的只数多 1，腿的总数就要少 2

D. 根据素荷解决问题的过程，想减少腿的总数 16，就要增加 8 只鸡

E. 在这道题中，鸡的只数是 5 时，腿的总数想要成为 32，牛的头数应该为 7

19. 从银姬所在小组中去掉一个学生，剩下 4 人 2009 年的平均读书量与新闻报道的学生年均读书量相同。去掉的学生是（　　）。

（新闻报道）

据文化体育观光部读书现状调查，2009 年一年内学生年均读书量是 16 本，自从 1994 年开始调查以来，创造了最高读书量纪录。

银姬所在小组成员 2009 年读书量

姓名	志宇	盛赞	银姬	永彬	韩哲	合计
本数	22	24	11	9	20	86

A. 志宇　B. 盛赞　C. 银姬　D. 永彬　E. 韩哲

20. 用 2 个面积相等的长方形，重叠（阴影部分）后制作成下面右图，右图的周长是（　　）。

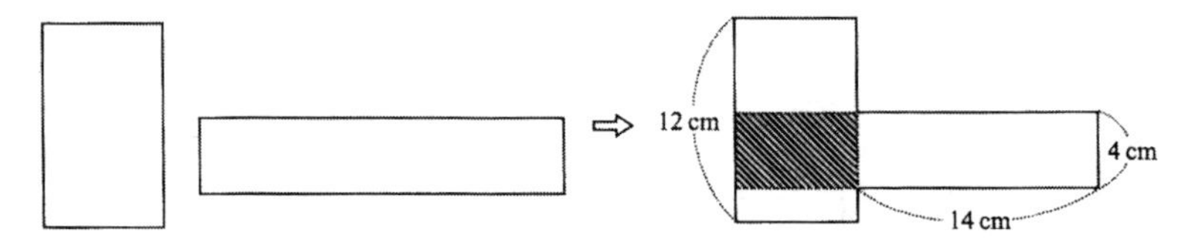

A. 62 cm　B. 64 cm　C. 66 cm　D. 68 cm　E. 70 cm

21. 恩珠拥有彩纸的数量是太浩的 3 倍。如果两人彩纸的数量一共是 72 张，恩珠拥有的彩纸数量是（　　）。

A. 12 张　B. 18 张　C. 24 张　D. 36 张　E. 54 张

二、简答题

1. 观察下面的立体图形，请回答问题。

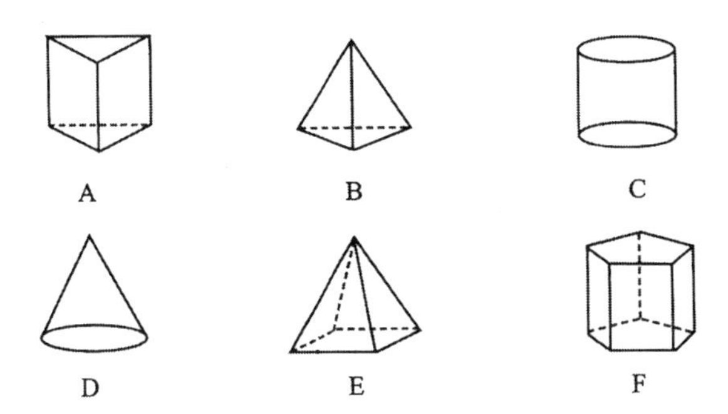

（1）在上面的图形中找出全部的棱柱和棱锥，把相应的序号写在下面的表格中。

棱柱	
棱锥	

（2）在下面找出所有棱柱和棱锥的性质，把相应的序号填写在下面的表格中。

A. 底面有 2 个

B. 侧面的样子是三角形

C. 顶点的个数是一个底面的边数的 2 倍

D. 面的个数比一个底面的边数多 1 个

棱柱	
棱锥	

2. 有一根如下图一样弯曲的铁丝，想要在虚线之间用与虚线平行的方式剪切，把铁丝分成几段。请回答问题。

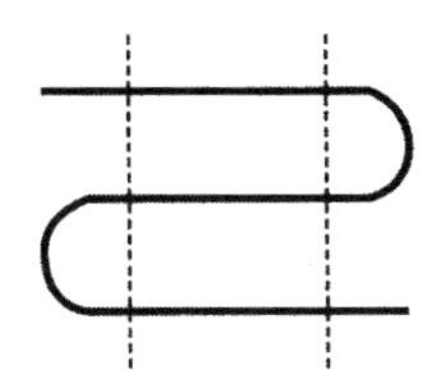

（1）按下面的方式剪切，在括号里填写适当的数。（铁丝上面的实线表示剪切的线）

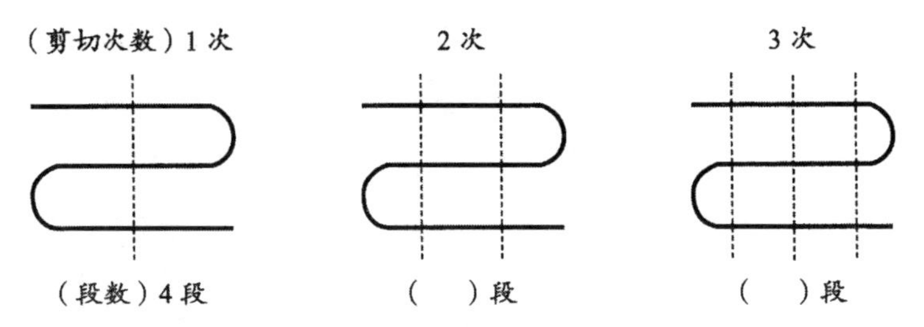

（2）在（1）中剪切次数用○表示，分成的段数用△表示时，请用语言或算式表示○和△的关系。

（3）按（1）中的方法剪 20 次时，铁丝分成几段？

3. 下面是以慧芝所在学校学生 600 人为样本，以参加过志愿者活动的学生为调查对象所制作的参加志愿者活动种类的统计表。

参加志愿者活动的种类

种类	福利设施	环境保护	教育活动	地区活动	其他	合计
学生人数	48	30	18	12	12	120

（1）根据此表完成下面的扇形统计图。

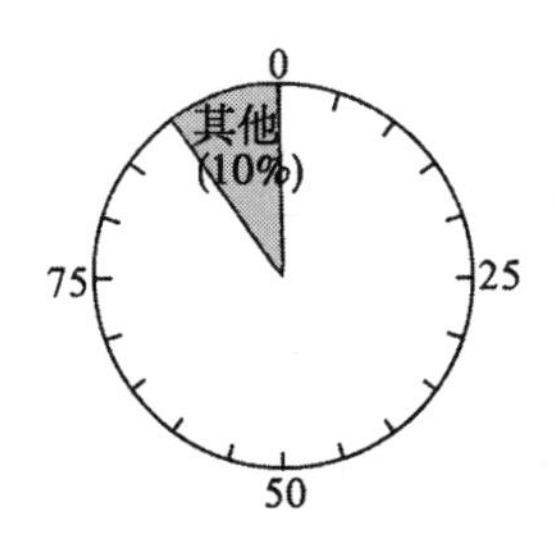

（2）下面是慧芝根据志愿者活动的图表所写的一段话。在括号里填写适当的数或话。

根据志愿者活动的调查结果，可以知道很多信息。在 600 名学生中，没有参加过志愿者活动的学生比率是参加过志愿者活动的学生比率的（　　）倍，可以得知很多学生没有参加过志愿者活动。还有，学生参加了各类志愿者活动，其中所占比率最高的是（　　）。

今后，如果能有更多的学生参加志愿者活动就好了，我也会积极地参加志愿者活动。

〔崔英梅编译，原载《小学教学》（数学版），2011 年 2 月〕

（三）2011年英国小学毕业SATS标准化试卷（B卷）

（不允许使用计算器）

试卷中的部分试题会出现下面这三个孩子。

1. 圈出最接近100的数。

   70　120　85　111　909

2. 这里有6张数卡片。

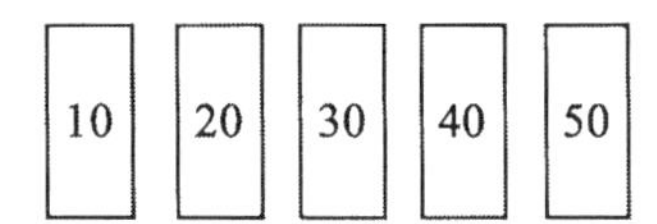

   用这些数卡片完成下面两道求和的题目。

   □+□=□　　□+□=□

3. 下面这些图是由正六边形组成的。用直尺画出每个图形的对称轴。

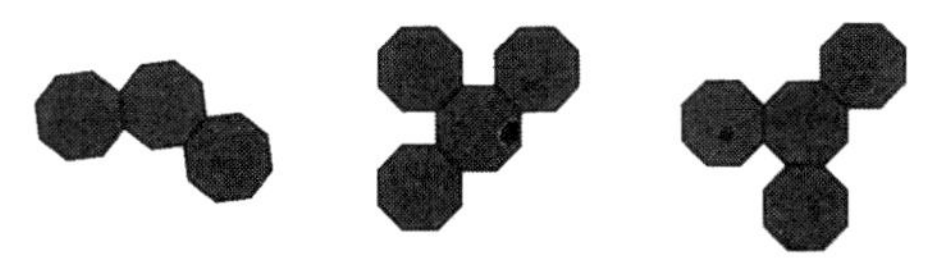

4. 在下面每组算式中，选择答案较大的那个，并打上“√”。

200×4 ☑	250×3 □
34×21 □	31×24 □
444 + 777 □	222 + 888 □
828 − 332 □	939 − 445 □
888÷4 □	777÷3 □

5. 五个孩子种南瓜。下面的统计图显示他们种的南瓜有多重。

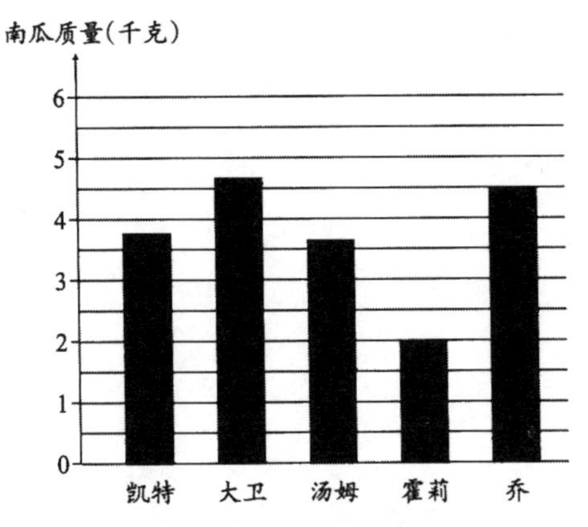

（1）乔种的南瓜比霍莉种的南瓜重多少？

（2）大卫种的南瓜的质量最接近几千克？

6.

（1）学校演出的门票售价是每人 2.75 元，大卫卖出了 23 张门票，大卫一共得到了多少门票收入？

（2）霍莉通过卖出门票得到了 77 元，她卖掉了多少张门票？

7. 下面是两条模型船。(以分米为单位)

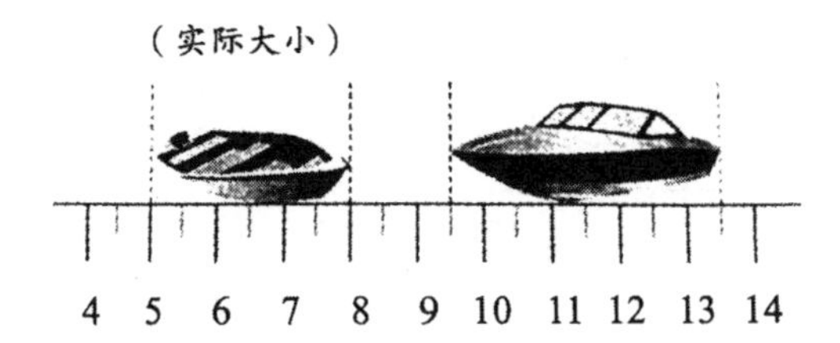

（1）两条模型船相距多少？

（2）两条模型船的长度相差多少？

8. 这是数轴的一部分，填出空格中的数。

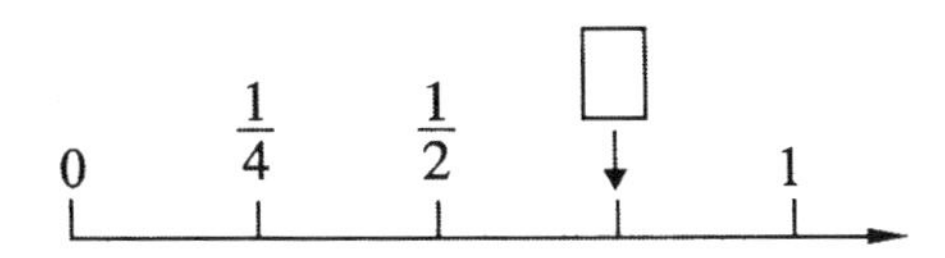

9．下图中有四个角，分别是$\angle A$、$\angle B$、$\angle C$ 和$\angle D$。在横线上写出哪个角是钝角。

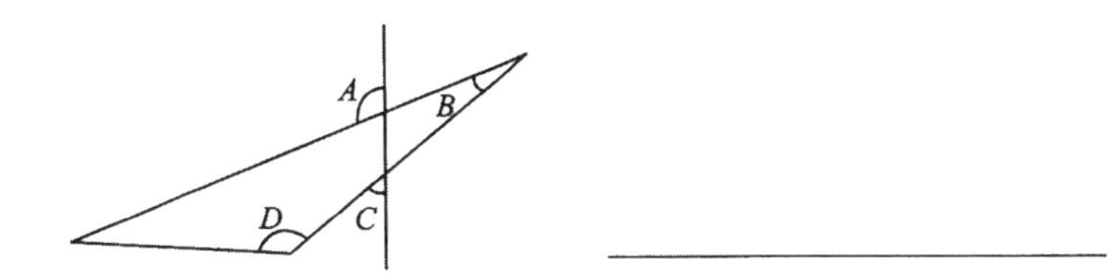

10．乔调查到他班里的同学喜欢两种口味的冰激凌，并把结果表示在韦恩图中。

香草　巧克力
9　7　12

（1）有多少孩子喜欢吃巧克力冰激凌？

（2）有多少孩子不喜欢吃香草冰激凌？

11．下图中的阴影部分是一个长方形，它被很多小正方形包围。图中的阴影部分可以用什么分数表示？

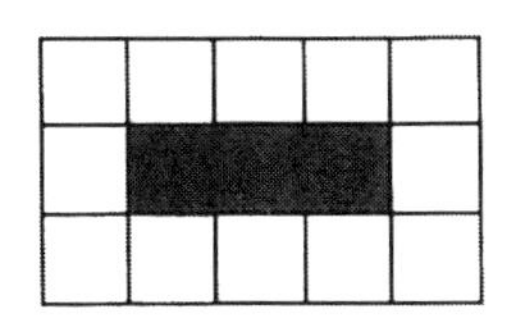

12．每周六乔都去滑冰。他曾在1月1日星期六去滑冰。1月份乔总共可以滑冰多少次？

13．大卫有一个装有50分硬币的口袋，霍莉有一个装有20分硬币的口袋。两个口袋里的钱同样多。大卫的口袋里有30个50分的硬币。霍莉的口袋里有多少个20分的硬币？写出你的思考过程。

大卫的口袋

霍莉的口袋

14. 等边三角形的网格里有 5 个图形。

(1) 哪个图形是菱形？

(2) 图阶图形只有一组对边平行？

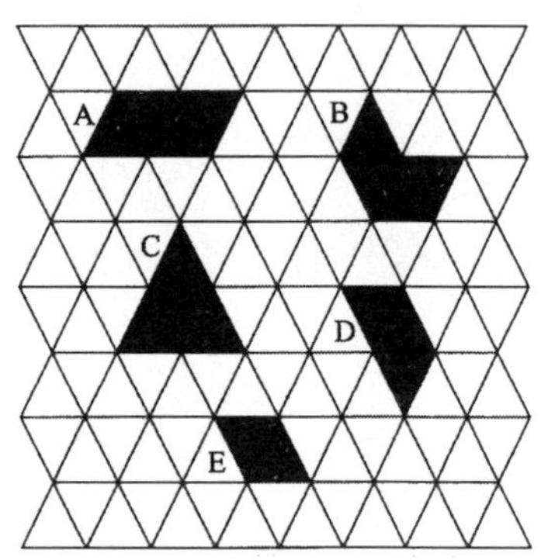

15. 下面数列中的数每次增加 3。

3、6、9、12、…

下面数列中的数每次增加 5。

5、10、15、20、…

这两个数列都可以继续写下去。写出一个大于 100 的数，它同时出现在两个数列里。写出思考过程。

16. 这里有 4 个物体的质量：2 千克、1 吨、800 克、$\frac{1}{2}$千克。按照从轻到重的顺序，把物体的质量填在空格里。

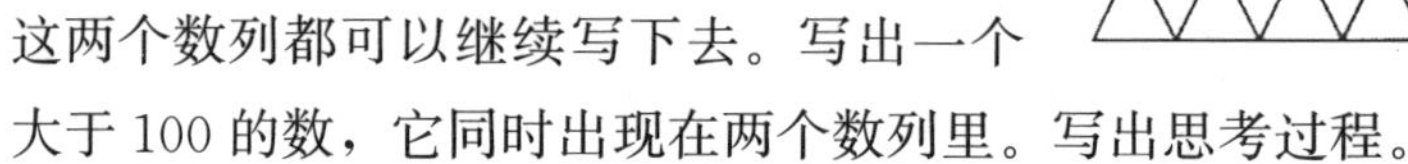

17. 两个两位数的乘积是 176，请写出这两个两位数。

□□×□□＝176

18. 大卫说，当你把一个数对半分得到的结果是 8，那么这个数就是 4。他说得对吗？解释你是怎么知道的。

19. 乔有一些等腰三角形的瓷砖和一些$\frac{1}{4}$圆形的瓷砖。他用 2 块等腰三角形的瓷砖和 7 块$\frac{1}{4}$圆形的瓷砖拼成了一幅飞翔的小鸟的图案。

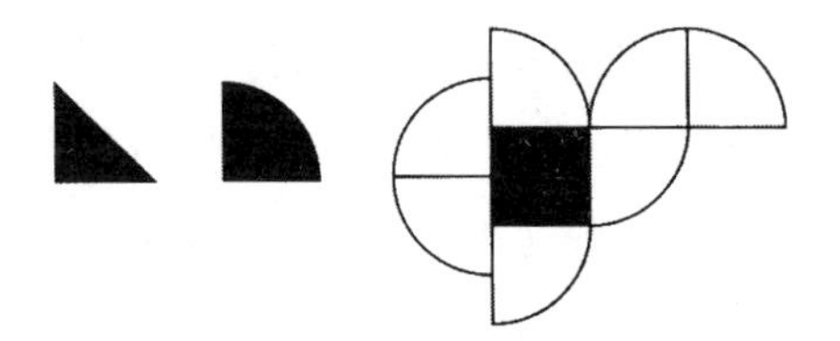

乔做了很多幅飞翔的小鸟的图案。他用了 56 块$\frac{1}{4}$圆形的瓷砖。他用了多少块等腰三角形的瓷砖？写出你所用的方法。

20. 这是澳大利亚佩斯到米德兰的火车时刻表的一部分。

（1）从梅兰德开过来的火车什么时候第一次在成功山停靠？

（2）伊凡先生住在佩斯市，他要在 8:00 前到达米德兰市，他在佩斯市最迟应搭乘什么时间的火车？

佩斯	07:11	07:20	07:27	07:35	07:43	07:55
梅兰德	—	07:28	07:33	07:43	07:49	08:03
艾斯费尔穗	—	—	07:38	—	07:54	—
成功山	07:25	—	07:41	—	07:57	—
米德兰	07:32	07:41	07:48	07:56	08:05	08:16

21. 一个包里装有 50 个绿色的筹码和 40 个白色的筹码。绿色的筹码标有数 1～50，白色的筹码标有数 1～40。霍莉闭着眼睛拿出一个筹码。

霍莉说：一个写有 35 的筹码比一个写有 45 的筹码被选中的可能性更大。

霍莉说得对吗？请选择。解释你是怎么知道的。

22. 这是数线的一部分，它被平均分成了相等的几个区间。

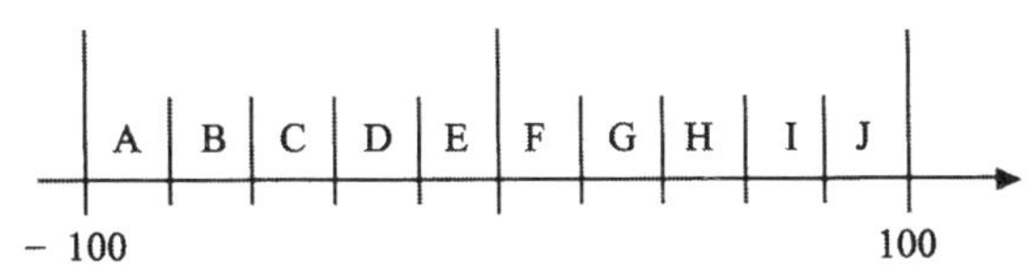

写出下面这些数分别在数线的哪一个区间，数 99 已经帮你写好了。

数	区　间
99	J
29	
−83	
−15	
44	

23. 这是一张方格纸。一个风筝图形的两条边已经画在方格纸中了。画出风筝图形的另两条边，请使用直尺完成这个图形。

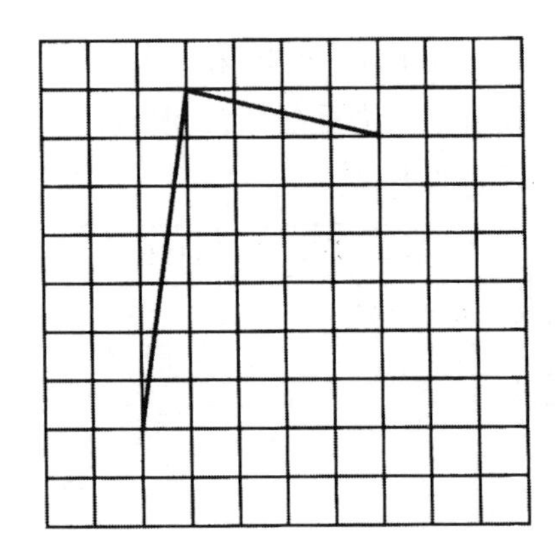

24. 六班的所有孩子在投票挑选队长。候选人是霍莉、大卫、乔。大卫得到了10%的选票，乔的票数是霍莉的2倍，胜出者得到的选票百分比是多少？

25. 这里有一些数字卡片。

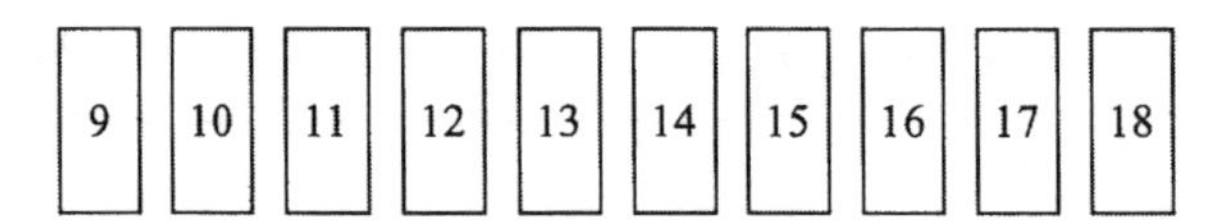

乔选了两个偶数，大卫选了两个奇数。乔把其中一张给了大卫，大卫把其中一张给了乔。

乔说：现在我的卡片上的数都是平方数。

大卫说：现在我的卡片上的数都是5的倍数。

他们开始的时候选了哪些数？

26. 一枚5分硬币直径是1.8 cm。

霍莉用总价值10元的5分硬币摆出了一条直直的线。

霍莉摆的这条线有多长？用米为单位给出你的答案。写出你的方法。

〔唐彩斌、阎丽娟、郑莉译，原载《小学教学》（数学版），2012 年 3 月〕

第八编
探索上好数学课的奥秘

课堂教学是学生学习的主渠道，上好每一堂课是十分重要的。本编首先介绍我的课堂教学观。我从新世纪开始提出“三字十二条建议”，现已得到许多教师的认同并逐渐流行开来。从二十世纪八十年代初，正式提出尝试教学法至今已有40多年，在数学实践中不断发展，不断完善，已成为一种成熟的受教师欢迎的教学法。“六段式”课堂结构是我在上个世纪九十年代提出来的，已经过20多年的广泛应用，现在又做了大的修改，所以称“新六段式”课堂结构。尝试教学法加上“新六段式”课堂结构，形成了新时代比较理想的课堂教学模式。

一、我的课堂教学观

——邱学华的三字十二条建议

从 1951 年开始当小学教师起到现在，我从事小学数学的教学与研究已有 60 多年。在小学教书时，我最喜欢数学，因发明小学口算表，使我在县里小有名气，也使我更加热爱小学数学教学。

邱学华（前排中）在塾村小学和少先队员在一起

1956 年，我进华东师范大学教育系深造，就决定主攻小学数学教学法，把图书馆里有关小学数学的图书读遍了，并开始为教育杂志写文章。毕业以后留校当助教，如愿以偿教小学数学教学法。

研究教学法科学必须走理论联系实际的道路，教育实践是教育理论的源泉。因此，我一直在教学第一线亲自上课，直到我已 70 多岁了，还给小学生上课。在教学第一线跌打滚爬，才有亲身的体验，才有理论的升华，经过几十年的教育实践和理论思考，逐步形成我的课堂教学观。

我的课堂教学观主要体现尝试教学思想，相信学生能尝试，尝试能成功，成功能创新，体现以学生为主、以自学为主、以练习为主，具体操作的要求和方法可归纳成“三字十二条建议”。

（一）“三字”：趣、实、活

1. “趣”——上课首先要上得有趣

学生主动参与学习是他们的自主行为，如果学生没有兴趣，无动于衷，就不可能主动，参与也就变成一句空话。根据儿童的心理特点，上课有趣，才能使儿童精神饱满、兴趣盎然、全神贯注、积极参与。我经常说的一句话是“要使学生学好数学，首先要使学生喜欢学数学”。上课上得有趣，不仅要注意形式上的趣味化，更重要的是要用数学本身的魅力吸引学生。

2. “实”——上课要让学生实实在在学好基础知识，练好基本功

加强“双基”是我国优良教育传统的精华，在任何时期都不能丢。综观新中国成立后 70 多年的数学教育发展史，什么时候削弱“双基”，教学质量就下降；什么时候加强“双基”，教学质量就提高。为什么我国中小学数学教育水平在国际上处于领先地位，究其原因，加强“双基”是宝贵的经验。在新课程改革中，要把加强“双基”同发展创新思维结合起来，不能一味追求形式，光图表面上的热热闹闹，以致造成“华而不实”。

3. “活”——课堂气氛要活，学生思维要活跃

学生思维活跃程度是衡量学生是否主动参与的标志。满堂灌的课堂教学肯定是死气沉沉，活不起来的。课堂教学中要调动学生各种感官参与，多动手，多动口，充分让学生自主活动，课堂就活起来了。

这三个字有人戏称是邱学华的“三字经”。“趣、实、活”这三方面互相联系，相辅相成。其中“趣”是手段，“实”是目的，“活”是提高。所以，“趣”是手段，不是目的，“实”才是课堂教学的根本，有趣是为了实在，不能舍本求末，数学课就是要实实在在学习数学。停留在“实”还不行，还必须提高到活跃学生的思维，把打好基础同追求创新结合起来，所谓“务实求新”，夯实基础，才能创新。“趣、实、活”三方面是互相促进的：有趣，才能做到实在，才能激活思维；学生获得知识，取得成功，反过来又能对学习数学产生兴趣。上课做到“趣、实、活”，是一个很高的境界，必须把愉快教育同严格训练相结合，把加强“双基”同发展思维相结合。要处理好各种关

系，掌握分寸，控制火候。

（二）十二条建议

“趣、实、活”是课堂教学高水平的目标，要达到这三字境界，必须做到以下十二条建议。

第一条：及早出示课题，提出教学目标

上课一开始，立即导入新课，及早出示课题。开门见山，不要兜圈子。课题出示后，教师简要提出这堂课的教学目标，使学生明确这堂课的学习内容，也可启发学生“看到这个课题，谁来先说说这堂课要学习什么内容”，让学生自己说出本堂课的学习内容。

学生知道了学习目标，才能更好地主动参与。从教育心理学方面看，儿童有了注意方向，才能提高学习效率。有些教师上课先来一大段复习、铺垫，直到把新课讲完，才出示课题。这样上课，学生一开始就蒙了，教师讲了半天，学生还不知道这堂课学什么，怎能要求学生主动参与呢？

第二条：尽快打开课本，引导学生自学

课题出示后，学生知道了学习目标，应尽快打开课本，引导学生自学；让学生通过自学课本，从课本中初步获取知识。这是学生自主学习的重要形式。

尽快打开课本，意思是越快越好。过去也要求学生自学课本，只是在教师讲完新课以后，大约在第 30 分钟时，再让学生翻开课本看一看。“今天老师讲的都在这一页，请大家看书。”其实到这时，教师已经什么都讲清楚了，学生已经没有兴趣再看书了。这种“马后炮”式的自学课本仅是形式而已，学生并没有做到自主学习。

自学课本要成为学生主动的要求，最好先提出尝试问题，用尝试题引路自学课本，使学生知道看什么、怎样看、解决什么问题。自学后应该及时检查，及时评价，让学生讲讲看懂了什么，有什么收获。“你从课本中看懂了什么？还有哪些不懂的地方？还有什么问题？”

第三条：激发学习兴趣，活跃课堂气氛

激发学生兴趣的有效方法，是使学生看到自己的进步，受到教师和同学的表扬。我的信条是："要使学生学好数学，首先使学生喜欢学数学；要使学生喜欢学数学，要千方百计地去表扬学生。"

在教学设计中，要根据学生的年龄特点，结合教学内容安排游戏、竞赛、抢答、猜谜等，创设愉快、和谐、民主的教学气氛，才能活跃课堂气氛。师生关系是一种平等、互尊、互爱的关系，这样才能使学生敢于尝试，主动参与。教师的幽默、机智、亲和力也是活跃课堂气氛的润滑剂。

充分发挥数学本身内在的魅力，使学生感到数学有趣。

第四条：先让学生尝试，鼓励创新精神

"教师先讲例题，学生听懂了以后再做练习"，这是过去传统的教学模式，这种"教师讲，学生听；教师问，学生答"的教学模式，学生始终处于被动的位置。现在突破这个传统模式，可以把课倒过来上，先让学生尝试练习，然后教师针对学生尝试练的情况进行讲解。先让学生尝试，就是把学生推到主动位置，做到"先练后讲，先学后教"，这是学生主动参与的有效方法。

尝试是创造的前提，让学生先尝试，不受教师讲解的束缚，可以尝试出各种结果，这就为学生留有创新的空间，促进学生创新能力的发展。

第五条：强调主动参与，摆正主体地位

只提学生参与教学过程是不够的。参与有两种：一种是被动参与，教师设框框，学生来参与；一种是主动参与，学习成为学生自身的需要，主动积极地参与。

为了鼓励学生积极主动参与，要尽量减少对学生的限制。过去对学生的限制太多，不能说，不能笑，不能动，这个不准，那个不行，把学生的手脚都捆绑起来，学生如何主动参与？课堂上应允许学生抢答，允许提出问题，主动上讲台板演，可以走出座位去帮助有困难的同学。总之，要把学生当成平等的活生生的人，尊重他们，这样才能摆正学生在课堂教学中的主体地位。但是自主不等于放纵，不是让学生想干什么就干什么，不能放弃教师的指导作用。

一堂课不能教师带着学生跟着教案走，而是教师引导学生自己去发现问题和解决问题。

第六条：允许学生提问，发展学生思维

学生能够提出问题，是学生主动参与的表现，是他们积极思维的结果。

首先要给他们提问的机会，并鼓励他们敢于提出问题，养成不懂就问的习惯。

一堂课可以有几次让学生提问的机会。自学课本后，教师让学生提问，“有什么不懂的问题，有什么意见可以提出来”。教师讲解后和全课结束前，也可让学生提问，“这堂课你们有什么收获？还有什么问题？”

教师要耐心听取和解答学生的问题。有些问题可以大家讨论，由学生自己回答；有些问题，可留到课后指导学生自己查阅资料（包括上网）解决。开始，学生提出的问题比较简单，也可能幼稚可笑，教师千万不能讽刺嘲笑，否则打击了学生的积极性，以后他们就不再举手提问了。一堂课如果只有教师问学生，没有学生问教师，不是一堂好课。正所谓：教学、教学，教学生学；学问、学问，引学生问。

第七条：组织学生讨论，增强合作意识

组织学生讨论，给学生创设主动参与的机会。学生积极参与讨论，发表意见，是学生自主学习的表现。组织学生讨论，既能调动学生的积极性，发挥学生之间的互补作用，又能改变教师“一言堂”的状况，活跃课堂气氛。

学生在讨论中，各自发表意见，互相取长补短，可以增强合作意识。关心自己，也要关心他人，把自我置身于班级集体之中。大胆发表自己的意见，这也是现代化社会所需要的交往能力。

“学生讨论不起来，启而不发”，这是开始时都会遇到的问题。学生参与讨论的能力和大胆发表意见的习惯是逐步培养起来的。起初多采用同桌两人议论的办法；以后可全班讨论，听别人发表意见，再互相复述一遍，然后试着分组讨论，分组人数不要太多，一般2～4人为宜。

要留有充裕的时间让学生讨论，不要走过场。有不同意见可以争论，让学生畅所欲言。鼓励学生积极发表意见，说错了，也要设法让学生体面地坐下。

第八条：控制教师讲话，多留练习时间

现在上课最大的弊病，就是教师讲话太多，嘴巴像决了口的黄河关不住。整堂课只听见教师的声音，直到学生做课堂作业时，教师还要唠叨，一会儿说要注意什么，一会儿说不要做错，不让学生安静一会儿。教师讲话太多，势必占用学生的练习时间，当堂做不完只能留到课后去做，这是目前学生作业负担始终降不下来的原因之一。正所谓：教师不在言多，言多必失。

针对这个弊病，要控制教师讲话时间，一般不要超过10分钟，这样可以留30分钟时间让学生活动。教师讲话太多，并不能提高教学效率，反而会使学生厌烦。学生课堂纪律涣散的时候，正是教师讲话时间太长的时候。只有从教师讲话那里省下时间，才能多留给学生练习的时间。

练习是学生自主学习的重要形式，只有通过练习，学生才能真正掌握知识，形成技能。教师必须懂得一条简单而深刻的道理：学生不是听会的，而是练会的。所以，一堂课，学生要在练中学，教师要在练中讲。正所谓：百闻不如一见，百见不如手过一遍。

第九条：及时反馈纠正，练习当堂订正

学生掌握知识的信息，要及时反馈，及时纠正。根据教育心理学的研究，学生当堂练习，当堂校对，当堂订正，这种学习方式进步快，也是课堂教学高效化的重要措施之一。减轻学生课后作业过重负担，必须增加课内练习，并做到四个当堂：当堂完成、当堂校对、当堂订正、当堂解决。如果课内把大部分的作业都完成了，课外的作业就少了，这是一个非常简单的道理。我对课堂练习的要求，概括成一段顺口溜：先练后讲，练在当堂；边练边讲，订正在当堂。

学生的作业做到当堂完成、当堂订正，是提高课堂教学效益的重要措施。学生在课堂上做作业，环境安静，精力集中，当堂消化吸收，当堂消除错误的痕迹，做到既收效快，又减轻学生课后作业负担。学生在课外做作业，心情烦躁，注意力分散，造成学生敷衍了事，相互抄袭作业，既加重学生课外负担，又收不到教学效果。

第十条：加强动手操作，运用现代手段

儿童的思维发展阶段是按直觉动作思维→具体形象思维→抽象逻辑思维三个阶段发展的。因此，儿童最初学习概念时，必须让他们亲自动手操作，亲身体验，从动作感知到建立表象，再概括上升为理性认识。

课堂教学要尽可能采用新技术，使教学手段现代化和多样化。教学手段主要有教具、学具、电教手段以及计算机辅助教学手段等。

教师有教具，学生有学具，为学生提供模型，使其产生丰富的感性知识，特别要重视学生动手操作学具。学生能够一边操作，一边学习，这也是学生主动参与的表现。

电教手段和多媒体电脑辅助教学手段是现代化的教学手段，必将广泛应用，同时，电子计算器也将引入课堂。但是运用时要掌握一个“度”，教学手段只能是辅助手段，不要喧宾夺主。

多媒体课件可以超越时空，营造丰富多彩的情景，使学生身临其境，促进对知识的理解。但是它不能代替教科书，不能代替学生的练习，不能代替教师必要的讲解。现代化水平再高，也不能忘了学习是学生自己把知识内化的过程，任何人、任何东西都不能替代的。

第十一条：内容不要太多，要把握教学节奏

过去，一般的课堂教学有三大弊病：内容太多，起步太快，要求太高，造成学生负担过重，教学效率低。

有些课的形式一个接一个，花样很多，表面看上去热热闹闹，事实上是“刀光剑影一闪而过，倾盆大雨一泻而光”，在学生头脑中并没有留下多少东西。我的观点是“内容要少一点，学得要好一点”，正所谓：马马虎虎做十道题，不如认认真真做一道题。

“大运动量、快节奏”的做法并不适合儿童，在理论上和实践上都是不能成立的。根据儿童心理特点，还是应该强调“一步一个脚印”“稳扎稳打”的办法。一堂课的教学内容不能太多，贪多消化不了。起步不要太快，使全体学生都能跟上，遵照《课程标准》要求，不能随意拔高。

教师上课还必须把握教学节奏，要有紧有松，有高有低，张弛适当。现在教师最容易犯的毛病是“先松后紧，虎头蛇尾”。上课一开始，教师觉得有的是时间，就把节奏放慢，松松垮垮，后来一看时间来不及了，只能开快车。一般课的后半部分是学生练习，是一堂课的重要部分，却匆匆忙忙，一带而过。我主张：紧在前面，给后面留有余地。

第十二条：实施分层教学，注意因材施教

班级授课制始终会带来一个问题：“学生程度参差不齐怎么办?”过去没有正视这个问题，教学采用“一刀切”“齐步走”的办法，使学困生跟不上，经常挨批评，造成大批的失败者。

学生存在差异，这是客观存在的。应该根据学生的差异情况，实施分层教学，这是对学生进行因材施教的有效办法。分层教学包括目标分层、教学分层、练习分层等，其中主要是练习分层。优秀生多做一点，难度适当高一些；学困生少做一点，难度适当低一些。这样，优生吃得饱，学困生吃得了，做到“培优辅困”，使全体学生都能学好。

分层教学不同于“分班教学”“分组教学”。分班教学是按学生的成绩分成好班、差班；分组教学是在一个班级里按学生成绩分成A、B、C几组。分班教学和分组教学把学困生列入另册，打入冷宫，是不可取的。

分层教学是承认学生有个别差异，而在教学上采用灵活调控的措施。哪些学生是在哪个层次上，这是模糊的、流动的、不公开的。例如，练习分层的具体做法：课堂作业题布置6道基本题，全班同学必须完成，另外再布置3道机动题（可称作超产题或附加题）让学生争取完成。至于哪些同学做6道题，哪些同学做9道题，没有规定，让学生各自争取。对学困生来说，能做6道题已基本完成任务，也不失面子，如再争取做一两道超产题，他就更高兴了。

以上十二条建议是相互联系、互相配合的，形成一个新的课堂教学系统。这十二条建议不是高不可攀的，都是可以操作的。关键问题在于，教师必须转变教育观念，建立以“尊重学生、相信学生，让学生自主学习”的教育理念。这十二条建议就是把先进的教育理念转变为教师的教学行为。

这“三字十二条建议”是我60多年来对课堂教学的切身体会，其中也吸取了许许多多优秀教师的经验。这“三字十二条建议”所体现的教育理念同新课程改革的教育理念是一致的。达到这“三字十二条建议”是课堂教学的很高境界，但是只要努力是可以达到的。

二、小学数学尝试教学法

从20世纪60年代开始，我已在酝酿思考“先练后讲”教学模式，1980年正式启动尝试教学实验研究，1982年正式提出“小学数学尝试教学法”，后又拓展到其他学科，成为通用的尝试教学法。经过不断研究，1996年把“尝试教学法”上升为“尝试教学理论”，近年来又把尝试教学理论上升为尝试教育理论。

（一）尝试教学的实质与特征

“尝试”两字似乎是很普通的字眼，但它蕴含着博大精深、不可估量的内涵和价值。它蕴含着极为深刻的哲理，迸发出无穷无尽的教育价值。

尝试乃是对问题的一种探测活动，俗话说“试一试”，邓小平的名言“摸着石头过河”也是这个意思。

尝试促进了人类的发展，推动了社会的进步。由于人类不断尝试，才有千千万万的创造发明，造就了丰富多彩的现代文明。

尝试是创造的前提，尝试是成功的阶梯。

这句话是简单朴素的真理，为世人所公认。

尝试教学就是把尝试思想引入到教学中来，它既是尝试活动，又是教学活动。尝试教学是带有尝试特征的教学活动。尝试教学的实质是让学生先试一试，不是先由教师讲解，把什么都讲清楚了，学生再做练习，而是先由教师提出问题，学生在旧知识的基础上，自学课本和互相讨论，依靠自己的努力，尝试去初步解决问题，最后教师根据学生尝试练习中的难点和教学的重点，有针对性地进行讲解。实质就是让学生在尝试中学习，在尝试中成功。

尝试教学活动有鲜明的特征：

先试后导　　先练后讲

“先试后导，先练后讲”，其实也就是“先学后教”。传统教学的特征一般是“先教后学，先讲后练”，这是注入式教学的特征。尝试教学与传统教学截然相反：

传统教学		尝试教学
先教后学	→	先学后教（先试后导）
先讲后练	→	先练后讲

虽然只是前后顺序调换了一下，可这是教育思想的巨大变化，是传统教育观向现代教育观的转变。前者强调教师主宰，是接受性教学；后者强调学生是主体，是尝试性学习，也是自主性学习。

（二）尝试教学法的操作模式

从学懂教学理论到实际运用，有一个转化过程。因此，学习尝试教学理论不能停留在一般的原理和原则上，应该把教学模式作为中介，在教学实际中加以运用。

每一种教学理论都应有相应的教学模式。没有一定的教学模式，不能成为成熟的教学理论。

尝试教学法没有固定的模式，根据尝试教学的实质与特征，根据各种教学情况变化的要求，根据30多年教学实践中许多优秀教师的经验，我把尝试教学模式分成三类：

（1）基本模式（适用一般情况的常用教学模式）；

（2）灵活模式（灵活应用基本模式的变式）；

（3）整合模式（把尝试教学模式与其他教学模式整合起来的模式）。

由上可见，尝试教学模式不是固定不变、单一的，它已经建立了适应各种不同教学需要的教学模式体系，这样给教师较大的选择空间，达到既有模又无模的境界。

第一类　基本模式

一种教学模式，必须要有基本模式，适用于一般情况下的模式。在基本模式的基础上再灵活应用，产生各种变式。如果没有基本的，谈不上灵活应用。

这个基本模式必须充分体现尝试教学的“先学后教，先练后讲”的基本特征，按照尝试教学的过程，为了便于教师操作使用，在长期的教学实践中逐步形成一套基本操作模式，它的教学程序分成七步进行。见下面的图表：

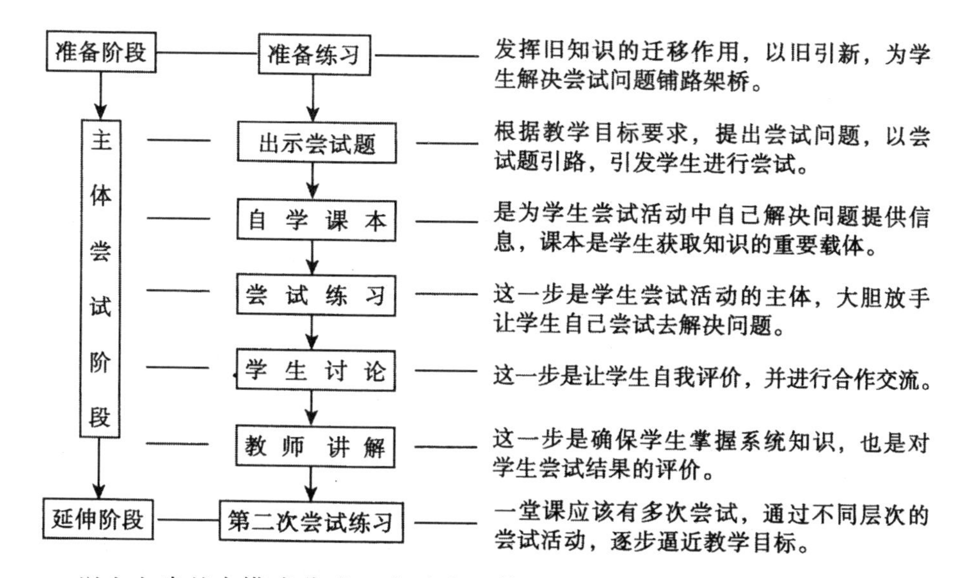

以上七步基本模式分成三个阶段，第一步准备练习是准备阶段，第二步到第六步是主体尝试阶段，第七步第二次尝试练习是延伸阶段。以下分步详细介绍操作方法和注意的事项。

第一步：准备练习

这一步是尝试教学的准备阶段，一般要做好两方面的准备：

心理准备：创设尝试氛围，激发学生进行尝试的兴趣。

知识准备：新知识都是在旧知识的基础上引申发展起来的。尝试教学的奥秘就是用“七分熟”的旧知识，引导学生去学习“三分生”的新知识，所以必须准备“七分熟”的旧知识。

为了让学生尽可能通过自己的努力解决尝试问题，必须为学生创设尝试条件，先进行准备练习，然后以旧引新，突出新旧知识的连接点，为解决尝试题铺路架桥。

第二步：出示尝试题

出示尝试题是尝试教学法的起步，起步起得好坏将会影响全局，所以编拟和出示尝试题是应用尝试教学法的关键一步，是备课中需要着重考虑的问题。

尝试教学法同其他教学法的区别之一，就在于有尝试题引路，尝试题的作用主要体现在三个方面：

（1）让学生明确本节课学习的内容和要求；

（2）使学生产生好奇心，激发学生自学课本的兴趣；

（3）通过尝试题的试做，获取学生自学课本的反馈信息。

尝试题是根据例题设计的，按照教学需要一般有四种设计方式：

（1）与例题同类型、同结构、同难度，只改变内容、数字；

（2）与例题的内容、形式、结构稍有些变化，难度大致相同；

（3）与例题的内容、形式、结构有些变化，难度也略有提高；

（4）以课本例题做尝试题。

出示尝试题不能太突然，应该采用“以旧引新”的办法，从准备题过渡到尝试题，发挥旧知识的迁移作用，为学生做尝试题铺路架桥。所以，在出示尝试题之前，设计和安排好准备题是十分重要的。

准备题是为尝试题服务的，必须同尝试题有密切联系。一般采用的方法：准备题与尝试题是同题材、同结构，但难度不同，只要把准备题的条件或问题改变一下，就成了尝试题。这种“改题”的方法，使学生能清楚地看出准备题和尝试题的联系和区别。

在教学中，把基本训练题、准备题和尝试题三者紧密联系起来，组成一个练习系统，有利于学生从旧的知识结构通过顺应和同化，形成一个新的知识结构。

有些教师就用例题做尝试题，也能收到较好的教学效果。学生做完尝试题，立即翻开课本看例题，发现自己做的同课本例题一样，会高兴万分。这时，阅读课本例题起着验证的作用。采用这种方式的前提，一般应是教材难度不大，估计学生没有自学课本也能自行解决。

总之，采取什么方式设计尝试题，要从实际出发，充分考虑学生基础和教材的难易程度。为了培养学生的自学能力和充分发挥例题的示范作用，一般还是另编尝试题为好。

第三步：自学课本

出示尝试题并不是目的，而是诱发学生自学课本的手段，起着激发学习动机、组织定向思维的作用。学生通过自学课本自己探索解答尝试题的方法，是培养学生独立获取知识能力的重要一步。如果说出示尝试题是尝试教学法的起步，那么自学课本应是起步后学生探索知识的阶梯。

在自学课本这一步中，学生的主体作用得到充分发挥，它同教师的主导作用和课本的示范作用将会有机地结合起来。因此，这一步并不是简单地让学生看看书，而是一个极其复杂极其重要的教学过程。

事实上，自学课本是尝试教学法的第一次尝试，是让学生通过自己阅读课本，尝试探索解题思路和方法，从而去解决尝试题。为了掌握好这一步，必须注意如下几个问题：

（1）自学课本在时间安排上要有保证

有些教师处理自学课本这一步流于形式，学生匆匆看书后，就急于要求学生做尝试题。由于时间匆忙，学生仅是根据例题形式，依样画葫芦去做尝试题，一部分中差生只能目瞪口呆、不知所措了。

现行课本已注意方便学生自学，例题常配有插图、说明、解题分析、思考过程的旁注等。在自学课本这一步中，要求学生初步看懂例题与旁注。要达到这个要求，必须安排相对充裕的时间让学生看书自学。

（2）自学课本前要诱发学生的兴趣

尝试教学法是用尝试题引路，诱发学生自学课本，把自学课本转化为学生自身的需要。

出示尝试题后，教师进行启发谈话，“这道题老师还没有教，你们会做吗?”“不会算吧，老师还是不教，你们先请教一下不开口的‘老师’，看看课本上是怎样算的”“你们可以在课本里找到答案”……

但是，一直讲这几句话，学生也会倒胃口的。启发的方式要多种多样、新颖有趣，有时要出其不意，才能不断激发学生的学习兴趣。例如，教学“同分母分数加减法”时，教师的启发谈话——“这样做对吗？应该怎样做呢？请你看看课本的内容，你就会知道的”；教学“统计表”时，教师将全班学生的成绩记分单印发给学生，教师的启发谈话——“分析试卷就要做统计工作，以往都是老师做的，现在请同学们也来当一次老师，不会做的请先看看课本的内容再做”。

（3）用自学思考题引导学生看书

自学课本阶段，主要是学生独立地进行探索活动，可是由于学生受知识水平和阅读水平的限制，往往很难看懂教材。有些学生不知从何看起。因此，教师应该精心设计自学思考题加以引导，以提高他们的阅读水平和理解教材的能力。

这里要指出，不是每一次自学课本都要布置思考题，在低年级或教材比较容易时也可不布置，应该根据具体情况灵活应用。

（4）自学课本的指导要因人而异

由于教材要求不同、学生基础不同、学生自学能力的不同，自学课本的指导方式也有所不同。一般有三种方式：

第一种："扶着走"。

在低年级，学生识字量少，刚开始自学，如果让学生独立去自学，困难较大。这时，要立足于"扶"，一般由教师带着学生一起看书。这是培养学生自学能力的启蒙阶段。

教师带着学生看书，要详细指导，从哪里看起，怎样依次看，不但看例题，还要看插图。边看边提问，边看边动手操作。

第二种："领着走"。

学生有了一定的自学能力，就不必再扶着走，可以领着学生走。这是一种"半扶半放"的办法。

在自学课本前，教师要先做指导，看课本时要着重看什么，解决什么问题，也可以做适当的讲解，扫除学生自学中的障碍。在学生自学过程中，教师也可做点拨。

第三种："自己走"。

经过训练，学生的自学能力有了提高，也掌握了一定的自学方法，可以放手让学生自己走。教师布置思考题后，让学生自己看书分析；也可边看书，边做尝试题；或者可先做尝试题，再看书。先做尝试练习，再自学课本，这时的自学作用，在于利用课本的示范性，让学生检验自我尝试的正确性。

第四步：尝试练习

出示尝试题是诱发学生自学课本的手段，尝试练习则是检验自学课本的结果。

这一步在尝试教学法的五步程序中起着承上启下的作用，它既检验前两步的结果，又为后面两步（学生讨论、教师讲解）做准备。教师要根据学生在尝试练习中反馈的信息，组织学生讨论，然后进行重点讲解。

搞好尝试练习这一步的关键，在于及时掌握学生的反馈信息，主要有：

①学生做尝试题正确与否？②错在哪里？有几种错法？什么原因？③学生对本节课的教材内容哪些理解了？哪些还有困难？④差生做尝试题的情况如何？困难在哪里？因此，这一步并不是教师休息片刻的机会，教师必须在课间巡视，通过各种手段掌握来自学生的信息。

尝试练习，一般采用指明数人（优、中、差三类学生）板演，全班同时练的形式。板演的结果，最好有做对（不同方法）的，也有做错的，为后一步学生讨论提供材料。

在实际教学中，发现预先指名板演有两个缺点：①可能会出现全做对了或全做错了，得不到预想的结果；②中差生可能会模仿优秀生的板演，导致他们不动脑筋照抄照搬。

为了避免上述缺点，可以预先不指名板演，让全班学生同时开始练习，教师桌间巡视，然后根据教学需要，选择几名学生把所做题目抄写在小黑板上，以便大家讨论。

学生尝试练习时，教师要勤于巡视，一方面及时了解学生解题情况，掌握反馈信息，另一方面及时辅导差生。

尝试练习除了做尝试题外，根据教材特点，也可动手操作尝试。例如，教学“环形面积的计算”时，根据尝试题的要求，先让学生在预先做好的一个大圆上画同心小圆，并用轴对称对折的方法剪下小圆，在操作尝试中悟出道理后，再去做尝试题。在几何形体知识教学中必须重视操作尝试。

第五步：学生讨论

尝试练习后，发现有做对的也有做错的，已经了解到了学生理解新知识的情况。接着教师是否可以讲解了呢？不行，火候未到。这时，要求学生做进一步尝试，尝试讲算理，充分发挥学生之间的相互作用。

学生讨论这一步，要求学生说出算理或解题思路，以验证自我尝试的正确性。通过这一步，能培养学生的数学语言表达能力，发展学生思维，加深理解教材，同时也会暴露学习新知识中存在的缺陷，为教师有针对性地重点讲解提供了信息。

这一步是尝试教学法中较难掌握的一步，处理不好，会出现“无话可讲”讨论不起来，或是叫几个优秀生讲讲，走过场了事的情况。

讨论从哪里着手？经过反复试验，一般从评议尝试题着手为好。

尝试练习后出现了几种答案，哪个是对的，哪个是错的，学生都有话可讲，讨论从这里着手就可化难为易了。判定了谁对谁错，教师接着引导学生讨论做对的道理以及做错的原因，把讨论引向深入。

运用本节课所教的法则、结论才能做对尝试题，因此，能够讲出做对的道理，就是解决了本节课的教学重点。容易做错的地方，也就是学生学习的难点，因此，能够说出做错的原因，也就是突破本节课的教学难点。这样的讨论，既解决了教学重点，又突破了教学难点，的确是一种简便有效的方法。

第六步：教师讲解

教师从前面两步“尝试练习”“学生讨论”得到学生理解新知识程度的反馈信息，在此基础上，教师再进行有针对性的重点讲解，这是保证学生系统掌握知识的重要一步。其中要注意如下几个问题：

（1）教师讲解要不要从头讲起

这里的讲解与过去的讲解是不同的，主要是学生的起点不一样。过去“先讲后练”，学生对新知识不甚了解，教师必须从头讲起。现在“先练后讲”，学生经过“自学课本——尝试练习——学生讨论”，对新知识已经有了初步的认识，当然就不必面面俱到从头讲起，只要根据前几步的反馈信息，针对难点进行讲解。正所谓“先学后教，以学定教”。

如果还像过去一样，按部就班，从头讲起，就失去了运用尝试教学法的作用，这一点必须注意。

（2）教师的讲解是讲例题还是讲尝试题

有个别教师开始试用时，讲了尝试题不放心，又把例题讲一遍，这样，新课教学的时间比过去还要长，变成变相的“满堂灌”。因此，尝试题和例题都讲是没有可能，也是没有必要的。

那么，究竟该讲尝试题还是例题呢？根据我们的实践，应该讲尝试题。这个做法引起大家的争论。有的教师说，你只讲尝试题，不讲例题，不是把课本丢了吗？我们从尝试教学法的全过程来看，开始用尝试题引路，看课本的目的是为了做尝试题。学生做的是尝试题，讨论的也是尝试题，当然对尝试题印象深刻，教师接着讲尝试题是趁热打铁，顺理成章，如果教师反过来讲解课本上的例题，就会显得别扭，影响教学效果。当然，我们也不能把例题丢开，可以联系例题来讲尝试题。

另外，我们应该看到，例题主要是为了讲解某一知识而设计的，可以用这个例题，也可以换一个题，不是固定不变的。何况尝试题和例题基本上是同类型同结构，从这个意义上讲，尝试题不就是例题吗？所以，我认为一般还是讲尝试题。

（3）怎样运用作业评议式的讲解

现在是“先练后讲”，由于教师讲解的时间、条件改变了，讲解的内容、要求和形式也要随之改变。

前面已经介绍过，“学生讨论”一般采用作业评议式的方式，教师讲解不必另起炉灶，可以因势利导，在学生讨论的基础上进行。

作业评议式的讲解，是对学生尝试练习中的正例和错例进行评讲，分析做对的道理和做错的原因。做对的道理就是本节课的教学重点，做错的原因就是本节课的教学难点。因此，这种讲解针对性强，既抓住了教学的重点又抓住了难点。这种讲解符合学生的心理，学生讨论后，急于知道谁对谁错、为什么做对了、做错的原因又是什么，作业评议正符合学生的需要。

第七步：第二次尝试练习

学生适应尝试教学法以后，他们第一次尝试的正确率往往较高，但教师绝不能被这种假象所迷惑。其实，有一部分学生在第一次尝试时，会模仿例题机械套用，并没有真正理解算理。通过学生讨论和教师讲解后，其中大部分人会有所领悟。为了再试探一下学生掌握新知识的情况以及把学生的认识水平再提高一步，应该进行第二次尝试练习，再一次进行信息反馈。这一步主要是给学困生再射一箭的机会。

第二类　灵活模式

教学模式具有相对的稳定性，但不能把教学模式的稳定性理解为一成不变，这是片面的。尝试教学模式在注意稳定性的同时，更加注重教学程序的灵活性。

教学法的灵魂在于灵活，固定不变、搞绝对化就没有生命力了。“具体问题具体分析”的辩证法在教学中尤为重要。尝试教学法有一个基本教学程序，仅是“基本”而已，应该根据学科、班级、学生、教材、教师特点的变化而灵活应用。增加一步或减少一步，几步互相调换或合并均可以。但万变不离其宗，“先学后教”“先练后讲”的基本精神不能改变。

有基本式就有各种变式，灵活模式主要有如下几种：

第一种变式：调换式

【操作】

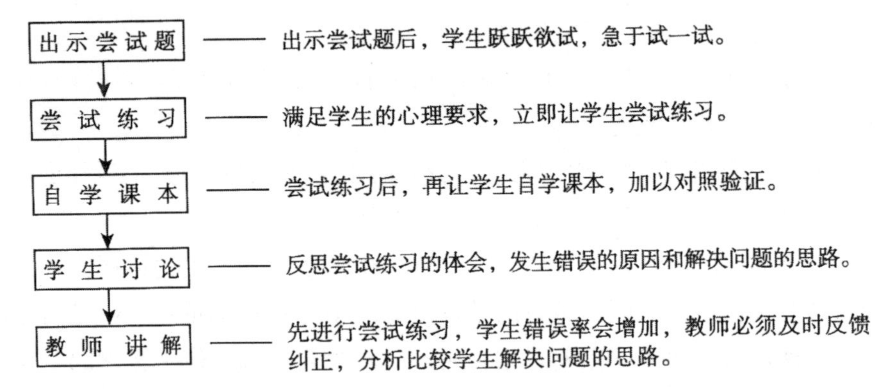

在基本式中，主体部分第二步自学课本与第三步尝试练习可以互相调换一下，出示尝试题后，学生不要先看课本，而是先做尝试题，尝试练习以后，再自学课本。

调换式还有一种变式：把“学生讨论”放在“尝试练习”前面：

出示尝试题→自学课本→学生讨论→尝试练习→教师讲解

这种变式的好处是，学生自学课本后，会产生疑问，如果立即组织学生讨论，就能扫除尝试练习中的困难，为尝试成功创设条件。

【优越性】

（1）符合学生的心理需求

出示尝试问题，一般学生都急于试一试，如果硬要学生按部就班先看课本再尝试，反而影响他们的积极性。

（2）有利于发展学生的创造性思维

基本式中，先让学生自学课本，再解决尝试问题，学生的思路会受课本例题的束缚，容易造成学生的尝试活动不自觉地统一纳入课本例题的框架中。学生先做尝试题，可以激活学生思维。探索出多种解题思路，为学生的创新创设了空间。从某种意义上来讲，这才是学生真正意义上的尝试。

（3）有利于提高学生独立解决问题的能力

学生做尝试题，不能依赖课本，这就提高了尝试难度，增强了尝试力度，

“强迫”学生独立思考问题和解决问题。

【局限性】

（1）使用调换式，适用于新旧知识联系比较紧密的教材，学生能够运用知识的迁移作用，自己尝试解决新问题。

（2）适用于尝试教学法已使用一段时间的班级，学生已经习惯尝试教学的要求，并具备一定的独立思考问题和解决问题的能力。

（3）学生先做尝试题，一方面会出现多种尝试结果，另一方面又会增加尝试的错误率，教师要有较高的课堂驾驭能力，能妥善处理课堂教学中的各种矛盾。

第二种变式：增添式

【操作】

根据教学需要，在基本式上增添一步或几步。以主体尝试五步举例：

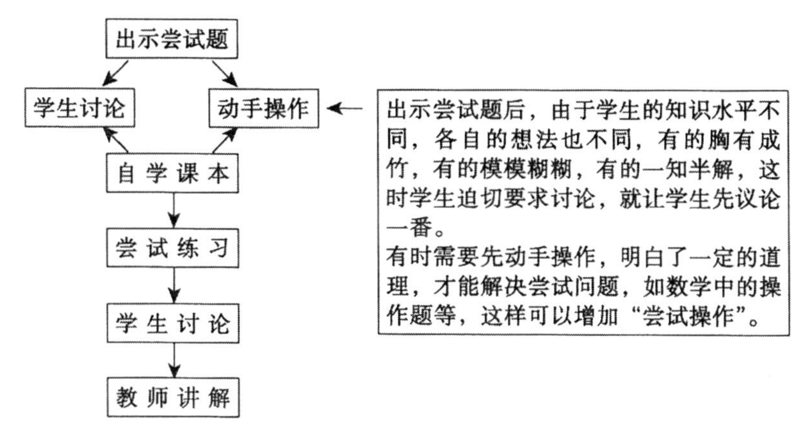

教材中有些知识并不是以例题形式出现的，如关于数学概念的教学，如果按照尝试教学法的基本教学程序，设置准备题和尝试题有困难。这种内容可以在基本训练的基础上，由教师引导学生先进行一些有关的练习，为形成新概念做好准备，然后转入自学课本，也可在尝试练习或动手操作的过程中组织学生讨论。

【优越性】

（1）符合学生心理需求和学习需要

学生遇到困难时，才有合作交流的需要，如果尝试题大家都会了，就没有讨论的必要。硬要学生讨论，学生只能“奉命讨论”搞搞形形式而已。出示尝试题后，学生遇到困难，需要找人商量，交流想法。这时安排一次讨论，符合学生的需要。另外，讨论可以贯彻尝试教学过程的始终，学生随时可以讨论。

（2）符合学科特点

小学数学和中学数理化等科，需要解决尝试问题，必须通过实验操作。因此，应该增加动手操作，这也符合新课改中“加强动手实践”的要求。“动手操作”也可安排在“自学课本”后。

【局限性】

（1）在基本式上再增添一步或几步，给控制教学时间带来了困难。解决的办法，一是抓住教学重点，关系不大的环节可删除，尽量不讲废话；二是不一定要完成教案上规定的内容和步骤，采取灵活机动的办法。

（2）增添式增加了学生讨论的次数和时间，如组织不好，容易造成课堂节奏松垮，效率低下。所以，必须认真组织，明确讨论要求，激起学生讨论的欲望，讲究实效。

第三种变式：结合式

学生熟悉了尝试教学过程以后，基本式主体的五步就不必分得那么清楚了，可以有机地结合进行。

【操作】

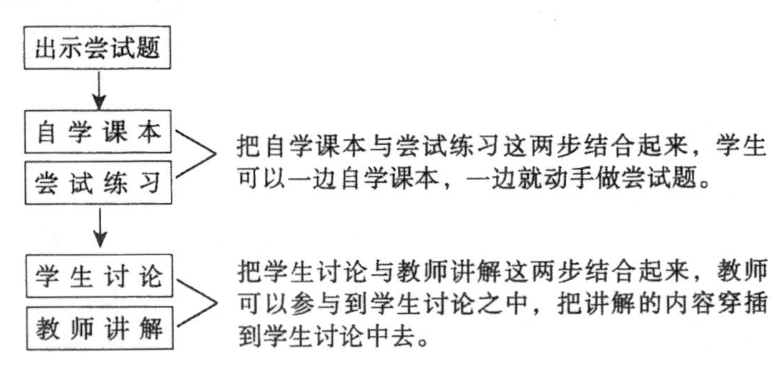

大量的教学实践证明，这种结合式应用比较普遍。典型的五步基本教学程序，大都在开始时使用，一旦学生已经熟悉，就可以灵活运用。如果还是照套五步基本教学程序，学生反而会觉得厌烦。出示尝试题后，教师老是讲“这道题还没有教，你们会做吗?”“会做的举手”“我们先来看看课本例题是怎样做的”这几句话，学生也会觉得索然无味。

【优越性】

（1）符合学生的学习规律，充分发挥学生自主学习的积极性

自学课本是为了尝试练习，尝试练习中需要课本的帮助，把这两步结合起来符合学生的学习规律。

自学课本与尝试练习这两步结合进行，是先看课本再练习，还是先练习再看课本，让学生根据情况自己决定。一部分学生觉得做尝试题有把握，就先做练习再看书；一部分学生做尝试题有困难，就可先自学课本再练习。这种做法，体现了因材施教的原则，按各类学生的内在需要决定教学程序，不强求一致。

（2）教师的讲解更自然，更有针对性

学生讨论结合教师讲解是可行的。学生讨论的主要形式是对尝试练习的评议：探讨谁做对了，谁做错了，为什么做对了，为什么做错了。教师讲解主要是针对学生在尝试练习中遇到的困难来讲，重点还是分析为什么做对了，为什么做错了，也就是对尝试练习的评讲。因此，这两者可以有机地结合起来。由于教师讲解穿插在学生讨论中，不用整块时间，因此，新授课看上去不像新授课了，倒像练习课，所谓做到“新课不新”了。

（3）有效地提高课堂教学效率

结合以后，基本式五步已合并成三步，节约教学时间，提高课堂教学效率。有些教师在操作尝试教学七步基本模式时，总感到时间来不及，采用结合式以后，这个矛盾就迎刃而解了。

【局限性】

（1）采用这种结合式，对学生的要求提高了

学生必须具备一定的自主学习能力，先自学课本再尝试练习，或先尝试练习再自学课本，由学生自主决定。这对于学困生来说，可能会有些困难，教师要有计划地进行训练。

（2）采用这种结合式，对教师的要求也提高了

教师必须结合学生讨论的情况，穿插讲解的内容，要求教师具备灵活机智和随机应变的能力。同时，还要求对教材要深刻掌握、运用自如，否则结合不好，反而弄巧成拙。

结合式的另一种形式：尝试学习模式

根据新课改的教育理念，突出学生自主学习，让学生自主选择学习方式，选择解决问题的策略，教学模式只分三大块：（1）提出问题；（2）自主选择学习方式；（3）解决问题。整个尝试学习过程可用如下简图表示：

学生自主选择学习方式

提出尝试问题 → 自学课本 / 合作讨论 / 动手操作 / 提问请教 / 网上查询 → 解决问题

（1）提出尝试问题

尝试学习是以“提出问题——解决问题”为主线的自主学习过程。尝试问题一般由教师根据教科书的要求提出，到高年级可引导学生自己提出。

（2）自主选择学习方式

学生解决尝试问题的策略应该是多样的，学生的学习方式很多，到底用哪一种或哪几种不要由教师指定，而是由学生根据自身的需要，自己来决定。需要自学课本就去看书，需要向同学请教，就同别人讨论，需要什么就干什么。可供学生选择的学习方式如下：

①自学课本。教科书中对如何解决问题都有详细说明，有例题、课文、实验等。应该指导学生自学，从课本中获取解决问题的信息。让学生学会自学课本，是学生掌握尝试学习的关键，必须认真培养。

②合作讨论。如果自学课本后，学生还不能解决问题，可以向同学请教，大家共同讨论。提倡同学之间相互帮助，合作攻关。

③动手操作。有些问题，学生必须自己动手操作才能解决，包括实验操作、学具操作等。教师应及时提供操作材料，供学生使用。

④提问请教。难度较大的问题、一时还弄不清楚的问题，可以大胆向教师请教。现在有的教师是请求学生提问题，学生还是被动的，要提倡学生敢于主动提出问题。

⑤网上查询。充分利用现代教育技术，让学生自己上网查询，找到解决的办法和资料。当堂没有条件，可以安排在课前，引导学生上网查询。暂时

没有电脑无法上网查询的，也可以查阅参考书。

以上所提的各种尝试策略，正是小学各科新《课程标准》所要求的，它们的理念是完全一致的。

（3）解决问题

学生通过各种尝试学习方式，获得了尝试结果，尝试问题基本解决，但尝试学习并没有完结，此时应该让学生对尝试结果进行自我评价、自我鉴别。谁做对了，谁做错了，还存在什么问题，最后教师给予指导点拨，帮助学生形成正确的概念，把新知识纳入原有的认知结构中，形成更高一级的知识结构。

综上所述，以上的尝试学习模式同学生今后踏上社会参加工作的自学过程是一致的。因此，尝试学习模式是符合终身教育要求的学习模式，学生一旦掌握了尝试学习的真谛，就能终身受益。

第四种变式：超前式（超前预习式）

小学高年级和中学，一节课的教学内容较多，如果整个尝试过程都要在课堂内完成，就会产生一个突出的矛盾：课堂教学时间不够。为了解决这个矛盾，在教学实践中产生了“超前预习式”，也称“课外预习式”。

【操作】

超前预习式的具体操作方法是把尝试教学基本式的前几步提前到课前作为预习。操作程序如下：

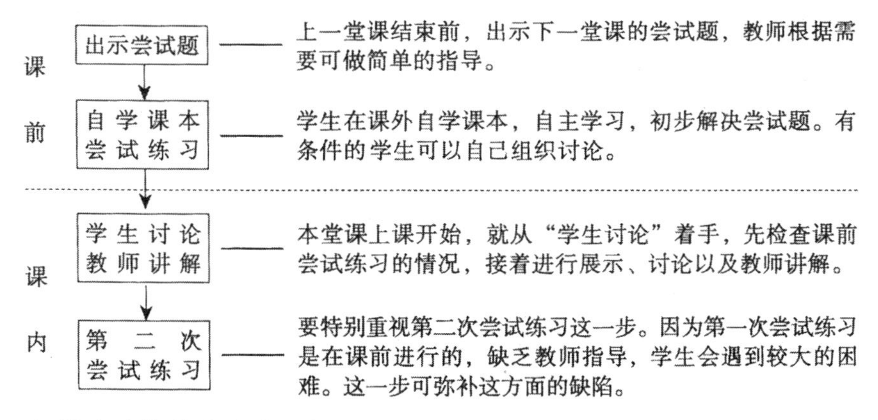

超前尝试教学法让学生在课前已自学了课本和做了尝试题。下堂课开始，有时可以让学生当小先生，先上台讲解，看谁讲得好，能使大家都听懂。讲得不够的地方，大家可以补充，这种做法更能调动学生的积极性，会出现一个全新的课堂教学面貌。

【优越性】

（1）有效地培养学生的自学能力，增强超前学习意识

过去，学生在课外只是被动地完成上一堂课的作业，机械重复较多，他们往往会感到厌倦。现在，课外是超前自学下一堂课的内容，具有挑战性，学生愿意去尝试。长此以往，会增强学生超前学习的意识，使他们逐步学会自己安排学习计划，自主探索去解决尝试问题。这种超前学习意识，对学生今后的学习和工作是极为重要的。有一个实验班，进行一年超前尝试教学以后，有75%的学生能够自觉超前做作业，五年级下学期已开始自学六年级的数学课本并尝试做课本上的练习题了。

（2）有利于培养学生的尝试精神和探索精神

以尝试题为核心，使课内和课外协调一致。这堂课结束时，布置下一堂课的尝试题，课外预习是尝试的开始，自己从课本中探索，初步解决尝试题；课内是尝试的延续，检验评价尝试的结果，巩固尝试过程中获得的新知；本堂课结束时，布置下一堂课的尝试题，又是下一次尝试的开始，这样循环往复，学生始终处于尝试的状态，学生的尝试精神和探索精神能够充分地得到发展。

（3）有利于提高课堂教学效率，大面积提高教学质量

由于把“自学课本和尝试练习”提前到课前预习，上课一开始就可以进入“学生讨论”，大大节约了课堂教学时间。以学生自学为主，教师讲得少，学生练得多，动手动脑机会多，形成当堂掌握和当堂巩固的格局。

第三类　整合模式

提倡一种教学法，并不意味着排斥另一种教学法，它们之间不应该是对立的，而应该互相结合、互相补充、互相融合、综合应用。

尝试教学模式可以同其他教学模式整合，因而产生了第三类整合模式。尝试是学习的基本形式，“先学后教，先练后讲”又具有结构性的特点，因而可以作为教学模式的主体，同其他教学模式整合，它可以吸纳、包容很多教育思想和教学方法。在尝试教学实验研究中，许多学校已经做了大量的实验

研究，提出了许多整合模式。

（1）目标尝试教学法

把目标教学理论与尝试教学理论整合，让两者相互补充、相互结合，形成可具体操作的目标尝试教学法。

什么是目标尝试教学法？“目标尝试”，顾名思义，是有目标地让学生试一试。简单地说，目标尝试教学法就是以尝试题为起点目标，让学生在旧知识的基础上先来尝试练习，在尝试过程中指导学生自学课本，引导学生讨论，教师在学生尝试练习的基础上再进行有针对性的讲解，达到目标。然后通过目标练习、目标检测，在及时反馈、矫正中达到终点目标。

（2）愉快尝试教学法

把尝试教学理论与愉快教学理论整合，充分发挥两种教学理论的优势，融合互补形成一种新的教学模式——愉快尝试教学。

尝试教学与愉快教学相结合的教学模式，以尝试教学程序为主线，创设活泼愉快的教学情境，简单来说，就是在“愉快中尝试”。

激发学生尝试兴趣，让学生在愉快中尝试，学生在尝试中获得成功，产生成功的喜悦，形成愉快——尝试——愉快的良性循环。

（3）合作尝试教学法

合作尝试教学法把尝试教学理论与合作教学理论有机整合起来。合作教学理论提倡学生合作学习，充分发挥学生之间的互补作用。合作学习是以合作学习小组为基本形式，利用教学中动态因素之间的互动促进学生的学习，以团体成绩为评价标准，共同达成教学目标的教学活动。尝试教学理论主张，除个体尝试外，还需要群体合作尝试，在尝试教学操作程序中专门安排学生讨论，就是为了让学生合作学习和合作交流。因此，这两种教学理论从内部机制上可以互相融合、互相补充。

在尝试教学过程中，强调合作尝试，以小组活动为本，以师生之间、生生之间的合作活动为基本动力，以小组团体成绩为评价标准。这样，既可促进学生主动发展，又可使学生合作交流，在尝试中合作，在合作中尝试。

（4）分层尝试教学法

班级授课制势必带来学生成绩、学习能力的差异，教学要求与学生差异之间存在矛盾。同样，在尝试教学中也会出现这种矛盾，由于学生能力有差异，造成有的学生能够尝试，有的学生尝试有困难。把分层教学理论与尝试教学理论整合起来，发挥各自优势，取长补短，能够较好地解决这种矛盾。

在尝试教学过程中，采用分层尝试、分类指导的方法，以解决学生尝试能力差异的问题，从而达到面向全体，使各类学生都能获得尝试成功的目的。

分层尝试：出示尝试题不要一刀切，对不同程度的学生可以出示不同层次的尝试题，尝试难度可以不同，降低学生的尝试难度。第二次尝试题、课堂作业题都可以分层。

分类指导：对不同程度的学生进行分类指导，如在尝试练习中，对一般学生大胆放手，让他们独立尝试，而对学困生可以进行辅导，帮助他们解决尝试中的困难。

（5）CAI 尝试教学法

CAI 是指多媒体辅助教学，是现代化的教学手段达到尝试成功的条件之一。因此，将 CAI 与尝试教学法整合，能激发学生兴趣，促进课堂教学的优化，提高尝试教学的效率。

在尝试教学理论和现代教育技术理论的指导下，充分运用尝试教学的成功经验，充分发挥多媒体辅助教学的优势，促使尝试成功，构建一种新的课堂教学模式。由于计算机参与教学过程，教学过程的内部结构发生了变化。

（6）整合模式的整合

一堂课是一个复杂的系统工程，它有一个主体教学程序，这仅仅是一堂课的骨架，它必须有多种教学方法来充实。前面谈到的仅仅是两两整合，可在现实中可能是三种教学模式、四种教学模式的整合，也就是把整合模式再整合，根据教学需要灵活运用。

一堂数学课用“先学后教，先练后讲”作为教学程序的主线，再吸纳各种教育理念。

用目标教学理论突出尝试目标，检测尝试目标的到达度；用合作学习理论突出合作尝试，强调在合作中尝试，在尝试中合作；用愉快教学理论创设愉悦的尝试氛围，激发学生尝试的兴趣；用现代教育技术理论充分发挥多媒体的辅助作用，促使学生达到尝试成功；用分层教学理论解决学生尝试中的差异问题，采用分层尝试、分类指导的办法，使全体学生达到尝试成功。

教育理论宝库是丰富多彩的，应该充分利用，把各种教育理论为我所用，才能使课堂教学充满活力、多姿多彩。一堂好课一般是“一法为主、多法配合”，达到整合模式的整合，此时已从有模到无模，达到“此时无模胜有模”的境界。

作为一名教师，必须认真学习与实践各种教育理论和教学方法，然后灵活应用，不拘一格，一切从实际出发，需要什么用什么，这样才能形成自己的教学风格。

三、新六段式课堂结构的操作与原理

怎样上好课是每一位教师迫切需要解决的问题。上好课除了要解决教育理念和教学方法问题之外，还必须解决课堂结构问题。

课堂结构是指进行一堂课教学工作的各个部分的组合，也就是指示一堂课的程序，先做什么，再做什么，要根据一定的教育理念和教育模式决定一堂课由哪几个阶段组成、每个阶段相互之间的关系。一堂课的结构，对决定课堂教学的效率影响甚大。不同的课型有不同的结构；应用不同的教学方法，也有不同的结构。

以前课堂结构大都采用苏联凯洛夫《教育学》中所提出的“五环节”结构，即把一堂课分为：(1) 组织教学，(2) 检查复习，(3) 新授，(4) 巩固练习，(5) 布置家庭作业。这是以教师传授知识为目的而设计的。

我在 20 世纪 80 年代，在尝试教学实验研究的推动下，对课堂结构的研究有所突破，冲破了凯洛夫“五环节”结构的束缚，按“以学生为主，以自学为主，以练习为主”三为主的原则，构建了小学数学六段式课堂结构。这六段式课堂结构再同尝试教学法五步基本操作程序结合起来，被大家称为“五步六阶段结构”的尝试教学模式，有效地推动了课堂教学改革和提高课堂教学效率，在小学数学教育界产生了一定的影响。

进入新世纪新课改后，我继续进行课堂结构的研究，把尝试教学同目标教学、小组合作教学等有机地结合起来，在原有六段式课堂结构的基础上，形成了新六段式课堂结构。根据教学任务不同，有不同的课型，主要有新授课、练习课、复习课、检查课、作业评讲课、综合课等。这里主要介绍新授课。

（一）新六段式课堂结构的操作模式

根据小学数学教学的特点和儿童学习的心理特点，根据现代教学论思想和提高课堂教学效率的需要，在教学实践中逐步形成“六段式”课堂结构，把一堂课大致分为互相有联系的六个阶段。以下把六个阶段的作用、要求和时间分配，逐一加以分析。特别需要注意：时间分配只是约计，仅供参考，但是如果没有时间分配的安排，一切都会落空。

新六段式课堂结构流程图

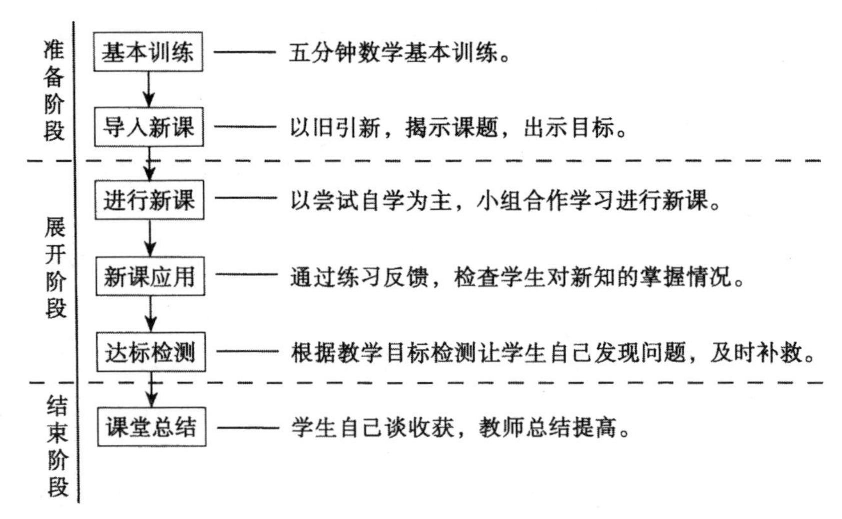

第一段　基本训练（5分钟左右）

课一开始，安排基本训练，包括口算基本训练、应用题基本训练、公式进率基本训练等。小学数学基本能力的培养要靠天天练，这样做，把基本能力的训练落实到每一堂课之中。这是根据儿童学习的规律，不能搞突击，采取逐步积累，化整为零的办法，所花时间不多，却收效大，这是吸取传统教学的合理因素。同时，一开始上课就进行基本训练，使学生立即投入紧张的练习中，能安定学生的情绪，起到组织教学的作用。

第二段　导入新课（2分钟左右）

从旧知识引出新知识，揭示新课题，以旧引新，以充分发挥知识正迁移的作用，为学习新教材铺路架桥做好准备。出示教学目标，使学生一开始就明确这堂课学的是什么，要求是什么。这一步，时间不长，但很重要，只要花一两分钟，开门见山，立即转入新课教学。

第三段　进行新课（15 分钟左右）

这是新授课的主要部分，教师可以运用各种教学方法来进行新课教学，教师讲解、学生自学、小组讨论、演示实验等都可以。由于时间只有 15 分钟左右，必须突出重点，集中全力解决关键问题，切不可东拉西扯，拖泥带水。另外，一堂课的教学内容不可太多，宁可少些，但要学得好些。

应用尝试教学法，一般是先出尝试题，让学生带着问题自学课本，在旧知识的基础上自己尝试解决问题，然后组织学生讨论，辨别正误，最后教师根据学生尝试练习的情况有针对性地讲解。这一段也就是应用尝试教学法的五步基本程序。

第四段　新课应用（6 分钟左右）

学生自学新知后，对新知只是有了初步了解，还需通过实际应用，进一步掌握新知。

一般采用让几个学生板演，全班学生同时练的方法进行，先让学生试探练习一下，检查学生对新知识的掌握情况，特别要了解差生的情况。这一步是一次集中反馈，通过板演评讲，教师还可以做补充讲解，解决中等生及学困生学习新知识存在的问题。这一步可以说是“进行新课”的延续，又为下一步学生达标检测扫除障碍。

第五段　达标检测（10 分钟左右）

上面两步仅能使学生初步理解新知识，必须安排一段集中练习时间，才能使学生进一步理解和巩固新知识，这一步称为达标检测，也是过去所说的课堂独立作业。为提高练习效果，应该使学生有充裕的时间安静地在课堂内完成作业，一般要保证 10 分钟左右时间。

现在的达标检测同过去的课堂独立作业有所不同。达标检测后必须根据这堂课的教学目标设计练习，检测题最好能覆盖这堂课的教学目标，为了使学生明确自己的达到度，每道练习题要有分值，合计 100 分。

检测题不要一刀切，要面向中等生及学困生，优秀生可以另外准备“超产题”，评分时另外加分。学生练习时，教师要注意巡回辅导，特别对学困生，要及时帮助他们解决困难，这种“课内补课”的效果较好。

当堂检测结束后，小组内可以进行互批、互评，评分后交还对方自己订正。真正做到四个当堂（当堂完成、当堂校对、当堂订正、当堂解决），每堂课都做到“堂堂清”，教学质量才有保障。

第六段　课堂总结（2 分钟左右）

达标检测后并不是一堂课的结束，因为学生通过亲自练习，发现了困难，需要得到解决；同时，还有一个迫切的心情——想要知道自己做的作业到底哪几题对了，哪几题错了。所以，应该安排这一步，做好一堂课的结束工作，这样，一堂课的安排就善始善终了。

这段时间里，首先让学生自己谈谈这堂课有什么收获，学到了什么。然后，教师根据学生的作业情况，把这堂课所学的知识重点归纳小结。由于学生经过 10 分钟左右的达标练习，然后听教师归纳小结，体会就更深了，这能起到画龙点睛的作用。如有必要，也可以预告一下明天学习的内容，布置明天的尝试题。

以上六个阶段并不是一成不变的，而应该按照教学要求和班级的实际情况，灵活应用。特别是时间分配，仅是约计，千万不能生搬硬套。

有人认为不要固定课堂结构，那样会束缚教师的手脚，并用“教学有法，教无定法”这句话来批驳。其实这句话真正的含义，首先是“教学有法”，教学是有规律可循的，必须根据学生的认知规律来安排课堂教学的程序，从初步认知→应用练习→反馈矫正→逐步提高认识。不能随意，想怎么教就怎么教。所以必须有一个基本结构，在基本结构上再灵活应用，没有基本结构哪来灵活？

（二）新六段式课堂结构的优越性

实验证明，应用这种课堂结构，能够体现现代教育理念，有效地提高课堂教学效率，教学效果较好，主要表现在如下几个方面：

1. 体现现代教育理念

新六段式课堂结构能够保证以学生为主，充分体现学生的主体作用，强调学生自主尝试，强调学生通过亲自练习掌握新知。

2. 突出新课教学的重点

新授课主要是进行新课教学，新结构的六个阶段全部围绕新课展开教学，能够保证较好地完成新教材的教学任务。

3. 增加练习时间

新的结构安排一堂课二分之一以上的时间进行练习，从基本练习到尝试练习再到应用练习，最后还有当堂检测，要求逐步提高，层次清楚。这样能保证学生当堂练习，当堂消化巩固，当堂解决问题，不留尾巴到下一堂课。

4. 改变了“满堂灌”“注入式”的旧教学方法

新的结构，增加了练习时间，“进行新课”时间只能控制在15分钟左右，促使教师改变“满堂灌”“注入式”的做法。

（三）新六段式课堂结构的理论依据

1. 系统理论的应用

课堂教学可以看作一个教学系统，课堂结构中的每一部分不是彼此孤立的，而是互相联系、互相渗透的。在课堂教学设计中，必须认真考虑各个部分之间的相互联系，相互渗透，才能有效地发挥这个教学系统的整体效果。

尝试教学法的五步基本程序和六段式课堂结构，组成了以“五步六段式”为特征的课堂教学系统，在这个教学系统里以“解决尝试题”为核心，从三个方面展开：第一方面，基本训练和准备练习是为了解决尝试题而铺路架桥，从心理学的角度来说，就是为发挥旧知识的迁移作用而创设条件；第二方面，通过自学课本、学生讨论、教师讲解、运用新知识来解决尝试题；第三方面，通过应用练习、达标检测，达到信息反馈、强化新知的目的。其结构图如下：

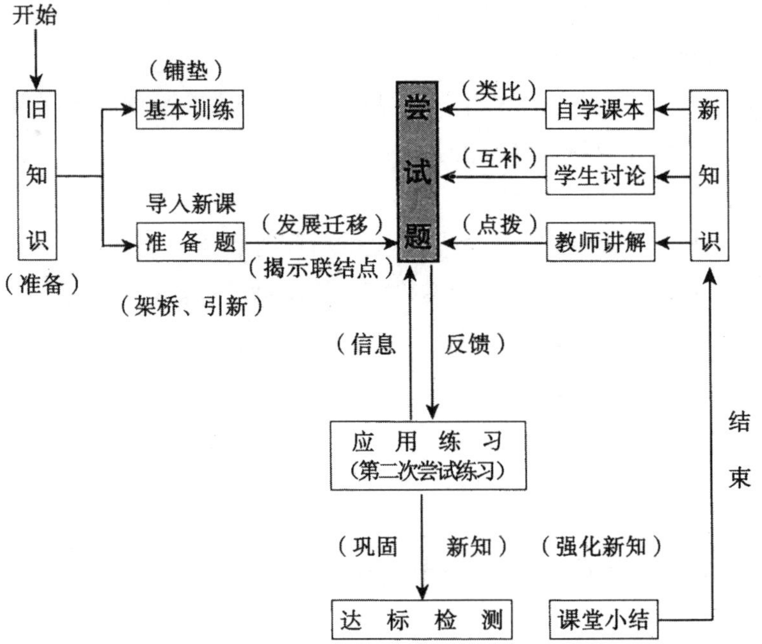

从上面结构图可以清楚地看到，尝试教学法的五步程序与课堂教学的六个阶段已融为一体，形成一个以“解决尝试题”为核心的教学系统，各个部分紧密联系、互相渗透，最大限度发挥教学效益。

由于尝试教学的五步可以灵活运用，课堂结构的六段也可以灵活应用，因此这个教学系统是可以调节的开放式系统，制约调节的因素有学生的年龄特点、教材特点以及教学要求等。

2. 反馈理论的应用

在教育控制论里，反馈是指教学过程中，将学生掌握知识的信息随时反映出来，教师根据学生反映出来的信息，再及时采取措施，弥补缺陷（称为调节），以保证达到预期的教学目标。最佳结构必须使教师获得的信息量最大以及教师了解学生的反馈最及时。新的结构充分应用了反馈的原理，安排了两次集中反馈：

第一次集中反馈——应用练习

讲解新课结束，通过应用练习（第二次尝试练习），使学生及时传出对新知识理解程度的信息，如果发现问题，教师能及时进行补充讲解，起到调节作用。

第二次集中反馈——达标检测

通过达标检测，一课堂的教学效果能够即时、全面地反映出来，如果再发现缺陷，当堂还能补救。

3. 最佳时间的理论应用

一堂课 40 分钟，哪一段时间学生的注意力最集中，学习效果较好，就是一堂课的最佳时间。

现代教育心理学和统计学的研究表明：学生在课堂中思维活动的水平是随时间而变化的。学生在课堂教学活动中，思维集中程度 S 与时间 T 的变化关系可以用下图表示。

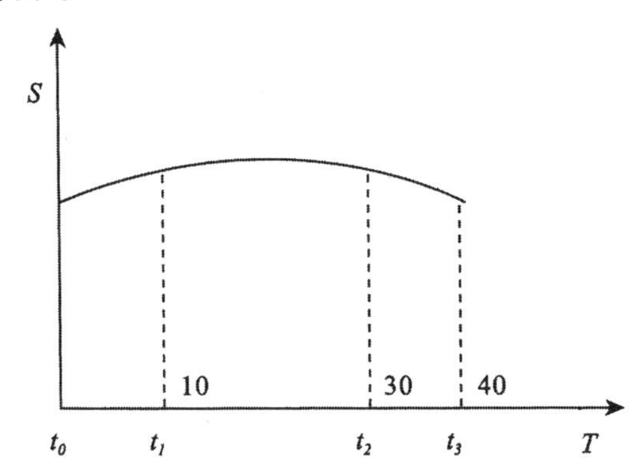

按照图示，再根据儿童的心理特点分析，一般来说，上课后的第 10～30 分钟之间，这 20 分钟左右的时间是一堂课的最佳时间。因为开始几分钟，学生刚从课间活动转入课堂学习，情绪还没有安静下来；第 10 分钟开始，学生情绪已经稳定，又经过课间休息，这时精力充沛，注意力集中；第 30 分钟以后，学生开始疲劳了，注意力也容易分散。

当然，一堂课的主要教学任务，如果安排在最佳时间内，教学效果就好。我们把两种课堂结构比较一下，如下图所示：

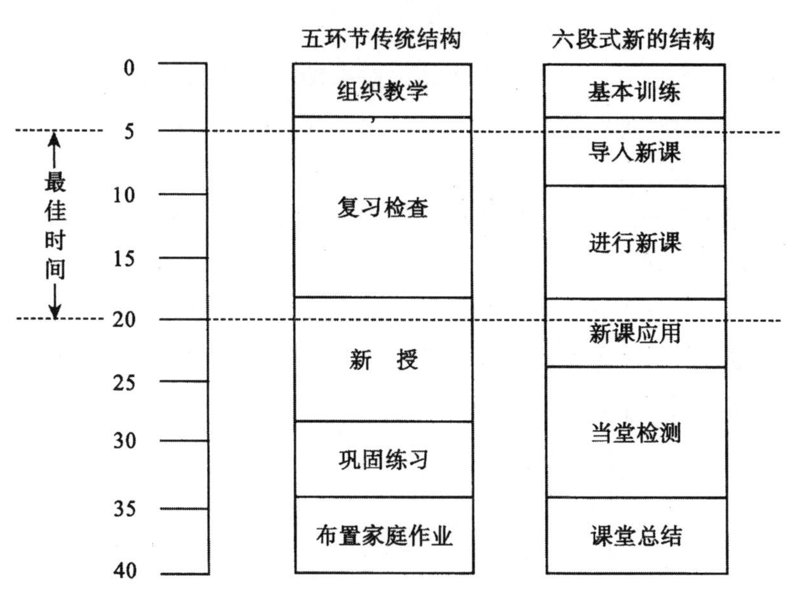

从图解的比较中可以清楚地看出，传统结构把“复习检查”放在最佳时间里，是学习昨天的旧知识，可是转入“新授”时，学生已经疲劳了，新课教学的效果就差；新的结构把“进行新课”放在最佳时间里，学生精力比较充沛，注意力比较集中，就能获得最佳的教学效果。

现在有些教师上课，情景导入新课时间长，又很精彩，学生们很兴奋。这段时间恰恰落在最佳时间段里，到进行新课时，学生已经疲劳了，学习效率降低了。

（四）练习课的六段式结构

练习课也是小学数学常用的课型。一般是在某一项新知识教完后进行的，它是新授课的延续。因为新授课中的课堂作业时间仅有10分钟左右，只能帮助理解新知识，还必须专门安排练习课，使知识巩固并逐步形成技能。练习课也要体现尝试教学思想，按照“先练后讲，练在当堂”的精神安排。

练习课一般可以有六个阶段，简称“六段式”练习课结构。以下简要说明每一阶段的设计要求，由于练习课的变化较多，因此每一段的时间很难确定。

第一段　基本训练

配合本课练习内容，选择基本练习题，为解决练习难点做好铺垫工作。

第二段　宣布练习的内容和要求

教师简要说明练习的主要内容和练习的要求，使学生一开始就明确要做什么、要求是什么，提高他们的练习目的性和积极性。这一段开门见山，时间不长。

第三段　练前指导

练习课应防止机械重复地练习，应该有指导地进行练习，使学生通过练习有所提高。因此，在学生练习前，安排这一段。

教师简要分析练习中要应用的法则、定律，并要求学生注意容易算错的地方。有时可先组织板演练习，然后通过对错题的评讲，结合进行练前指导，这样做比较自然。

第四段　课堂练习

这是练习课的主要部分，应该安排充裕的时间。一般有 20 分钟左右，教师要加强巡视，及时了解学生练习情况，注意对差生进行辅导。练习设计可安排几个层次，也可采取竞赛的形式。

第五段　练后评讲

对练习中发现的普遍性问题进行评讲，使学生进一步加深理解所学知识，当堂解决问题。通过练后评讲，使学生练后有所提高。

第六段　课堂总结

通过师生谈话，和学生讨论，由学生总结自己有什么提高、弄清了什么问题。在低年级，学生经过反复练习已基本解决问题，不必再布置家庭作业。在中、高年级，可布置适当的家庭作业，要针对学生容易做错的地方精心设计家庭作业。

练习课的结构是多种多样的，练习往往分为几个层次进行，可采用练一段，评讲一段，再练一段，再评讲一段的方式。如果有几个层次的练习，课堂结构中的第三、四、五段可以重复几次。

（五）复习课的六段式结构

根据复习课的不同内容、要求和方法，形成了不同的结构。复习课的结构一般常用的有如下六个阶段：

第一段　基本训练

配合复习内容，选择基本训练题，为复习的顺利进行做好铺垫工作。如果复习内容较多，可以省略基本训练。

第二段　宣布复习内容和要求

教师说明本节复习课的基本内容和目的要求，使学生明确要做什么、达到什么要求，以调动学生复习的主动性和积极性。

第三段　复习提示

分析学生以前学习这部分内容的情况，指出缺陷在哪里，把关键性问题或学生易错的地方重点提示一下，也可提出复习提纲，让学生讨论。

第四段　复习作业

这是复习课的主要部分。复习课也可采用“先练后讲”的办法，教师根据复习内容和要求，布置有一定序列的复习题组，使学生通过复习作业，把知识串联起来，使之系统化、条理化。学生练习时，教师要巡视辅导，从复习作业中掌握学生反馈出来的信息。

第五段　复习讲解

根据学生在复习作业时反馈出来的信息，有的放矢地进行系统讲解，关键在于把知识系统化、条理化，形成知识结构，并根据学生在复习作业时的错误进行重点分析。

第六段　课堂总结

让学生自己先做小结，说说通过复习课有些什么收获，明确了哪些问题。在此基础上，教师再做简要的总结，必要时可以有针对性地适当布置一些家庭作业，达到继续复习巩固的目的。

以上结构是基本模式，教师可以根据教学需要灵活安排。如果复习作业分成几个层次进行，可采用边练习边讲解的方式，可把复习课结构中的第三、四、五段重复几次进行。

通过教学实践证明，尝试教学法再配六段式课堂结构形成了比较理想的高效的课堂教学模式。

图书在版编目（CIP）数据

儿童学习数学的奥秘：精选本/邱学华著. —福州：福建教育出版社，2020.8
ISBN 978-7-5334-8841-3

Ⅰ. ①儿…　Ⅱ. ①邱…　Ⅲ. ①数学—学习方法—儿童读物　Ⅳ. ①01-4

中国版本图书馆 CIP 数据核字（2020）第 143722 号

Ertong Xuexi Shuxue De Aomi Jingxuanben
儿童学习数学的奥秘（精选本）
邱学华　著

出版发行　福建教育出版社
（福州市梦山路 27 号　邮编：350025　网址：www.fep.com.cn
编辑部电话：0591-83726003
发行部电话：0591-83721876　87115073　010-62027445）
出 版 人　江金辉
印　　刷　福州万达印刷有限公司
（福州市闽侯县荆溪镇徐家村 166—1 号厂房第三层　邮编：350101）
开　　本　710 毫米×1000 毫米　1/16
印　　张　22.75
字　　数　360 千字
插　　页　1
版　　次　2020 年 8 月第 1 版　2020 年 8 月第 1 次印刷
书　　号　ISBN 978-7-5334-8841-3
定　　价　58.00 元